华章 IT
HZBOOKS | Information Technology

区块链
技术丛书

以太坊
技术详解与实战

闫莺 郑凯 郭众鑫 ◎ 编著

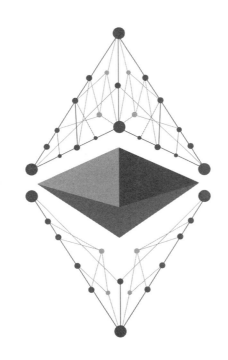

机械工业出版社
China Machine Press

图书在版编目（CIP）数据

以太坊技术详解与实战 / 闫莺，郑凯，郭众鑫编著 . —北京：机械工业出版社，2018.6
（2018.10 重印）
（区块链技术丛书）

ISBN 978-7-111-59511-3

I. 以… II. ①闫… ②郑… ③郭… III. 分布式数据库 - 数据库系统 IV. TP311.133.1

中国版本图书馆 CIP 数据核字（2018）第 055354 号

以太坊技术详解与实战

出版发行：机械工业出版社（北京市西城区百万庄大街 22 号　邮政编码：100037）
责任编辑：高婧雅　　　　　　　　　　　　　　责任校对：李秋荣
印　　刷：北京市荣盛彩色印刷有限公司　　　　版　　次：2018 年 10 月第 1 版第 3 次印刷
开　　本：186mm×240mm　1/16　　　　　　　印　　张：14.75
书　　号：ISBN 978-7-111-59511-3　　　　　　定　　价：59.00 元

凡购本书，如有缺页、倒页、脱页，由本社发行部调换
客服热线：（010）88379426　88361066　　　　投稿热线：（010）88379604
购书热线：（010）68326294　88379649　68995259　　读者信箱：hzit@hzbook.com

为什么要写这本书

随着区块链技术近两年迅速"走红"，身边越来越多的朋友想了解区块链技术及其应用场景。2017 年一整年，笔者也在各种峰会上做过很多次区块链的演讲，约 80% 会议的听众是入门级别的，每次演讲完，都会有听众询问如何快速学习区块链技术。每当有新的学生加入我们的实习生团队时，他们也会问笔者如何快速入门。通常笔者会回答他们"从以太坊白皮书、黄皮书看起"。但是，真正能帮助他们厘清这个技术的背景、原理、关键知识点和实战要领的资料尚未系统化。为此，笔者也写过一些讲义以帮助大家理解，但是仍难以做到全面和系统。从那时起笔者就萌生了编写一本系统深入的区块链书籍的想法。但是由于工作繁忙，一直没有付诸行动。

随着区块链的升温，想了解该技术的朋友持续增多。每天笔者的微信、信箱都会有来自同事、朋友的信息，他们都在咨询如何学习区块链。于是，笔者觉得是时候写一本探索技术、指导开发的书了。

为什么选择以太坊呢？首先，它是区块链 2.0 的代表。其实"区块链"这个词脱离比特币（区块链 1.0）而单独被各行业重视与以太坊的产生分不开。以太坊是第一个通用的区块链平台，换句话说，用户可以定义在区块链上运行什么和记录什么。以太坊的公有链已经运行两年多，整个社区不断修补出现的问题，积极寻求优化的途径。尽管它不是完美的，但它是目前经得起时间和应用验证的最稳定的系统。其他很多区块链项目都或多或少受到以太坊的启发。因此，系统学习以太坊可为学习其他系统打下非常好的基础。其次，以太坊社区的建设比较完善和活跃，各个版本的代码质量较高，开发工具相对完善，应用也有一定规模，这使得大家易于上手学习。再次，笔者团队的工作也是以以太坊为主。比如笔者团队在开发微软的 Coco 区块链平台时，就以集成和优化以太坊为 coco 第一版本的目标。通过项目开发，笔者更加熟悉以太坊源码，这样也自然使得本书更加具体化。笔者曾在 2017 年翻译了《区块链项目开发指南》[⊖]一书，该书介绍了以太坊开发相关知识，特点是覆盖面比较广，而本书会在深度上下工夫。因此，读者可以"搭配"着学习。

本书将展现给读者一个系统、全面的以太坊知识体系，以通俗易懂的语言结合直观的图示介绍每一个原理和工作流程，相信读者通过本书的学习可轻松快速地入门以太坊开发。

本书特色

首先，为了增强知识结构的凝聚性，本书没有泛泛而谈整个区块链，而是更加专注于以太坊公有链本身的技术。通过阅读本书，读者可以全面、深入地了解以太坊的顶层设计、实现原理、重要模块的技术细节，以及智能合约的编写与部署等重要概念和技术。这是本书与目前介绍区块链相关技术的书籍最大的不同。

其次，从技术深度上讲，本书所涉及的内容具有很好的层次性，既涵盖初学者所需的基本概念，也包括以太坊 DApp 开发工程师感兴趣的编程指南和代码解析，此外对以太坊在性能和安全性方面所尝试的改进技术进行了前瞻性介绍，以供资深工程师和研究人员参考、探讨。

再次，本书不仅介绍以太坊本身技术细节，还加入笔者在开发中的经验和技巧。比如在部署以太坊的时候可以手工操作，也可以用脚本在"云"上操作，其中脚本也分享给大家借鉴。

最后，本书的文字力求简洁、朴实且准确，可读性较强。

读者对象

❑ 区块链开发初学者

❑ 区块链应用架构师

❑ 开发应用架构师

❑ 区块链产品经理

❑ 其他对区块链技术感兴趣的人员

⊖ 该书已由机械工业出版社出版，ISBN：978-7-111-58400-1。

如何阅读本书

本书分为 10 章，下图比较清晰地展示了各章的主题。

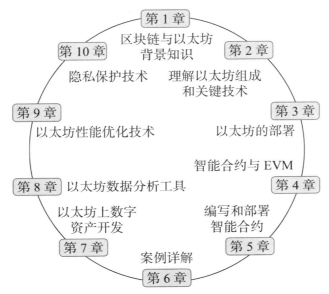

第 1 章从区块链背景知识讲起，包括区块链基本原理及应用，使得初学者和开发者都能对区块链有整体性了解。然后引出为什么需要以太坊以及以太坊的基本知识，这为后面章节的阅读提供整体形象的铺垫。

第 2 章介绍以太坊的组成、关键概念和技术。本章比较重要，其后介绍的内容都将以本章的概念为基础。因此，必须仔细阅读。

第 3 章介绍不同区块链网络类型，以及如何部署不同类型的区块链。建议读者在阅读本章时也能同时跟着书中介绍的部署步骤进行操作，以更好地理解以太坊网络。根据实际经验，本章将介绍一些部署的窍门及脚本样例，相信一定能为大家的学习提供帮助。

第 4 章介绍智能合约和以太坊虚拟机的原理。了解该原理，可为接下来第 5 章学习开发智能合约打好基础。

第 5 章和第 6 章详细地介绍具体编写智能合约的方法以及案例详解。建议读者在阅读这两章时能同步操作，一起编写、编译、部署合约，达到最佳的学习效率和理解深度。

第 7 章介绍以太坊上数字资产定义的原理和方法，其中包括近期火爆的 CryptoKitties（养猫游戏）的 ERC 721 代币合约标准的介绍。到这里为止，读者可以开始编写自己的以太坊应用了。

第 8 章将进一步对查看、分析以太坊公有链数据的工具和方法进行介绍。

第 9 章和第 10 章探讨区块链和以太坊的前沿技术。这两章会对以太坊在性能优化和隐私保护方面的技术进行介绍和讨论。这些技术尚处于比较初级的阶段，读者可以一边阅读一边思考，并提出自己的想法和建议。

勘误和支持

由于笔者的水平和时间有限，加之以太坊技术更新迭代快，书中难免存在一些不准确的叙述，恳请读者批评指正。如果读者朋友有更多的宝贵意见，欢迎通过邮箱 EthereumDetail@hotmail.com 联系笔者，期待读者朋友的真挚反馈，以在技术之路上互勉共进。

本书的其他贡献者

感谢我们团队李洋、张师铨、张宪、候冠豪、杨文彦、夏劲夫、周豪对本书内容的贡献!

致谢

笔者要特别感谢微软亚洲研究院的周礼栋和洪小文院长对笔者团队区块链项目的指导和支持。感谢陈洋博士过去一年多在区块链方面的共同探讨。感谢杨懋、伍鸣、熊一远、黎强、周沛源、Thomas Moscibroda、张益肇、殷秋丰、田江森、程骉、黎江、梁戈碧、宋青见、桂柯里、石朝阳、张蓉等同事、领导和朋友的支持与鼓励。感谢导师周傲英教授和周晓方教授指引方向。感谢同行的共同努力，感谢家人的支持! 还要感谢 V 神 Vitalik 的支持与肯定。

最后还要感谢机械工业出版社华章公司的高婧雅编辑对本书的全程支持和指导。她在本书的内容组织和阅读体验方面给我们提出十分宝贵的意见和设计方案，正是她的兢兢业业、一丝不苟的负责态度，保证了本书内容的质量和可读性。

闫莺

Contents 目　　录

前　言

第1章　以太坊：新一代的区块链
　　　　平台 ……………………… 1

1.1　理解区块链 ………………………… 2

1.2　以太坊设计思路与特色技术 …… 4

1.3　应用场景 …………………………… 8

1.4　去中心化应用 DApp ………… 10

　1.4.1　DApp 的优势 …………… 10

　1.4.2　DApp 实例 ……………… 11

1.5　以太坊的主流开源项目 ……… 13

1.6　本书的组织结构 ……………… 14

第2章　以太坊架构和组成 ………… 15

2.1　以太坊整体架构 ……………… 15

2.2　区块 …………………………… 16

2.3　账户 …………………………… 18

　2.3.1　外部账户 ………………… 19

　2.3.2　合约账户 ………………… 20

　2.3.3　私钥和公钥 ……………… 20

　2.3.4　钱包 ……………………… 22

2.4　数据结构与存储 ……………… 24

2.4.1　数据组织形式 …………… 24

2.4.2　状态树 …………………… 29

2.4.3　交易树 …………………… 29

2.4.4　收据树 …………………… 29

2.4.5　数据库支持——LevelDB …… 30

2.5　共识机制 ……………………… 30

　2.5.1　PoW …………………… 31

　2.5.2　PoS …………………… 34

2.6　以太币 ………………………… 36

2.7　交易 …………………………… 41

　2.7.1　交易费用 ………………… 41

　2.7.2　交易内容 ………………… 43

　2.7.3　一个交易在以太坊中的
　　　　　"旅程" ………………… 45

2.8　数据编码与压缩 ……………… 51

2.9　以太坊客户端和 API ………… 52

2.10　以太坊域名服务 …………… 57

2.11　本章小结 …………………… 58

第3章　不同类型的以太坊区块链
　　　　及其部署 ………………… 59

3.1　区块链类型 …………………… 59

3.1.1 公有链 ·············· 60

3.1.2 联盟链 ·············· 61

3.1.3 私有链 ·············· 66

3.2 安装和部署以太坊 ····· 67

3.2.1 安装以太坊客户端 ····· 67

3.2.2 部署以太坊联盟链 ····· 70

3.3 如何在 Azure 上挖矿 ····· 81

3.3.1 部署虚拟机 ··········· 81

3.3.2 安装 GPU 驱动 ········ 82

3.3.3 安装挖矿工具包 ······· 83

3.3.4 加入矿池 ············· 83

3.3.5 GPU 挖矿收益权衡 ····· 83

3.4 本章小结 ··············· 84

第4章 智能合约与以太坊虚拟机····· 86

4.1 智能合约 ··············· 86

4.1.1 智能合约的操作 ······· 89

4.1.2 存储方式 ············· 90

4.1.3 指令集和消息调用 ······· 92

4.1.4 日志 ················· 93

4.2 Solidity 语言 ··········· 93

4.2.1 结构 ················· 93

4.2.2 变量类型 ············· 94

4.2.3 内置单位、全局变量和
　　　函数 ················ 100

4.2.4 控制结构语句 ········· 101

4.2.5 函数 ··············· 103

4.2.6 constant 函数和 fallback
　　　函数 ················ 105

4.2.7 函数修改器 ··········· 106

4.2.8 异常处理 ············· 107

4.2.9 事件和日志 ··········· 109

4.2.10 智能合约的继承 ······· 110

4.3 本章小结 ·············· 112

第5章 编写和部署智能合约 ······· 113

5.1 智能合约工具 ··········· 113

5.2 Solidity 集成开发工具 Remix ··· 115

5.2.1 Remix 界面 ·········· 115

5.2.2 初探 Remix 调试 ······· 117

5.2.3 使用 Remix 调试智能合约的
　　　多种调用方式 ········· 120

5.3 Truffle ·············· 126

5.3.1 Truffle 安装 ········· 126

5.3.2 创建 ··············· 128

5.3.3 编译 ··············· 129

5.3.4 部署 ··············· 129

5.3.5 测试 ··············· 132

5.3.6 配置文件 ············· 133

5.4 如何保证智能合约的安全
　　可靠 ················· 134

5.4.1 常见的安全陷阱 ······· 135

5.4.2 智能合约开发建议 ····· 140

5.5 本章小结 ·············· 141

第6章 智能合约案例详解 ········· 143

6.1 投票 ················· 143

6.2 拍卖和盲拍 ··········· 153

6.2.1 公开拍卖 ············· 153

6.2.2 盲拍 ··············· 156

6.3 状态机 ··············· 161

6.4 权限控制 ············· 163

6.5　本章小结 ···············166

第7章　以太坊上数字资产的发行和流通 ··········167

7.1　以太坊上的数字资产定义 ·······167

7.2　发行和流通 ···········168

7.3　ERC 20 代币合约标准 ·······168

　　7.3.1　标准定义 ·········169

　　7.3.2　ERC 20 标准接口 ·······169

　　7.3.3　现有 ERC 20 标准代币 ···171

7.4　ERC 721 代币合约标准 ·······174

　　7.4.1　标准定义 ·········174

　　7.4.2　CryptoKitties DApp ·······175

7.5　本章小结 ···········177

第8章　以太坊数据查询与分析工具 ···········178

8.1　以太坊浏览器 Etherscan ·······178

　　8.1.1　Etherscan 的基本功能 ·····179

　　8.1.2　其他功能 ·········190

　　8.1.3　API ···········193

　　8.1.4　ENS 域名查询 ·······194

8.2　ETHERQL ·············195

　　8.2.1　同步管理器 ·······197

　　8.2.2　处理程序链 ·······197

　　8.2.3　持久化框架 ·······198

　　8.2.4　开发者接口 ·······198

　　8.2.5　实现 ···········199

8.3　本章小结 ···········199

第9章　以太坊性能优化 ···········201

9.1　分片技术 ···········201

9.2　雷电网络 ···········205

9.3　Casper——下一代以太坊共识协议 ···········208

9.4　本章小结 ···········210

第10章　隐私保护和数据安全 ·······211

10.1　区块链的隐私问题 ···········212

　　10.1.1　"化名"与"匿名" ·······212

　　10.1.2　去匿名攻击：交易表分析 ···········212

10.2　零钞：基于 zkSNARK 的完美混币池 ···········214

　　10.2.1　零知识证明 ·······214

　　10.2.2　零钞的运行原理 ·······215

10.3　Hawk：保护合约数据私密性 ···········216

10.4　Coco 框架 ···········218

　　10.4.1　TEE 环境简介 ·······219

　　10.4.2　Coco 框架的运行原理 ····219

10.5　以太坊隐私保护技术路线：Baby ZoE ···········221

10.6　总结与展望 ···········223

　　10.6.1　隐私方案总结 ·······223

　　10.6.2　隐私技术展望 ·······223

后记 ···········225

以太坊：新一代的区块链平台

区块链是近期大家关注和讨论的热点，几乎每个行业都在积极地探索区块链技术，渴望从中挖掘出新的运营模式和商机。区块链的魅力究竟在哪里呢？若说今天的互联网是信息通过 TCP/IP 进行点对点的传递，是信息互联网，那么价值（比如电子货币、电子资产、设备访问权限等）怎样才能脱离第三方直接进行点对点的转移呢？这就需要一个价值互联网（见图 1-1）。与信息的复制和粘贴不同，价值的转移涉及所有权的变更，如我把我的资产转给你，意味着这份资产需要从我的账户里面扣除，而在你的账户里面添加。因此，在价值转移过程中，我们需要一份账本来记录资产的变更。该账本需要安全、稳定可靠，以及具有一定的覆盖面和可用性（如全球资产需要全球覆盖，在任何地方都可以查询到当前的资产状态）。如何构建这样一个账本呢？区块链提供了这样一种可能的技术手段。

信息互联网　　　　　　　　价值互联网

图 1-1　信息互联网与价值互联网

1.1 理解区块链

区块链通常被定义为去中心的分布式记账系统，该系统中的节点无需互相信任，通过统一的共识机制共同维护一份账本。比特币可以说是第一个区块链应用。在金融危机爆发的 2008 年，一位名叫中本聪（Satoshi Nakamoto）的神秘人物在《比特币：一个点对点电子现金系统》[一]中首次提出了"比特币"这一概念。比特币的底层记账系统就是现在我们说的区块链技术，而中本聪身份之谜也为比特币和区块链技术带来了更加神秘的色彩。在前几年，大家会关注比特币而不会单独谈论区块链这个技术。直到 2015 年，区块链这一概念才被单独提出来为更多人所了解，且向着更广泛的应用场景发展。发生在这个时间点的主要原因之一是以太坊的出现和日益成熟。

区块链是一种**分布式、去中心化的计算与存储架构**。在详细了解区块链每个技术组成部分之前，先来理解为什么需要这种架构。

区块链要解决的是如何用一种可信的方式记录数据，使得用户可以信任区块链系统记录的数据，而无须假设记账节点的可信性。怎么实现呢？"无须信任"技术上的解决办法就是假设互相不信任。因此，每个节点都存有一份完整的数据记录，每条新的交易都要被重新验证。当一个节点重新加入网络并需要同步数据的时候，也是从其他节点同步交易历史，然后重新计算验证——这就决定了其第一个特点，即分布式存储（不能完全信任他人的存储）。也正是为了高效可靠的验证需要，才有了区块链现在的数据结构：区块链由成块的交易通过密码学算法连接在一起，使得整个账本公开透明、可追踪、不可篡改（数据被篡改时很容易被验证发现）[二]。这么多记账节点为什么愿意按照一致性协议记账呢？依靠的就是巧妙的记账激励机制——诚实的记账节点会得到相应的奖赏，且诚实的记录比恶意篡改记录的收益更大——这就是一致性协议设计中的要点。下面就对区块链的数据结构、分布式存储和一致性协议进行详细介绍。

首先从数据结构来理解区块链，图 1-2 展示了比特币区块链的数据结构。系统中的交易（Transaction）被打包成一个个区块（Block）。在区块链系统运行过程中，区块链每次只能添加一个区块，并且每个区块均包含了用于验证其有效链接到上一个区块之后的数学凭证。正如它的名称"区块链"（Blockchain），一个个区块按照密码学算法链接在一起。这样的组织设计可以很容易地验证数据是否篡改、追踪历史以及保证安全。

其次，区块链的架构是分布式、去中心化的。系统中各个节点组成一个 P2P 网络，每个节点均分别执行、验证和记录相同的交易，每个节点都可以在本地存储完整的区块链数

[一] Satoshi Nakamoto, Bitcoin: A peer-to-peer electronic cash system, http://bitcoin.org/bitcoin.pdf, 2009.

[二] 这里"去中心化"是打造一个可靠的全球账本的一个手段，而不是目的。因此，我们看到具体实施的区块链解决方案中也有多中心的设计。

据。没有一个中心机构能够干预交易的执行顺序和结果。因此，该架构具有很强的鲁棒性。这里要说明一点，我们看到的公有链的平台是去中心的，因为其设计假设以没有任何信任作为前提，即都不可信。在实际的应用中，如果有一些可信的元素，是完全可以利用的。因此我们也看到很多系统设计是多中心或者弱中心的模式。"去中心"在这里不是目的，而是一种达到可信的手段。

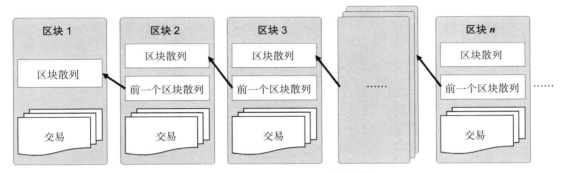

图 1-2　比特币区块链的数据结构

最后，为了保证各节点状态的一致性，还需要共识机制，即一致性协议（如 PoW、PoS、PoA 等）。以 PoW 为例，为了使得各个节点记录的结果是一致的，在每一时刻系统要选择一个记账节点来计算下一个区块。其他节点对该记账节点的区块结果进行验证，通过后则接受这个区块。为了激励大家高效正确地记账，系统对记账节点有相应的奖赏，这样一来大家会贡献计算和存储资源来争夺记账权。由于可以互相验证，也保证了记账的可靠性。接下来，我们要解决的问题就是：如何公平地选取这个记账节点，以及如何设计激励机制。PoW 中采用的是"猜散列值"这个公平的、依靠消耗算力的方式，也被称作"挖矿"。谁先算出给定要求的散列值，谁就以大概率争夺到这个记账权。为什么说是概率呢，因为在分布式网络中，由于延迟，消息传递到其他各个节点的时间是不一样的。比如，我看到的是 Bob 先算出来的，而你可能看到的是 Alice 先"挖"出来。在不同节点上对下一区块的认可在短时间内可能是不同的。最终，以系统中最长的链条作为共识结果，即大家认可的账本内容。因此在使用中，当我们在本地看到某个交易被打包在区块链后，还需要等待若干后继块产生，等待若干块又称为等待确认（confirmation）。这样做的目的是防止由于延迟带来的账本不一致，具体细节将在第 2 章介绍。可见一致性协议的设计既要安全，以保证全网中各个节点存储的数据能够达成共识；还需要有效的激励机制，给予一定的经济奖励（即虚拟货币机制）来维持并且验证网络运行的节点，从而保证架构的稳定健康运行。

图 1-3 展示了比特币一类的数字货币的交易示例。Bob 要给 Alice 进行转账，他需要创建一条交易，声明转账的付款人、收款人以及转账金额。之后 Bob 在这条交易上添加自己

的数字签名，并将交易发布到区块链网络上。这条交易被记账节点验证后打包广播，并通过共识（一致性）协议达成全网一致。Alice 在确认看到交易被记录，且该交易后面还有若干区块陆续被记录后（通常 6 ～ 12 个块）就可以认为自己已经收到了 Bob 的转账。

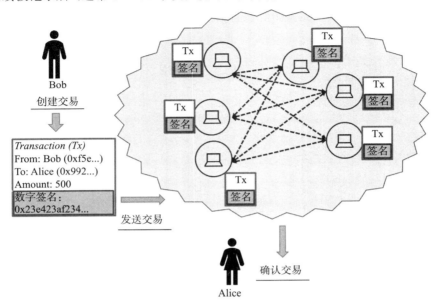

图 1-3　区块链的网络结构

对于比特币的原理和使用我们有了一定的了解，接下来的问题是区块链是不是只能支持数字货币这一种应用呢？在其他业务场景中，当逻辑复杂、资产多样化的时候，又该如何利用区块链呢？

1.2　以太坊设计思路与特色技术

随着比特币开始受到开发者等技术人员更多的关注，一些利用比特币网络实现不同于比特币逻辑的代币交易，或者除代币之外其他数字资产交易的新项目开始出现。由于比特币不太灵活，这些项目大多基于比特币系统做了一些改变，添加了一些新的特征和功能，然后独立地运行在不同的节点上。或者说，每一个新项目都要重复、独立地建立一个类似比特币的系统。能不能设计一个更通用的系统呢？通过应用层的编写，让不同的数字资产运行在统一的平台之上？以太坊的发明者 Vitalik Buterin 就在思考这个问题。

1. 以太坊的诞生

在 2013 年下半年，Vitalik Buterin（当时他才 19 岁）提出了"以太坊"的概念——一种能够被重编程用以实现任意复杂计算功能的单一区块链，这种新的区块链包含了之前众多区块链项目的大多数特征。2014 年，以太坊基金会成立，Vitalik Buterin、Gavin Wood 和 Jeffrey Wilcke 创建了以太坊项目，作为下一代区块链系统。今天，以太坊⊖作为全球最为知名的公有区块链项目之一，同时拥有全球最大的区块链开源社区。简单地说，以太坊是一个有智能合约（Smart Contract）功能的公共区块链平台。用智能手机打个比方，如果说以太坊是智能手机的操作系统，那么智能合约就是上面搭载的应用（App）。有了以太坊，用户可以直接开发自己的区块链应用，而无须担心底层的区块链系统。到目前为止，以太坊上有 880 多个应用⊖。

2. 以太坊与比特币的异同

与比特币类似，以太坊是一个去中心化的区块链平台。在这个区块链平台上有众多节点参与，它们组成了一个 P2P 网络，这些节点彼此平等，没有任何一个节点有特殊的权限，也不存在由一个或多个节点进行协调或调度。以太坊网络中的各个节点都可以发出"交易"，也可以进行"记账"，即记录并执行网络上发出的"交易"。这些交易会被节点打包成一个个"区块"，其中每个区块包含上一个区块的索引，因此这些区块依次相连接，形成一条区块链。如上文所述，这些节点之间通过共识机制以达成数据一致性，从而形成一个整体。早期版本的以太坊像比特币一样使用"工作量证明"（Proof of Work，PoW）这种共识机制来保证一致性。

以太坊与比特币不同的地方有很多，从性能表现以及特性上来看，主要有以下几点区别。

❏ 以太坊有更快的"出块"速度以及更先进的奖励机制。目前，比特币的出块时间平均为 10min，而以太坊的出块间隔为 15s，这意味着以太坊具有更大的系统吞吐量和更小的交易确认间隔。

❏ 以太坊支持智能合约，用户可以自己定义数字资产和流通的逻辑，通过以太坊虚拟机几乎可以执行任何计算，而比特币只能支持比特币的转账。这一点意味着以太坊可以作为更通用的区块链平台，支持各种去中心化应用（DApp）。

另外，以太坊的社区更加活跃。显然，不像比特币一样满足于虚拟货币，以太坊积极地探索新技术，不断地对系统升级更新。而且其相关技术生态更加完善，在 Ethereum 官方的 GitHub 上有 147 个项目，其中不仅有各种不同语言版本的客户端，还有智能合约编译器、集成开发环境，以及未来将要采用的"股权证明"（Proof of Stake，PoS）协议和各种技术文档。

3. 以太坊的特色技术

如上文所述，以太坊是一个**可编程的区块链**。形象一点地理解，在以太坊区块链上发

⊖ Ethereum: https://www.ethereum.org/。
⊖ https://www.stateofthedapps.com/。

送的交易不仅仅可以是转账金额，还可以是调用一段代码，而该代码可以由用户自定义。因此可以想象，在以太坊区块链上处理的交易逻辑不再是单一的转账，而可能是任意的函数调用；记录在区块链账本里的不仅仅是账户余额，还有函数调用后变量的新状态。因为代码可以任意定义，所以应用就都可以在区块链上运行了。

支持用户在以太坊网络中创建并调用一些复杂的逻辑，这是以太坊区别于比特币区块链技术最大的挑战。以太坊作为一个可编程区块链的核心是以太坊虚拟机（EVM）。每个以太坊节点都运行着 EVM。EVM 是一个图灵完备的虚拟机，这意味着通过它可以实现各种复杂的逻辑。用户在以太坊网络中发布或者调用的"智能合约"就是运行在 EVM 上的。智能合约和 EVM 将在第 4 章介绍。

所谓智能合约其实就是一段 EVM 可执行的代码，熟悉面向对象编程的读者可以将一个智能合约实例理解成一个对象。简单来说，用户编写一个智能合约类似于编写一个类，其可以在这个类里定义各种变量以及函数。当用户将这个智能合约发布到以太坊网络中时，相当于给这个类生成一个对象，合约发布之后用户会得到一个合约地址，相当于合约对象的指针。当网络中的用户调用这个智能合约时，可以直接给这个合约地址发送"交易"，并声明本次调用的函数名称和参数，使得智能合约执行对应的逻辑。无论发布还是调用智能合约，智能合约的信息都被附在"交易"中，以交易的形式发布到网络中。因此以太坊网络中的节点接收到这些交易后，其中的 EVM 会执行对应的合约代码，最后各个节点通过 PoW 或 PoS 等达成共识，合约的内容和状态也就实现了全网一致。

这里给出一个简单的例子。下面这段代码就是一个智能合约 SimpleStorage，里面只有一个变量 storedData，以及 set 和 get 方法，有编程基础的读者可以很轻松地理解。

```
contract SimpleStorage {
    string storedData;
    function set(string s) {
        storedData = s;
    }
    function get() constant returns (string) {
        return storedData;
    }
}
```

图 1-4 展示了在以太坊网络中创建智能合约的过程。当 Bob 将一个包含智能合约信息（如上例代码）的交易发送到以太坊网络中后，节点的 EVM 执行这个交易并生成对应的合约实例，图中的"0x6f8ae93.."代表了这个合约的地址。节点间通过共识机制达成一致后，这个合约就正式生效了，之后用户就可以调用 SimpleStorage 合约了。

图 1-5 展示了在以太坊上调用智能合约的过程。Bob 同样以交易的形式在"To"字段填上 SimpleStorage 合约的地址，在"Data"字段填上调用的方法（set）和参数（"Hello"），

就可以调用智能合约 SimpleStorage，将其中的 storedData 设为"Hello"。节点收到这条交易后，通过 EVM 执行对应的操作，并通过共识机制实现以太坊网络上合约状态的改变。之后，当 Alice 查看这个合约的变量时，就会发现这个合约中 storedData 变量的值变成了"Hello"。由于查看的过程不涉及状态的修改，而且以太坊上数据是分布式的，网络中的每个节点都可以在本地保存一份完整的数据，因此 Alice 可以不通过交易的形式查看到这个变量的值。

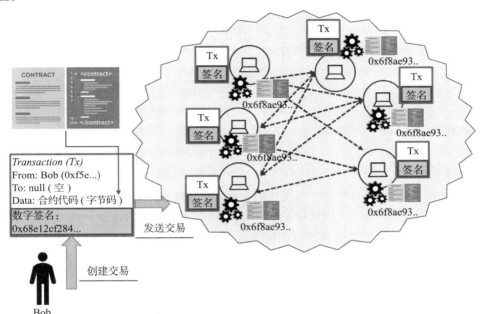

图 1-4 以太坊上智能合约的创建

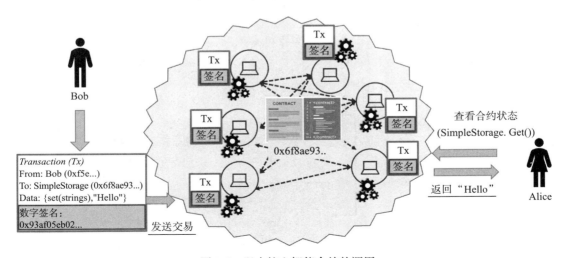

图 1-5 以太坊上智能合约的调用

通过这个例子，可以理解如何在以太坊区块链上创建和运行一段代码以及代码变量的存储。在实际应用中，合作的几家机构可以用这段代码定义商业运作的规则，区块链作为执行规则的平台不为某个个体的意志所左右，公开公正地执行和记录代码的逻辑和数据，减少了机构合作中的摩擦和成本。

1.3　应用场景

不是所有的应用场景都必须用区块链解决，那么什么样的应用适用以太坊区块链呢？区块链上的应用需要是跨越组织边界的，也就是说，在区块链上存储流通的资产（数据）的所有权是属于多个机构的。那么用区块链可解决机构间信任问题，减少摩擦，进而减少成本。这里将应用场景分为如下三大类。

1. 时间戳和溯源

由于区块链上数据区块是持续增长且不可篡改的，所以历史上某个时间发生的事情可以从区块链上得到证明。例如，报纸有一定发行量，很多人手里都有一份，即使撕毁你自己的一份，别人手里还有另一份。通常我们也会用旧报纸上的信息来证明当时发生的事情。区块链的作用与之类似。如图 1-6 所示，如果在区块 3 的交易列表中查找到历史某一时刻记录的交易内容 " Hello "，则可以证明该交易发生在区块 3 所代表的时间片段。每个时间点都能得到证明，因此一个事件的来龙去脉就可以得到证明（"溯源"）。因此，很多应用，如食品的处理、加工、运输流程可以在区块链历史数据上进行验证，再如将证书、资格认证一类的数据记录在区块链上也可以证明自己的资历。

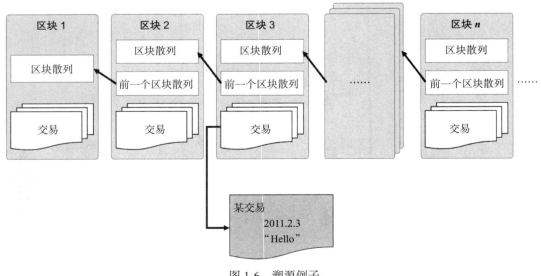

图 1-6　溯源例子

2. 数字资产的发行和流通

正如上面介绍的，在以太坊区块链网络，用户可以定义自己的数字资产（虚拟货币、积分、权限等），这些资产可以在以太坊用户之间自如地按照应用定义的规则来转移和流通。资产与资产之间也可以通过定义来进行流通。区块链使得组织、个体、数字资产间的流动性变得可行和可靠。该类的应用包括：商家联盟的积分兑换、游戏代币转移、IoT 设备之间的权限转移等。形象地来理解，如在腾讯平台上可以用 Q 币买东西、玩游戏，Q 币也可以在腾讯的用户之间流通，但是 Q 币无法与支付宝进行流通，因为这两家机构没有建立流通渠道。即使某种应用中两家机构建立了资产流通的渠道，仍然存在难题——这个流通过程中的账本记在谁家？这里只是两家，如果是 100 家积分共享的应用，这个账本的设计和部署将更加有挑战。而在区块链上的数字资产，比如以太坊上的资产在统一标准（如 ERC20 标准）下都可以自由地在以太坊用户地址中流通，且流通的记录公开透明。关于以太坊上数字资产的定义将在第 7 章中介绍。

3. 跨组织的数据共享

首先看看图 1-7 冷链物流的例子。将牛奶从牧场运输到零售商，中间经过食品处理和仓库中转，并由两家物流公司共同完成运送。因为是运输牛奶，为了保持新鲜，需要确保在整个运输过程中牛奶的温度低于 8℃，湿度大于 60%。我们可以将牛奶放在 IoT 智能设备运输箱里面，该设备可以报告温度和湿度。假设当物流公司运送到零售商的时候，发现温度为 10℃，高于保鲜要求的 8℃，物流公司 2 会被惩罚。在这个例子中先不考虑区块链的解决方案，我们使用传统解决方案，如何部署数据库呢？由于有两家物流公司合作运输，数据库放在哪一家公司我们都无法保证完全信任该公司对数据的记录。因此，大家各自记录数据，结果很难实现数据统一和实时更新。有了区块链技术，企业将各自节点加入区块链网络。我们可以把牛奶温度和湿度的要求定义在智能合约中，IoT 设备定时将温度和湿度数据以交易的形式发送到区块链的该合约中，交易的签名由 IoT 设备来完成，防止人为伪造。当温度超过 8℃时，合约对物流公司 2 的扣款（事先把押金付给合约）将自动完成，没有纠纷。所有机构在权限范围内都可以看到物流的状态。在这里，我们看到区块链是一个可信的、大家共同拥有数据的账本（数据库）。类似的应用还有信用管理、评价、保险等。

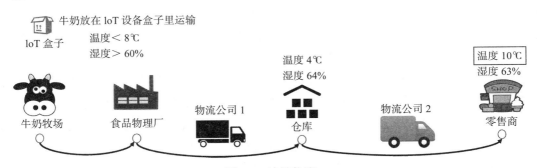

图 1-7　冷链物流

这些运行在区块链上的应用通常称为去中心化应用（DApp），下一节将详细介绍。

1.4 去中心化应用 DApp

去中心化应用（Decentralized Application，DApp）是一种运行在去中心化点对点（P2P）网络上的应用软件。与目前的手机应用类似，DApp 也是一类 App。但是它不是运行在 iOS、安卓平台上，而是运行在以太坊这个操作系统上。DApp 具有开源、去中心化、激励机制和共识机制等特性。从广义上说，具有以上特性的分布式应用均可被称为 DApp，如比特币、以太坊等公网区块链；从狭义上说，运行在区块链上的一组智能合约组成了 DApp，本节主要介绍以太坊以及基于以太坊智能合约的去中心化应用。

1.4.1 DApp 的优势

一般来说，一款应用软件由前端和后端两部分组成。常见的应用软件的前端代码（如用户界面等）运行在用户机器上，而后端代码（如存储和管理等逻辑）运行在一个中心化服务器上。与一般的应用软件不同，DApp 的后端运行在分布式网络中的各个用户节点上，包含一套实现数据的去中心化存储和管理等逻辑的协议代码。在以太坊区块链上，DApp 后端代码由智能合约具体实现。相比于现有的中心化应用软件，DApp 具有以下几个特点及优势。

第一，DApp 均为开源项目，具有公开透明的特点。从理论上讲，DApp 的运行过程应该由代码自治管理并且任何个人或组织均不能单独地决定其操作。尽管软件的协议等内容可以根据改进计划或市场反馈等进行修改，但所有的代码修改必须由大多数用户达成共识所决定。为使所有用户可以检查验证 DApp 的代码逻辑，DApp 的源代码应该被公开。例如，基于以太坊的 DApp 不仅其字节码会被记录于区块链上的交易数据中，其智能合约代码也应该被开源。此外，以太坊本身也是开源的，因此所有用户均可以检验 DApp 代码的运行细节。

第二，去中心化是 DApp 所具有的最大特点。DApp 运行的所有操作必须被记录于一条公开的、去中心化的区块链之上，可以有效地避免中央服务器发生错误带来的问题。基于以太坊的 DApp 在运行过程中，其智能合约部署过程和调用操作均被记录于以太坊区块链上的交易记录中，实现了应用数据的去中心化存储。

第三，DApp 具有激励机制。在一般的中心化应用软件运行过程中，开发者需投入一定成本用于维护软件在服务器上的运行。而 DApp 运行于网络中各用户节点之上。为了使网络中众多用户愿意投入一定的资源以用于运行和维护该应用，DApp 需要设计激励机制，用于奖励投入算力、内存空间等资源以维持 DApp 运行的用户。例如，在以太坊等区块链项目中，区块的制造者（"矿工"）投入了一定的算力资源用于执行交易和制造区块，在区块得到共识认证之后，该区块的制造者会得到相应的以太币奖励。

第四，DApp具有共识协议。不同于中心化应用的服务器集中管理，DApp在运行过程中还需要一套协议机制，用于使大多数用户对其运行过程达成共识。DApp开发者需设计或选择一套共识协议，使得网络中各用户节点在运行该DApp的过程中，通过密码学算法展示某种特定的价值证明，向其他用户节点证明其运行的正确性，从而使网络中的所有节点对某一运行过程达成共识。例如，以太坊中现有的工作量证明（PoW）共识协议以及未来计划实现的股权证明（PoS）共识协议就是用于确保大多数用户节点对区块的正确性达成共识的机制。

1.4.2 DApp实例

区块链技术的迅速发展催生了许多区块链项目，由于区块链的普适性，使其可以深入各个领域的应用之中。图1-8展示了区块链项目的生态系统，横跨了货币、开发工具、主权、金融科技、价值兑换、共享数据、认证系统以及市场预测等领域。其中，以太坊及其智能合约平台之上的各种DApp也成为区块链生态中不可或缺的一部分，比如本节将谈论的算力价值交换DApp的Golem项目、市场预测DApp的Augur项目以及金融科技中去中心化交易所KyberNetwork项目等。

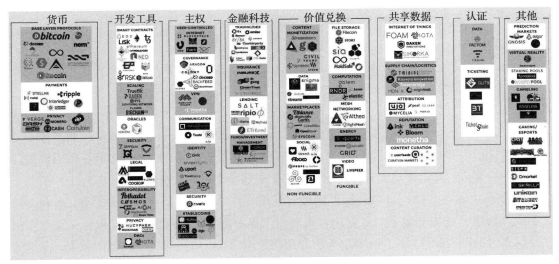

图1-8 区块链项目生态[⊖]

1. Golem

Golem是一款基于以太坊区块链的DApp，旨在创造一个全球空闲计算资源的产消市场。通过Golem，用户可以向其他用户出租自己目前未使用的计算资源，同时也可以向其

他用户租借计算资源用以解决一些消耗较多算力的任务。一方面，Golem 客户端软件使用去中心化的 P2P 网络实现用户节点之间计算资源的调配；另一方面，Golem 借助以太坊区块链上的智能合约创建代币 GNT，用以完成用户之间的交易。

Golem 通过在用户之间搭建 P2P 网络架构，并借助以太坊智能合约实现代币交易，保证了其去中心化和安全的特点。去中心化的 P2P 网络使得 Golem 系统无需拥有一个可信权威，也可避免个别节点失效对整个网络造成的影响，同时允许系统拥有更大的规模。除此之外，Golem 是一个开源项目，任何感兴趣的开发者均可以在 Golem 的基础上部署自己的集成模块，甚至可以再实现一个合适的货币机制。

2. CryptoKitties

CryptoKitties 是一款基于以太坊区块链的养猫娱乐 DApp，用户可以在 DApp 中饲养和繁育虚拟的小猫。CryptoKitties 的智能合约中采用 ERC 721 标准将小猫定义为"不可替代的代币"（Non-Fungible Token，NFT），这使得 DApp 中的小猫形态各异，每只猫都独一无二，具有各自独有的基因和形态，并且公猫与母猫能够繁殖全新的小猫。这些特征使得游戏具有较强的娱乐性。CryptoKitties 也因此在以太坊上引起一阵热潮，上线仅两周的时间便吸引了超过十五万名用户，用户在这款 DApp 上发出的交易量甚至占到了以太坊网络中所有交易的四分之一，一度造成了网络堵塞。

3. Augur

Augur 是一款基于以太坊区块链的 DApp，是一个用于预测未来真实事件的市场预测平台。用户可以通过 Augur 平台对尚未发生的真实事件作出自己的预测，如果预测正确则可以获得奖励，否则会有一定的损失。Augur 在以太坊区块链上部署了一套用于市场预测的智能合约，用户通过 Augur 应用软件的前端界面调用该智能合约的相关函数。预测过程中的发起、押注、获得结果和奖惩分配等相关步骤均由各用户节点上的 Augur 前端调用该智能合约执行，充分利用以太坊的智能合约机制保证了代币交易的安全性。

作为一款 DApp，Augur 相比于其他预测应用软件的最大优势在于去中心化。Augur 搭建在以太坊这一去中心化平台上意味着预测的流程不像其他预测软件一样可能受某个中央服务器人为控制。此外，Augur 和以太坊开源的特点使得所有人可以用很低的成本、非常方便地创建一个预测流程，同时也可以监督其他预测流程的执行过程。

4. Bancor

Bancor 是一款用于实现以太坊上代币之间兑换的交易所 DApp。通过 Bancor 部署在以太坊上的智能合约，用户可以将包括以太币及各种符合 ERC 20 标准的代币兑换成 Bancor 代币 BNT。Bancor 的独特之处在于使用了一套经济学的换算公式，使得各种代币均能根据其现有价格、总市值等标准与 BNT 进行兑换。Bancor 的出现为以太坊上种类繁多的合约代币提供了一个较为统一的兑换平台，无论代币的总市值规模大小、兑换数额的多少，Bancor引入的换算公式均能维持所兑换代币价格的稳定，促进了以太坊上各种代币的流通性。

5. KyberNetwork

KyberNetwork（KNC）是一款数字货币交易所 DApp，用于实现跨区块链的各种代币之间的交易，但不同于 Bancor，其主要目标是实现更高效、更灵活、兼容性更强的代币实时兑换交易。KyberNetwork 目前搭建在以太坊上，用户可以通过其客户端实现交易过程中的实时代币兑换。当用户希望向其他用户转账 A 代币，而接收方希望收到 B 代币时，用户可以向 KyberNetwork 的智能合约发送 A 代币，KyberNetwork 在其去中心化的代币储备池中实时兑换出相应价值的 B 代币并发送给接收方，完成一笔交易。此外，KyberNetwork 将实现更多智能合约接口并提供给现有的以太坊钱包，用以对接更多的新代币，拓展钱包可接收的代币种类。

KyberNetwork 在以太坊的基础上实现了一个去中心化、无需信任的交易所，其内部机制主要由以太坊智能合约实现。KyberNetwork 的代币兑换都是链上交易，兑换过程可被立即确认，过程结束后也可追溯，并且用户无需更改以太坊底层协议或其他智能合约协议。因此，相比于中心化的交易所应用软件，KyberNetwork 提供了更高效的处理过程和更安全的交易环境，并且具有更高的灵活性和兼容性。

1.5　以太坊的主流开源项目

以太坊作为一个由全世界区块链爱好者共同开发的开放式区块链平台，目前有许多与之相关的开源项目，本节将介绍几类主流的开源项目，包括多种语言版本的以太坊客户端、以太坊浏览器和拓展工具，以及以太坊开发工具等。

1. 以太坊客户端

目前，以太坊协议及其客户端有多种语言版本的实现，其中最受欢迎的包括 Go-ethereum、CPP-ethereum、Parity 和 Pyethapp 等，这些开源项目均可在以太坊的官方 GitHub 目录下找到（https://github.com/ethereum/）。

1）Go-ethereum：以太坊协议 Go 语言实现的版本，既包括了一个独立的以太坊客户端，也可作为一个 Go 版本的以太坊库被调用。Go-ethereum 客户端又称 Geth，是目前使用最为广泛的以太坊客户端。

2）CPP-ethereum：以太坊协议 C++ 语言实现的版本，也是目前最受欢迎的以太坊客户端之一。CPP-ethereum 的最大特点是可移植性强，适用于 Windows、Linux 和 OS X 等各个版本的操作系统以及多种硬件平台。

3）Parity：以太坊协议 Rust 语言实现的版本。Parity 客户端实现了以太坊钱包功能，可用于创建和管理以太坊账户，管理账户中的以太币和各种代币以及创建智能合约等。

4）Pyethapp：以太坊协议 Python 语言实现的版本，其主要特点为创建了一个易扩展的以太坊核心代码版本。

2. 以太坊浏览器和折展工具

1）Mist：由以太坊官方开发的工具，用于浏览各类 DApp 项目。

2）MetaMask：一个用于接入以太坊去中心化网络的浏览器插件，目前适用于 Chrome 和 Brave 浏览器。用户无需在本地安装运行以太坊节点，只需通过 MetaMask 便可在浏览器上连接以太坊网络，运行以太坊 DApp。

3. 以太坊开发工具

1）Web3.js：一个兼容了以太坊核心功能的 JavaScript 库，为以太坊客户端及 DApp 提供了一系列以太坊功能调用的 JavaScript API 接口。

2）Remix：又称为 Browser-Solidity，是一个基于网页浏览器的 Solidity IDE 和编译器。Remix 网页终端整合了 Solidity 代码的编写、调试和运行等功能，为用户提供了开发以太坊智能合约的综合环境。

3）Truffle：一套针对以太坊 DApp 的开发框架，本身是基于 Node.js 编写的。Truffle 框架对 Solidity 智能合约的开发、测试、部署等进行全流程管理，帮助开发者更专业地开发以太坊 DApp。

4）ENS-registrar：以太坊域名服务（Ethereum Name Service，ENS）是为以太坊账户提供简单、易记域名的服务，类似于互联网的 DNS。ENS-registrar 是一个基于以太坊的开源 DApp 项目，在以太坊区块链上为以太坊账户提供域名注册服务。

1.6　本书的组织结构

第 2 章详细介绍了以太坊的组成结构、基本概念和工作原理，然后在第 3 章我们将有机会亲自动手部署、搭建不同类型的以太坊区块链。智能合约的概念和编写技巧将在第 4 章详细讲解。部署和运行智能合约以及实施中的注意事项将在第 5 章讨论。在第 6 章将结合具体应用场景来进一步介绍智能合约的实际案例。作为数字资产发行流通的通用平台，以太坊目前承载最多的就是各种数字资产，我们会在第 7 章介绍数字资产的接口。如何查询和分析区块链上的数据将在第 8 章介绍。关于以太坊解决性能问题的几个关键技术会在第 9 章介绍。最后，也是非常重要的问题——区块链上的隐私问题如何解决？我们将在第 10 章进行讨论。通过上面内容的学习，相信读者会对以太坊有一个全方位的了解，更希望大家加入到区块链的研究和开发中来。

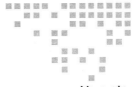

第 2 章　Chapter 2

以太坊架构和组成

2.1　以太坊整体架构

　　正如第 1 章介绍的，以太坊是一个重要的区块链应用平台，是先进公有链技术的代表之一，本章将详细地为读者讲解它的基本结构组成。以太坊的整体架构如图 2-1 所示，分为三层：底层服务、核心层、顶层应用。

　　（1）底层服务

　　底层服务包含 P2P 网络服务、LevelDB 数据库、密码学算法以及分片（Sharding）优化等基础服务。P2P 网络中每一个节点彼此对等，各个节点共同提供服务，不存在任何特殊节点，网络中的节点能够生成或审核新数据。而以太坊中的区块、交易等数据最终都是被存储在 LevelDB 数据库中。密码学算法用于保证数据的隐私性和区块链的安全。分片优化使得可以并行验证交易，大大加快了区块生成速度。这些底层服务共同促使区块链系统平稳地运行。

　　（2）核心层

　　核心层包含区块链、共识算法和以太坊虚拟机等核心元件，其以区块链技术为主体，辅以以太坊特有的共识算法，并以 EVM（以太坊虚拟机）作为运行智能合约的载体，该层是以太坊的核心组成部分。区块链构造的去中心化账本需要解决的首要问题就是如何确保不同节点上的账本数据的一致性和正确性，而共识算法正是用于解决这个问题。EVM 是以太坊的一个主要创新，它是以太坊中智能合约的运行环境，使得以太坊能够实现更复杂的逻辑。

（3）顶层应用

这一层包括 API 接口、智能合约以及去中心化应用等，以太坊的 DApp 通过 Web3.js 与智能合约层进行信息交换，所有的智能合约都运行在 EVM 上，并会用到 RPC 的调用，该层是最接近用户的一层。企业可以根据自己的业务逻辑，实现自身特有的智能合约，以帮助企业高效地执行业务。

底层服务中 LevelDB 数据库中存储了交易、区块等数据，密码学算法为区块的生成、交易的传输等进行加密，分片优化加快了交易验证的速度，共识算法用于解决 P2P 网络节点之间账本的一致性，顶层应用中的去中心化应用（DApp）需要在以太坊虚拟机（EVM）上执行，因此各层结构相互协同又各司其职，共同组成一个完整的以太坊系统。

本章和第 3 章将对以太坊的重要组成部分和运行原理进行详细介绍。

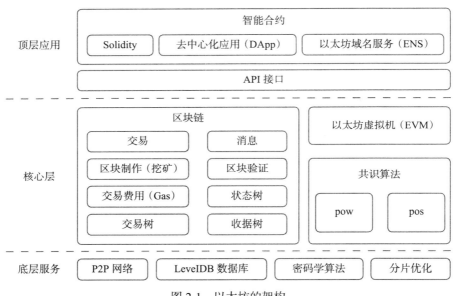

图 2-1　以太坊的架构

2.2　区块

区块链是中本聪发明的比特币使用的底层技术架构。它本身是一串连接的数据区块，区块之间的连接指针是区块头散列指针，它们是使用密码学散列算法生成的。区块本质上就是一个数据包，比特币的交易记录会保存在区块中，大约每 10min 生成一个新的区块。所谓的区块，其实可以定义为记录一段时间内发生的交易和状态结果的数据结构，是对当前账本状态的一次共识。

比特币的每个数据区块一般包含区块头（Header）和区块体（Body）两部分。区块头封装了前一个区块的散列值（Prev_Hash）、时间戳（Timestamp）、随机数（Nonce）、Merkle 树的根值（Tx_Root）和当前区块的散列值等信息。区块体中则主要包含交易计数和交易详情，区块结构如图 2-2 所示。

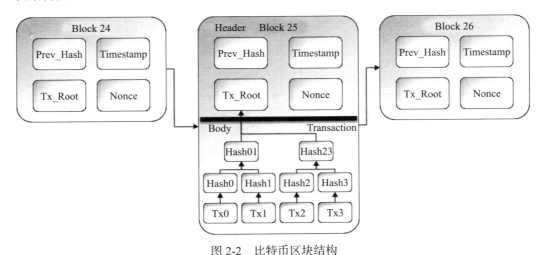

图 2-2　比特币区块结构

每一笔交易都被永久地记录在区块中，任何人都可以查询。交易是通过 Merkle 树（具体介绍见 2.4.1 节）的数据结构记录的，其中每一笔交易都包含了数字签名，如此可以保证每一笔交易都不可伪造，不能篡改。所有的交易过程都将通过 Merkle 树的 Hash 过程生成一个唯一的 Tx_Root 记录到区块中。用户在验证区块的有效性时，只需要根据 Merkle 树的 Hash 方法计算出根值并与区块中的 Tx_Root 值进行比对，即可验证其真伪，若相同即有效，若不同则无效。

以太坊同样使用了比特币区块链的技术，但是它在比特币区块链技术上做了一些调整。区块主要由区块头、交易列表和叔区块头三部分组成。区块头[⊖]包含下列信息：父块的散列值（Prev Hash）、叔区块[⊜]的散列值（Uncles Hash）、状态树根散列值（stateRoot）、交易树根散列值（Transaction Root）、收据树根散列值（Receipt Root）、时间戳（Timestamp）、随机数（Nonce）等。以太坊区块链上区块数据结构的一个重大改变就是保存了三棵 Merkle 树根，分别是状态树、交易树和收据树。存储三棵树可方便账户做更多查询。交易列表是由矿工[⊛]从交易池中选择收入区块中的一系列交易。区块链上的第一个区块称为"创世区块"，区块链上除了创世区块以外每个区块都有它的父区块，这些区块连接起来组成一个区

⊖　区块头数据结构的详细介绍见 2.4 节。
⊜　不在主链上的且被主链上的区块通过 Uncles 字段收留进区块链的孤块叫做"叔区块"。
⊛　在以太坊网络中负责接收、转发、验证、打包交易的节点。

块链。以太坊大约每 15s 可以挖出一个新的区块。图 2-3 显示了以太坊区块结构中状态树的更新。

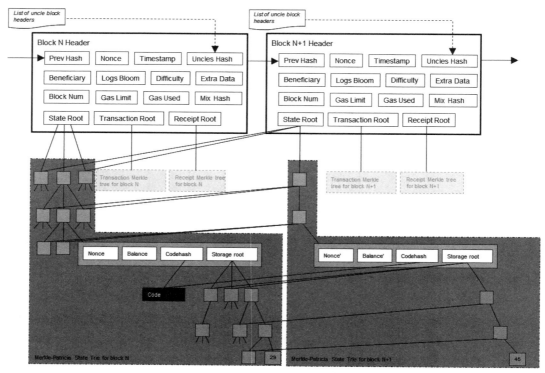

图 2-3 以太坊区块结构⊖

2.3 账户

在以太坊中，有一个重要的概念就是账户（Account）。账户以地址为索引，地址由公钥衍生而来，取公钥的最后 20 字节（关于公钥将在 2.3.3 节具体介绍）。在以太坊系统中存在两种类型的账户，分别是外部账户（Externally Owned Account，EOA）和合约账户（关于智能合约的内容将在第 4 章详细介绍）。

- ❏ 外部账户一般简称为"账户"，它们都是由人创建的，可以存储以太币⊖，是由公钥和私钥控制的账户。
- ❏ 合约账户是由外部账户创建的账户。

⊖ 图片引用自 https://ethereum.stackexchange.com/questions/268/ethereum-block-architecture。
⊖ 以太币是以太坊发行的一种数字货币。

以太坊中这两种账户统称为"状态对象"（存储状态）。其中外部账户存储以太币余额状态，而合约账户除了余额还有智能合约及其变量的状态。通过交易的执行，这些状态对象发生变化，而 Merkle 树用于索引和验证状态对象的更新。一个以太坊的账户包含四个部分。

- ❑ 该地址交易的次数（nonce），它是用于保障每笔交易能且只能被处理一次的计数器，有效避免重放（replay）攻击[⊖]。
- ❑ 账户目前的以太币余额。
- ❑ 账户的合约二进制代码（合约账户）。
- ❑ 账户的存储（默认为空）。

Etherscan.io（https://etherscan.io/）是一个浏览、查询和分析以太坊区块的平台，读者可以在上面查看以太坊中的账户、交易以及代币等信息。我们会在第 8 章介绍 Etherscan.io。

2.3.1 外部账户

外部账户（EOA）由私钥来控制，是由用户实际控制的账户。每个外部账户拥有一对公私钥，这对密钥用于签署交易，它的地址由公钥决定。外部账户不能包含以太坊虚拟机（EVM）代码。我们可以做一个简单的类比，把外部账户看作用户在某个银行办理的一个账户，公钥就是用户为该账户设置的卡号，而私钥则是用户设置的密码。一个外部账户具有以下特性：拥有一定的账户余额、可以发送交易、通过私钥控制，以及没有相关联的代码。

用户可以使用 Geth[⊖] 指令创建一个外部账户。生成一个账户地址的过程主要有三步。

1）设置账户的私钥，也就是通常意义的用户密码。

2）使用加密算法由私钥生成对应的公钥。

3）根据公钥得出相应的账户地址。

其中第 2 步中使用的加密算法是 secp256k1 椭圆曲线密码算法，而不是 RSA 加密算法，因为前者相对于后者更加高效安全。对于由公钥得到账户地址，在以太坊中使用 SHA3 方法。下面代码演示了使用 JavaScript 加密库 CryptoJS，通过调用 SHA3 加密算法来生成一个以太坊账户地址。

```
//pubKey -> address
var pubKeyWordArray = CryptoJS.enc.Hex.parse(pubKey);
var hash = CryptoJS.SHA3(pubKeyWordArray, { outputLength: 256 });
var address = hash.toString(CryptoJS.enc.Hex).slice(24);
```

⊖ 以太坊硬分叉后产生了两条链，分别是 ETH chain 和 ETH Classic chain。这两条链上的地址和私钥生成算法相同，交易格式也完全相同，导致其中一条链上的合法交易在另一条链上很可能也是合法的。所谓的以太坊"重放攻击"指的是如在一条链上合法的转账交易被广播到另一条链上也是合法的，从而导致转账两次的情形。

⊖ 以太坊客户端，用户可以通过其参与以太坊的网络活动。

用户在创建好账户后一定要记住私钥！如果用户忘记了，那么用户就不能再访问这个账户了，私钥也不可能再找回，以太坊没有可以让用户重置或者找回私钥的功能。密钥文件通常保存在 keystore 目录下，用户可以经常性地备份密钥文件，以防止忘记或丢失。

在以太坊节点之间传输整个目录或者密钥文件是安全的。不过要注意的是当用户从另一个节点处添加密钥文件到自己的节点时，账户的顺序可能会发生改变。因此，用户须确保不要依赖或者更改脚本和代码段中的索引。用户自己列出自己创建的账户时，账户会按字典序排序显示，并按照账户的创建时间先后排序。

https://etherscan.io/address/0xb794f5ea0ba39494ce839613fffba74279579268 是一个显示以太币（ETH）的账户实例，其列出了该账户的以太币余额，以及该账户相关的所有历史交易。

2.3.2　合约账户

合约账户是一个包含合约代码的账户。合约账户不是由私钥文件直接控制，而是由合约代码控制。合约账户的地址是由合约创建时合约创建者的地址，以及该地址发出的交易共同计算得出的。一个合约账户具有下列特性：拥有一定的以太币余额；有相关联的代码，代码通过交易或者其他合约发送的调用来激活；当合约被执行时，只能操作合约账户拥有的特定存储。合约账户和普通账户最大的不同就是它还存有智能合约。

以太坊区块链上的所有操作都是根据从账户发出的交易来执行的。每当合约账户收到一条交易消息时，其合约代码将被交易输入的参数调用执行。而合约代码将会在参与到网络中的每一个节点上执行，并将执行结果作为新块验证的一部分。

https://etherscan.io/address/0x744d70fdbe2ba4cf95131626614a1763df805b9e 是一个合约账户的实例（SNT），介绍了合约账户的余额、账户交易详情以及合约的发起人等内容。

2.3.3　私钥和公钥

公钥和私钥都是属于密码学的概念。在现代密码学体系中，加密和解密采用了不同的密钥，也就是非对称密钥加密系统，每个通信方都需要两个密钥，这两个密钥就是公钥和私钥。公钥是公开的，不需要保密，而私钥是私有的，对其需要保管和隐蔽，以防别人知道。

每一个公钥对应一个私钥。在密钥对中，如果一个用作加密，则另一个用作解密。非对称密钥加密系统的主要应用有两个，分别是公钥加密和公钥认证。公钥加密和公钥认证的过程并不一样，下面分别进行简单介绍。

为了让读者更容易理解什么是公钥加密，先来看一个简单的例子。若有两个用户 Jack 和 Michael，Jack 想把一段文字通过公钥加密技术发送给 Michael，而 Michael 有一对公钥和私钥，那么这个加密和解密过程如下：首先，Michael 将他的公钥发送给 Jack，接着 Jack 就用他收到的公钥对文字进行加密，将加密后的结果发送给 Michael，最后 Michael 用他的私钥解密 Jack 发送给他的消息。整体过程如图 2-4 所示。

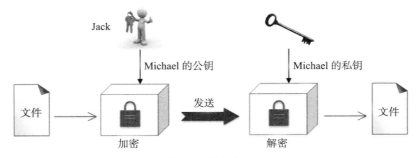

图 2-4 公钥加密

公钥认证即通过鉴别一个用户的私钥是否正确来鉴别这个用户的真伪。列举一个简单的例子，Michael 想让 Jack 知道自己是真实的 Michael，而不是其他人假冒的，所以 Michael 使用私钥对文件进行签名，发送给 Jack，Jack 再用 Michael 的公钥解密文件，从而验证签名是否来自真实的 Michael。整体流程如图 2-5 所示。

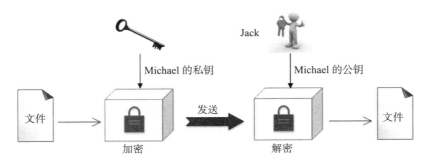

图 2-5 公钥认证

从上述两个例子可以看出，公钥加密是发送者先用公钥加密，接收者再用私钥解密，而公钥认证则是发送者先用私钥加密，接收者再用公钥解密以验证。

以太坊中每个外部账户都由一对密匙定义，即一个私钥和一个公钥。每对密钥都编码在一个钥匙文件里。钥匙文件是 JSON 文本文件，可以用任何文本编辑器打开和浏览。钥匙文件的关键部分——账户私钥，通常使用创建账户时设置的密码进行加密。目前最新的密钥文件格式是：UTC--<created at UTC ISO8601>-<address hex>。钥匙文件可以在以太坊节点数据目录的 keystore 子目录下找到。打个比方，你在某个银行开了一个账户，可能还开通了电子网银以绑定到这个账户，而公钥就是你在申请电子账户时设置的 ID，表示账户地址，私钥就是你在申请账户时设置的密码，通过这个密码可以打开你的账户，实现转账、取现等一系列操作。

假如 Jack 在以太坊上创建了一个外部账户，那么他就有一个公钥和一个私钥。他可以使用他的私钥创建数字签名，而以太坊上另一个账户 Michael 可以使用 Jack 的公钥来验证这个签名是否是用 Jack 的私钥创建的，即该签名是否来自真实的 Jack。当你创建一个以太坊钱包的时候，那个由一长串字符和数字构成的地址其实就是这个账户的公钥。一些钱包软件可以帮助保管私钥，你也可以自己保管。尤其重要的一点是，如果你弄丢了存有资金的钱包私钥，那么这个钱包中的资金也就无法转出，等同于丢失。所以一定要记得对私钥进行备份。

目前常见的私钥有三种形态：Private key、Keystore & Password 以及 Memonic code。

1）Private key 就是一份随机生成的 256 位二进制数字，用户甚至可以用纸笔来随机地生成一个私钥，即随机写下一串 256 位的仅包含 "0" 或 "1" 的字符串。该 256 位二进制数字就是私钥最初始的状态。

2）而在以太坊官方钱包⊖中，私钥和公钥将会以加密的方式保存一份 JSON 文件，存储在 keystore 子目录下。这份 JSON 文件就是 Keystore，所以用户需要同时备份 Keystore 和对应的 Password（创建钱包时设置的密码）。

3）最后一种 Memonic code 是由 BIP 39 方案提出的，目的是随机生成 12 ～ 24 个比较容易记住的单词，该单词序列通过 PBKDF2 与 HMAC-SHA512 函数创建出随机种子，该种子通过 BIP-0032 提案的方式生成确定性钱包。

2.3.4 钱包

钱包是一个比较形象的概念，一个外部账户通常由私钥文件来控制，拥有私钥的用户就可以拥有对应地址的账户里的以太币使用权。我们通常把管理这些数字密钥的软件称为 "钱包"，而我们所说的 "备份钱包" 其实就是备份账户的私钥文件。

（1）以太币钱包分类与安装

目前有很多种以太币钱包，如 Mist 以太坊钱包、Parity 钱包、Etherwall 钱包、Brain 钱包等。其中 Mist⊖ 钱包具有一定的 "官方" 地位，这款钱包与它的父项目 Mist 都是在以太坊基金会的赞助下开发的，钱包应用支持 Windows、Linux 和 Mac 多个平台，用户可以根据自己的操作系统自行选择。值得注意的是，Mist 钱包是试用软件，使用风险需要用户自己承担。Mist 钱包是一款基于 GUI（图形用户界面）的钱包，如图 2-6 所示。用户的第一个账户在应用安装时就会创建成功。由于安装钱包时会运行一个完整的 Geth 节点，所以打开钱包应用时就会开始在计算机上同步整个以太坊区块链。在创建完账户后，用户可以部署代币合约、众筹合约和自治组织合约等，不过普通用户一般不需要使用这些高级功能。最后，用户可以备份私钥文件，私钥文件在以太坊文件夹下的 keystore 目录下，所以直接备

⊖ 可以看作存有以太币的账户地址，由拥有地址私钥的账户所有。

⊖ Mist 钱包可以在 https://github.com/ethereum/mist/releases 选择合适版本下载使用。

份这个目录即可。

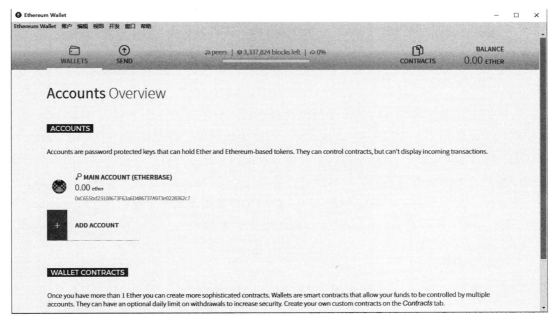

图 2-6　Mist 钱包

（2）钱包备份

备份钱包根本上就是备份私钥文件。前面提到，私钥目前主要有三种形态，因为保管方式不同，所以表现的形式也不尽相同，但是它们的最终目的都是防盗、防丢、分散风险。

- 防盗：分离备份。如果仅仅是 Keystore 或者 Password 被盗，但其对应的 Password 或者 Keystore 依然是安全的。
- 防丢：多处备份。降低丢失所有对应的 Keystore 和 Password、私钥文件的风险。
- 分散风险：将资金适当地分散开，"不要把鸡蛋放在一个篮子里"。这样可以在一定程度上降低损失，同时采取多重签名方式，提取超过事先设定的金额时需要多个私钥授权。

常见的钱包备份方式有下列两种。

1）多处和分离备份。在 Mist 官方钱包中有一个 keystore 文件夹，里面存储了用户创建过的钱包账户，是 JSON 文件，这就是密钥文件。用户可以把这个文件放置到多个安全的位置，如网盘或者 U 盘。另外，对于 keystore 对应的密码，用户可以尽量设置得较为复杂，并让它同 keystore 一样多处分离备份。

2）纸钱包。纸钱包的实质就是将 keystore 文件或者私钥以纸质的形式保存（通常是二维码的形式）。

　　用户可以把这些常见的备份方式结合起来使用，以增加私密性，降低风险。比如用户可以同时使用多重签名和多处分离备份，设定一个金额阈值，当用户提取超过该阈值的金额时需要多个私钥，另外把这些私钥多处分离备份，这将大大降低资金被盗的风险。

2.4　数据结构与存储

　　包括以太坊和比特币在内的大多数区块链项目，会使用 Merkle 树或基于 Merkle 树的数据结构，比特币中保存了一棵 Merkle 树，而以太坊针对三种对象设计了三棵 Merkle 树（Merkle Patrcia 树），分别是状态树、交易树和收据树，这三种树可以帮助以太坊客户端做一些简易的查询，如查询某个账户的余额、某笔交易是否被包含在区块中等。区块、交易等数据最终都是存储在 LevelDB 数据库中。LevelDB 数据库是一个键值对（key-value）数据库，key 一般与散列相关，value 则是存储内容的 RLP 编码。

2.4.1　数据组织形式

　　以太坊使用了 Merkle Patircia 树（又称 Merkle Patricia Trie，简称 MPT），作为数据组织形式，用来组织管理用户的账户状态、交易信息等重要数据。MPT 是一种加密认证的数据结构，它融合了 Merkle 树和 Trie 树（前缀树）两种数据类型的优点，我们首先来介绍一下这两种数据结构。

1. Merkle 树

　　Merkle 树是一种树形数据结构，可以是二叉树，也可以是多叉树。它由一组叶节点、一组中间节点和一个根节点构成。最下面的叶节点包含基础数据，每个中间节点是它的子节点的散列，根节点是它的子节点的散列，代表了 Merkle 树的根部。创建 Merkle 树的目的是允许区块的数据可以零散地传送；节点可以从一个节点下载区块头，从另外的源下载与其相关的树的其他部分，而依然能够确认所有的数据都是正确的。之所以如此是因为散列向上扩散，如果一个恶意用户尝试在树的下部加入一个伪造的交易，所引起的改动将导致树的上层节点以及更上层节点的改动，最终导致根节点的改动以及区块散列的改动，这样协议就会将其记录为一个完全不同的区块（几乎可以肯定是带着不正确的工作量证明的）。图 2-7 显示一棵 Merkle 树，如果底层的交易被篡改了，那么其对应的叶节点散列值也会改变，这将最终导致其 Merkle 树根值变化。

　　Merkle 树可以用来存储所有键值对。这棵树的建立从每个节点开始，将节点两两分成多达 16 个组，并对每个组求散列值，接着对散列结果继续求散列值，如此递归下去，直到整棵树有一个最后的"根散列值"。Merkle 树具有下列特性：

　　❑ 每个数据集对应一个唯一合法的根散列值。

❑ 很容易更新、添加或者删除树节点，以及生成新的根散列值。

❑ 不改变根散列值的话就没有办法修改树的任何部分，所以如果根散列值被包括在签名的文档或有效区块中，就可以保证这棵树的正确性。

❑ 任何人可以只提供一个到特定节点的分支，并通过密码学方法证明拥有对应内容的节点确实在树里。

2. Trie 树

Trie 树也叫做 Radix 树。在 Radix 树中，key 代表的是从树根到对应 value 的一条真实路径。即从根节点开始，key 中的每个字符（从前到后）都代表着从根节点出发寻找相应 value 所要经过的子节点。value 存储在叶节点中，是每条路径的最终节点。假如 key 中的每个字符都来自一个容量为 N 且所包含的字母都互不相同的字母表，那么树中的每个节点最多会有 N 个孩子，树的最大深度便是 key 的最大长度。

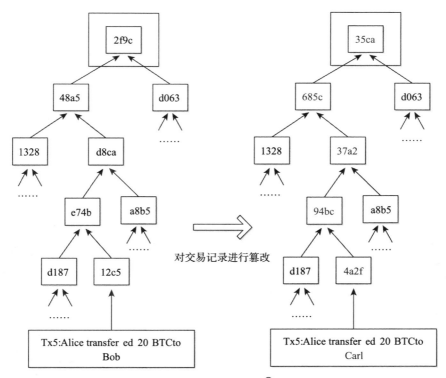

图 2-7　Merkle 树[⊖]

Radix 树的优点有很多，其中一条就是：**如果有两个 value，它们有着基于相同前缀的 key，它们的相同前缀的长度占自身比例越大，则代表着这两个 value 在树中的位置越靠**

⊖　图片来自 https://ethereum.stackexchange.com/questions/268/ethereum-block-architecture。

近，并且 Trie 树中不会有像散列表一样的冲突，也就是说一个 key 永远只对应一个 value。但是它也存在缺陷，那就是存储不平衡问题，即给定一个长度较长的 key，在树中没有其他 key 与它有相同的前缀，那么在遍历或存储 key 所代表的 value 时，将会遍历或存储相当多的节点，因此这棵树是不平衡的。

3. Merkle Patricia 树

基于以上两种树的特点，以太坊对其做了很多改进。

首先，为了保证树的加密安全，每个节点通过它的散列值被引用，在当前的实现中，它们用于在 LevelDB 数据库[⊖]中的查询。对于存储在 LevelDB 数据库中的非叶节点，其在数据库中的表现形式为：key 代表着节点的 RLP 编码（见 2.7.2 节）的 SHA3 散列值，value 是节点的 RLP 编码。想要获得一个节点的内容，只需要根据该节点的散列值访问数据库以获得节点的 RLP 编码，然后解码即可。在该方案中，根节点被称为整棵树的加密签名，如果一棵给定 Trie 树的根散列值是公开的，那么所有人都可以提供一种证明，即通过提供每一步向上的路径证明特定的 key 是否含有特定的值。

其次，引入了很多节点类型来提高效率。MPT（Merkle Patricia Tree）中的节点包括以下 4 种。

- ❑ 空节点：简单的表示空，在代码中就是一个空串。
- ❑ 叶节点：键值对的一个列表，其中 key 是一种特殊的十六进制编码，value 是 RLP 编码。
- ❑ 扩展节点：键值对的列表，但是这里的 value 是其他节点的散列值，通过这个散列值可以链接到其他节点。
- ❑ 分支节点：一个长度为 17 的列表。MPT 中的 key 被编码成一种特殊的十六进制的表示，再加上最后的 value，前 16 个元素对应 key 中的 16 个可能的十六进制字符，如果有一个键值对在这个分支节点终止，则最后一个元素代表一个值，即分支节点既可以是搜索路径的终止，也可以是路径的中间节点。

在图 2-8 的状态树中，节点 A、E 是分支节点，节点 B、D、F、G 是叶节点，节点 C 是扩展节点。

除了上述 4 种节点，MPT 还有一个重要的概念：用于对 key 进行编码的特殊十六进制前缀编码（HP）。因为字母表中的字符都是十六进制表示的，所以每个节点最多只能有 16 个"孩子"。因为键值对有两种表示形式的节点（叶节点和扩展节点），所以必须引用一种特殊的终止符标识，用来标识 key 所对应的值是真实的值还是其他节点的散列值。通过对终止符标识进行赋值，可以区分 key 所对应的节点的种类，无论 key 的长度是奇数还是偶数，

⊖ LevelDB 数据库是一个非常高效的键值对数据库。

HP 都可以对其进行编码。如图 2-8 所示，各个节点的 key 是该节点的散列值，以叶节点 B 为例，叶节点 B 的 value 对应的是真实值，即以太币数量，而扩展节点 C 的 value 对应于分支节点 E 的散列值，以此通过扩展节点的 value 来查找分支节点 E 的值。

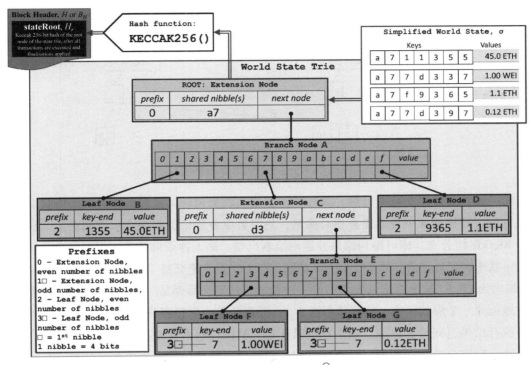

图 2-8 状态树根散列[一]

以太坊区块链系统中使用 MPT 树结构，但是每个以太坊区块头不是只包括一棵 MPT 树，而是为三种对象设计了三棵树，分别是交易树（Transaction Tree）、状态树（State Tree）和收据树（Receipt Tree）。图 2-9 显示区块头存储的三棵树。

利用存储的三棵 MPT 树，客户端可以轻松地查询以下内容。

❏ 某笔交易是否被包含在特定的区块中。

❏ 查询某个地址在过去的 30 天中发出某种类型事件的所有实例（例如，一个众筹合约完成了它的目标）。

❏ 目前某个账户的余额。

❏ 一个账户是否存在。

❏ 假如在某个合约中进行一笔交易，交易的输出是什么。

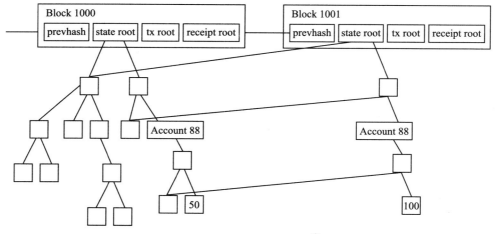

图 2-9　以太坊区块头结构[一]

第一种类型使用交易树处理，第二种类型使用收据树，第三和第四种则是由状态树负责处理的。计算前 4 个查询任务相对简单，只需要服务器根据查询需求找到对象，获得对应的 Merkle 树分支，即可得到结果并返回给客户端。第五种查询任务则相对复杂一些，它也是由状态树来处理的。如果在根为 S 的状态树上执行一笔交易 T，其结果状态树将是根为 S'，输出为 O''（"输出"是以太坊中的一种概念，每笔交易都是一个函数调用）。服务器会在本地创建一个假的区块，将其状态设为 S，并假装是一个轻客户端[一]，请求执行这笔交易并将执行结果返回给客户端。如果在请求这笔交易的过程中需要客户端确定一个账户的余额，这个轻客户端将会发出一个余额查询。如果这个轻客户端需要检查存储在一个特定合约的项目，该轻客户端则对此进行查询。

以太坊中的状态树包含键值映射，其中键是地址，而值包括账户的声明、账户余额、nonce、代码以及每一个账户的存储（其中存储本身就是一棵树）。不同于交易历史记录不可改变的性质，由于账户余额和账户的 nonce 经常改变，新的账户会频繁插入，存储的键也会经常被插入以及删除，所以状态树需要经常更新。因此我们需要这样的数据结构，即它能在一次插入、更新、删除操作后，从所改变节点快速地计算到树根，而不需要重新计算整棵树的 Hash。MPT 可以较好地满足这些需求，其工作原理可以简单地解释为：value 被存储到叶节点中，可以通过 key 值查询，而 key 由从根节点到 value 值所在节点的必经路径编码生成。每个节点最多有 16 个子节点，因此路径由十六进制编码决定，如键" dog"的十六进制编码是 [6,4,6,F,6,7]，其所代表的含义是从根节点开始到第 6 个分支，然后到第 4 个，再到第 6 个，再到第 15 个……这样依次查询，直到树的叶节点。

[一]　图片来自 https://ethereum.stackexchange.com/questions/268/ethereum-block-architecture。
[一]　由只保存区块头的轻节点所使用的客户端。

2.4.2　状态树

状态树中的每个节点有 16 个孩子节点，每个叶节点表示一个账户，这些叶节点的父节点由叶节点的散列组成，而这些父节点再组成更高一层的父节点，直至到形成根节点。状态树包含一个键值映射，其中键是账户地址，值是账户内容，主要是 {nonce，balance，codeHash，storageRoot}。nonce 是账户交易的序数，balance 是账户余额，codeHash 是代码的散列值，storageRoot 是另一棵树的根节点。状态树代表访问区块后的整个状态。

以太坊是一个以账户为基础的区块链应用平台，账户的状态不是直接存储在每个区块中，所有的账户状态都是以"状态数据"的形式存储在以太坊的节点中。出于性能的考虑，这些状态存储在 MPT 中。区块链中的全局状态是账户地址（160 位标识符）和账户状态（经过 RLP 编码序列化的一种数据结构）之间的映射。尽管状态不直接存储在区块链中，但是它仍然是通过改进版本的 MPT 来维持的。

状态数据是一种隐式数据，意味着它需要从实际的区块链数据中计算出来。交易包含决定新状态数据的所有字段内容。与比特币不同的是，以太坊区块包含了整个状态树的 Merkle 树根散列和交易列表。状态树是用来记录各个账户的状态的树，它需要经常进行更新。

2.4.3　交易树

每个区块都有一棵独立的交易树。区块中交易的顺序主要由"矿工"决定，在这个块被挖出前这些数据都是未知的。不过"矿工"一般会根据交易的 GasPrice 和 nonce 对交易进行排序。首先会将交易列表中的交易划分到各个发送账户，每个账户的交易根据这些交易的 nonce 来排序。每个账户的交易排序完成后，再通过比较每个账户的第一条交易，选出最高价格的交易，这些是通过一个堆（heap）来实现的。每挖出一个新块，更新一次交易树。

在交易树包含的键值对中，其中每个键是交易的编号，值是交易内容，具体参见 2.7 节。

2.4.4　收据树

每个区块都有自己的收据树，收据树不需要更新，收据树代表每笔交易相应的收据。收据树也包含一个键值映射，其中键是索引编号，用来指引这条收据相关交易的位置，值是收据的内容。交易的收据是一个 RLP 编码的数据结构：[medstate, Gas_used, logbloom, logs]。其中，medstate 是交易处理后树根的状态；Gas_used 是交易处理后 Gas 的使用量；logs 是表格 [address, [topic1, topic2, …], data] 元素的列表，表格由交易执行期间调用的操作码 LOG0 … LOG4 生成（包含主调用和子调用），address 是生成日志的合约地址，topic$n$

是最多 4 个 32 字节的值，data 是任意字节大小的数组；logbloom 是交易中所有 logs 的 address 和 topic 组成的布隆过滤器（由 Howard Bloom 在 1970 年提出的二进制向量数据结构，它具有很好的空间和时间效率，被用来检测一个元素是不是集合中的一个成员）。区块头中也存在一个布隆过滤器，使用布隆过滤器可以减少查询的工作量，这样的构造使得以太坊协议对轻客户端尽可能的友好。

2.4.5 数据库支持——LevelDB

LevelDB 是 Google 实现的一个非常高效的键值对数据库，其中键值都是二进制的，目前能够支持十亿级别的数据量，在这个数据量下还有着非常高的性能。以太坊中共有三个 LevelDB 数据库，分别是 BlockDB、StateDB 和 ExtrasDB。BlockDB 保存了块的主体内容，包括块头和交易；StateDB 保存了账户的状态数据；ExtrasDB 保存了收据信息和其他辅助信息。

LevelDB 的用户接口非常简单，包括 put(k,v)、get(k,v) 和 delete(k,v)，但是还具有以下特性。

❑ key 和 value 都是任意长度的字节数组，一条记录（即一个键值对）默认是按照 key 的字典顺序存储的，当然开发者也可以重载这个排序函数。

❑ 支持遍历，包括前向和反向。

❑ 支持原子写操作（atomic write）。

❑ 支持过滤策略（bloomfilter）。

❑ 支持数据自动压缩（使用 snappy 压缩算法）。

❑ 底层提供了抽象接口，允许用户定制。

当然它也存在一定的限制：

❑ 不是 SQL 类型数据库，没有关系模型。

❑ 一个表只允许一个进程访问。

❑ 单机系统没有服务器 / 客户端（client-server）。

以太坊使用 LevelDB 主要考虑到它的写优化的特点。

2.5 共识机制

共识机制是区块链事务达成分布式共识的算法。由于点对点网络下存在着或高或低的网络延迟，所以各个节点接收到的事务的先后顺序可能不一样，因此区块链系统需要设计一种机制让节点对在差不多时间内发生的事务的先后顺序实现共识，这就是共识机制。

2.5.1　PoW

PoW 即通过工作结果来证明你完成了相应的工作。由于工作过程繁琐而低效，而其验证忽视工作过程、直接认证结果，这样工作者虽花费一定的时间完成工作，但是验证者却可以瞬间完成检验，因此这种方法往往简洁而高效。简而言之，PoW 就是通过结果证明以确认你完成了一定量的工作，比如现实生活中的驾驶证，它就是通过结果认证的方式来确认你完成了对驾驶技能的学习。PoW 的目的是使区块的创建变得困难，从而阻止"女巫"攻击者恶意重新生成区块链，确保网络的安全。所谓女巫攻击（Sybil Attack）是指在对等网络中，单一节点具有多个身份标识，通过控制系统的大部分节点来削弱系统的安全性，如图 2-10 所示。

在解读 PoW 的具体算法之前，先了解一下散列函数。

散列函数（Hash Function）也叫哈希函数，输入任意长度的字符串，该函数都能将其变成固定长度的散列值。对于散列函数来说，它满足以下特征。

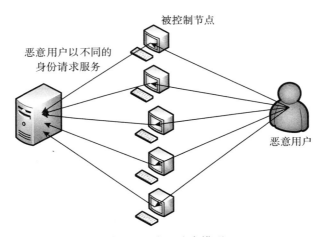

图 2-10　女巫攻击模型

❑ 免碰撞，即不存在输入值不同，经过散列变换，而散列值相同的情况。

❑ 隐匿性，即给定一个散列值，想要反向逆推出输入值，在计算上是不可行的。

❑ 不存在比穷举更好的方法，以使得散列值落在特定的范围。

一般加密电子货币（如比特币）的 PoW 算法可以这样描述：节点打包经过验证的交易⊖，通过不断地更换随机数来探寻合适的散列值（所谓合适的散列值是指该值小于系统提供的某一散列值），当节点最先计算出合适的散列值，它所打包的块如果通过其他共识节点的验证

⊖　交易可以看作一个账户向另外一个账户发送一笔被签名的消息数据包的请求，以太坊网络会对交易进行相应的处理，具体详见 2.6 节。

则会被加入到区块链中，这里争取记账权的节点被称为"矿工"，这些"矿工"在以太坊网络中负责接收、转发、验证并执行交易。通过节点提供的符合要求的散列值，我们知道它的确经过了大量的计算（几十亿次），如图 2-11 所示。

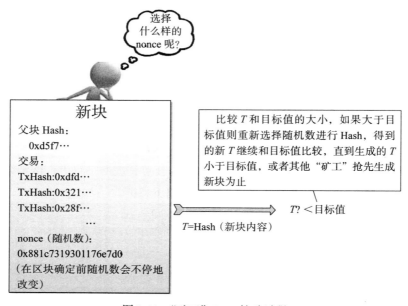

图 2-11 "矿工"PoW 挖矿过程

在这个过程中要得到一个符合要求的散列值，节点需要经过大量的散列计算，计算时间则取决于机器的散列运算速度。由于寻找合适的散列值是一个概率事件，所以矿机性能越好，成功的概率就越大，当节点的算力占全网算力的 $n\%$ 时，那么他就有 $n\%$ 的概率找到合适的散列值。

打个比方，所有的"矿工"都是登山者团队的首领，他们都拥有一个登山者团队，但是团队的人数有多有少（对应不同的"矿工"有不同的矿机资源）。为了获得奖励这些登山者首领都报名参加了一个登山比赛，山上有很多不同的道路，但是只有一条可以登上山顶，也只有第一个登上山顶的人所在的团队的首领能获得奖励。比赛开始，登山者首领让团队中每人选择一条道路开始登山，如果此路无法到达山顶，那么登山者会下来并重新选一条上山。最终，有一名登山者将成功登上山顶，他的首领（"矿工"）将会获得奖励。很明显，团队人手多且队员体能好的登山者首领更容易获得奖励，也就是说矿机性能越好，数量越多，那么"矿工"就越可能挖到新块。

在计算机网络安全方面 PoW 也有着重要的作用。比如说对垃圾邮件的防范，发送者在发送垃圾邮件之前要提供给接收者一个合适的"Hash"值，接收者验证通过后才会接收发送者的邮件，发送者若要成功地向多名接收者发送垃圾邮件，往往需要投入大量的算力资源，这无疑是得不偿失的。这也就是我们生活中常说的"将做某件事所要付出的代价增加，会让人不由自主地考虑做这件事到底值不值"。由此可见，网络世界中的一些协议其实都是从现实生活中衍化而来。

在以太坊中，有一个专门设计的 PoW 算法——Ethash 算法。之所以用 Ethash 算法来代替原有的 PoW 算法，是为了解决挖矿中心化问题。现在的情况是，在 PoW 算法下，小部分的硬件公司和挖矿机构通过挖矿资源的集中，获得了可以"操控"现有网络内经济力量的优势，并以此获得高利润（如比特币和莱特币）。这些组织可以生产具有超高散列计算性能的 ASIC（Application Specific Integrated Circuit，特殊应用的集成电路），为自己赚取利润，这意味着挖矿不再是高度去中心化和追求平等主义的，而是需要巨额资本的有效参与。在这种情况下很可能会出现一个现象：一个以实现"去中心化"为目的的系统因为现实生活中矿机资源的集中而有了中心。为了解决这一问题，以太坊基金会专门设计了一个能"抵制 ASIC"、轻客户端可快速验证的 PoW 算法，希望减少中心化挖矿在以太坊中获得的经济奖励，这就是 Ethash 算法。

以太坊试图让挖矿者从区块链状态中获取随机数据，计算一些从区块链最后的 N 个区块中随机选择的交易，返回结果散列。这样做的好处有两点。首先，以太坊合约能够包含任何种类的计算方式，这样以太坊的 ASIC 本质上其实是一个提供普通计算的专门集成电路，相当于一个性能很好的 CPU。其次，挖矿需要访问整个区块链，这就迫使挖矿者保存完整的区块链。

Ethash 算法的特点是挖矿的效率基本与 CPU 无关，而与内存大小、带宽正相关，目的是去除专用硬件的优势，抵抗 ASIC。该算法的基本流程如下。

1）对于每一个区块，都能通过扫描区块头的方式计算出一个种子（seed），该种子只与当前区块有关。

2）使用种子能产生一个 16MB 的伪随机缓存，轻客户端会存储缓存。

3）基于缓存再生成一个 1GB 的数据集，称其为 DAG。数据集中的每一个元素都只依赖于缓存中的某几个元素，也就是说，只要有缓存，就可以快速地计算出 DAG 中指定位置的元素。挖矿者存储数据集，数据集随时间线性增长。

4）挖矿可以概括为"矿工"从 DAG 中随机选择元素并对其进行散列的过程，DAG 也可以理解为一个完整的搜索空间，挖矿的过程就是从 DAG 中随机选择元素（类似比特币挖矿中试探合适 nonce 的过程）进行散列运算。

5）验证者只需要花费少量的内存存储缓存就可以了，因为验证者能够基于缓存计算得到 DAG 中自己需要的指定位置的元素，然后验证这些指定元素的散列是不是小于某个散列值，也就是验证"矿工"的工作是否符合要求。

缓存和 DAG 中每增加 30000 个区块更新一次，所以绝大多数的"矿工"将把精力放在读取数据集上，而不是改变它。

验证过程和 DAG 产生的过程用到了大量的散列计算，这就是 PoW 算法的具体体现。之所以选择 16MB 的缓存，是因为一个基于较小缓存的 ASIC 更容易被生产，16MB 的缓存仍然需要非常高的带宽读取，而较小的缓存更容易进行优化。将 DAG 的大小设为 1GB，使其内存大于大多数专门的存储器和高速缓存器，但是对于普通的计算机而言它仍然足够的小，能够利用它进行挖矿活动。

在 PoW 算法中每次新生成符合要求的区块之前，想要获得这次记账权的节点都会参与运算，直到运算出符合要求的散列值并全网广播自己"挖出"的区块或者收听到其他节点广播的区块并验证为止。多数情况下，节点往往在运算结束之前就收到了其他节点广播的区块，那么它会验证该区块，如果验证通过，则将此区块同步到自己的本地区块链中，并且开始竞争下一轮区块的记账权，同时这也意味着它之前所做的工作都将白费。很明显，像 PoW 这种依赖机器进行散列运算从而得到记账权的方式，其资源消耗相比其他共识机制往往要高，性能效率相对较低。

为了防止中心化现象和电力资源的浪费，以太坊在项目成立之初就制定了 PoS 共识机制计划，即先用 PoW（Ethash）临时替代，待到时机成熟则逐渐从 PoW 切换到 PoS。

2.5.2　PoS

PoS 即基于网络参与者目前所持有的数字货币的数量和时间进行利益分配，是一种对货币所有权的证明。PoS 可以被描述成虚拟挖矿，一般情况下与 PoW 一样，用户所得利益与购买成本成比例，即买得越多，收获也就越大。不过相比于 PoW 机制下的挖矿，虚拟挖矿消耗的电力可以忽略不计。

与 PoW 利用计算机硬件资源的稀缺性来保证系统安全不同，PoS 主要是依赖其区块链自身的代币（本节指的是以太坊的以太币）。比如，在 PoW 机制下，用户花费 10000 元购买矿机加入区块链挖矿，如果他获得了新区块的记账权，那么他就会获得一定量的奖励。在 PoS 机制下，用户花费 10000 元购买代币然后存储到 PoS 系统，那么用户也有机会竞争到新区块的记账权并获得奖励。

在不同的代币系统中，PoS 算法往往有不同的表达形式，如 PPC（Peercoin，点点币）和 NXT（未来币）。PPC 使用 PoW/PoS 混合模式，用 PoW 来解决货币产出的公平化，用 PoS 来保证网络安全，在其 PoS 算法中，每秒钟选择一个不同的验证者来产生区块。NXT 则是 100% 采用 PoS 模式，基于用户的账户余额来调整用户被选择"出块"的可能性，并使用一个确定性算法随机选择一个"股东"来产生下一个区块。在不同的代币体系中对于共识机制的选择也许不同，但无论是混合模式还是其他方式，确保网络安全的原则是不会改变的。

在详细介绍以太坊的 PoS 算法之前，我们首先了解一下什么是拜占庭将军问题（又称拜占庭容错、两军问题）。拜占庭是东罗马帝国的首都，由于当时拜占庭帝国国土辽阔，为了防御所有的国土，每个军队分隔很远，各个军队的将军之间只能靠信使传递消息。战争时期，拜占庭军队内所有的将军必须达成一致的共识，即一致认为如果有赢的机会才会攻打敌人阵营。但是，军队内可能存在叛徒和敌军间谍并左右将军们的决定。这时候，在已知有成员谋反的情况下，其余忠诚的将军如何在不受叛徒的影响下达成一致的协议呢？拜占庭问题就此形成。拜占庭将军问题是一个协议问题，由于地理原因，将军中的叛徒可以任意行动以达到以下目标：欺骗某些将军采取进攻行动；促成一个不是所有将军都同意的决定，如当将军们不希望进攻时促成进攻行动；迷惑某些将军，使他们无法做出决定。如果叛徒达到了这些目的中的一个，则任何攻击行动都注定失败。

拜占庭容错是对现实网络问题的模型化，由于硬件错误、网络拥塞或断开以及遭到恶意攻击，计算机和网络可能出现不可预料的行为。拜占庭容错协议必须处理这些失效，并且这些协议还要满足所要解决的问题要求的规范。

在以太坊中，PoS算法可以这样描述：以太坊区块链由一组验证者决定，任何持有以太币的用户都能发起一笔特殊形式的交易，将他们的以太币锁定在一个存储中，从而使自己成为验证者，然后通过一个当前的验证者都能参与的共识算法，完成新区块的产生和验证过程。

有许多共识算法和方式对验证者进行奖励，以此来激励以太坊用户支持PoS。从算法的角度来说，主要有两种类型：基于链的PoS和BFT（Byzantine Fault Tolerant，拜占庭容错）风格的PoS。

在基于链的PoS中，该算法在每个时隙内伪随机地从验证者集合中选择一个验证者（比如，设置每10s一个周期，每个周期都是一个时隙），给予验证者创建新区块的权利，但是验证者要确保该块指向最多的块（指向的上一个块通常是最长链的最后一个块）。因此，随着时间的推移，大多数的块都收敛到一条链上。

在BFT风格的PoS中，分配给验证者相对的权利，让他们有权提出块并且给被提出的块投票，从而决定哪个块是新块，并在每一轮选出一个新块加入区块链。在每一轮中，每一个验证者都为某一特定的块进行"投票"，最后所有在线和诚实的验证者都将"商量"被给定的块是否可以添加到区块链中，并且意见不能改变。

其他用户之所以相信验证者，是因为验证者不会自己"杀死"自己的钱，正如以太坊创始人Vitalik Buterin所说的那样："在PoS协议中，每个人都是矿工。因此，除非他们选择通过放弃使用以太币来违反规则，否则他们每个人都必须承担确认和验证交易的责任。从本质上来说，这才是去中心化的管理模式，能够提高利益相关者在网络中的参与度。"

在这个模式下，不在PoS系统中抵押代币的人无法对系统产生威胁，即使攻击者在系统之中，他也很难凑够占全网总量51%的代币。

相比于PoW，PoS有以下优点。

- ❑ 不需要为了保证区块链的安全而消耗大量的电力资源。由于消耗较少,通过发行新币以激励参与者继续参与网络活动的压力会减少,理论上货币的负总发行量成为可能。
- ❑ PoS 促进区块链技术的发展。"矿工"从消耗大量资源的挖矿行为中解放出来,将算力资源转向区块链技术的开发应用上,促使区块链技术的蓬勃发展。
- ❑ 随着规模经济(指扩大生产规模引起经济效益增加的现象)的消失,中心化所带来的风险减小。价值 100 万法币的以太币带来的回报比 10 万法币带来的多 10 倍,不会有人负担大规模的生产工具却得不到相应的回报。
- ❑ PoS 更安全。其实施的奖励惩罚措施使得各种恶意攻击变得极其昂贵,从而确保网络安全。

在许多早先的 PoS 算法中,生产区块只会产生奖励而不会产生惩罚。在这种情况下,当出现多条相互竞争的准主链时,大多数的验证者会尝试在所有的准主链上出块。这样会导致一个后果,即在所有的参与者都严格经济理性的条件下,即使没有攻击者,一个区块链也存在永远无法达成共识的可能。这个问题有两种解决方案,第一个是"Slasher",即如果验证者在不同的链上创建块,则在某个事后的时间点将能证明他们错误行为的记录包含在区块链中,并对他们做出扣除押金的惩罚。第二个方案是惩罚验证者在错链上出块的行为。

以太坊 PoS 算法典型的带有惩罚机制的应用是 Casper,将在第 9 章介绍。Casper 有可能做到秒级别的共识,即几秒出一个块。它的出块原理是:Casper 里有很多抵押了一定代币的验证人,这些验证人将会对新块进行投票以决定它是否有效,最后根据投票结果形成大多数人意见(即多数人认为新块有效则新块就是有效的),之前投票新块有效的用户将会收回押金并获得奖励,而"作恶"的用户将会被没收保证金。

2.6 以太币

以太币(ETH)是以太坊发行的一种数字货币,被认为是"比特币 2.0 版"。以太币是以太坊中一个重要元素,在公有链上发起任何一笔交易都需要支付一定的以太币。

以太币的总供给及其发行率是由 2014 年的预售决定的,以太币来源包括"矿前 + 区块奖励 + 叔区块奖励 + 叔区块引用奖励"。具体的分配大致如下:

- ❑ 预付款的贡献者总共有 6000 万个以太币。
- ❑ 每挖出一个新的区块,给挖出该区块的矿工奖励 5 个以太币。
- ❑ 如果一个矿工挖出一个新的区块,但是并不是在主链中,则该区块称为叔区块,如果该块在之后的区块链中作为叔区块被引用,每个叔区块会为挖矿者产出大约 4.375 个以太币(5 个以太币奖励的 7/8),这被称为叔区块奖励。另外矿工每引用一个叔区块,可以得到大约 0.15 个以太币(最多引用两个叔区块)。

图 2-12 是 2017 年 12 月 21 号 16 点 35 分以太币的分布情况，其中 Genesis 表示的是众筹的预付款和用于发展基金的以太币。从图中可以看出，目前已经产生的以太币绝大多数还是矿前提供的以太币。

Genesis（72009990.49948 ETH） 区块奖励（23910081.0938 ETH）
叔区块奖励（1354457 ETH）

图 2-12 以太币分布

当然以太币也不是无限生成的。根据 2014 年预售时各方达成的协议，以太币的发行每年定在 1800 万（大约是初始供应量的 25%）。这意味着每年绝对发行量是固定的，相对通货膨胀则会有所下降。理论上说如果这个发行量是无限期的，那么某种程度上每年创造的代币数量和每年丢失的数量差不多（比如私钥丢失或者持有人死亡等原因），这将达到一个动态平衡。当前以太币发行使用的是幽灵（GHOST）协议，但是预计这种增速不会持续，自 2018 年开始，以太坊将使用一种新的协议算法（Casper）替代目前的工作量证明机制，运行效率更高且需要更少的挖矿补贴。确切的发行方式及其功能仍然在热烈的讨论中，但是目前有两点可以确定：

1）在 Casper 协议下以太币的发行率将大大低于幽灵协议下的发行率；

2）无论最终选择哪种方式发布，都不会对任何特定群体给予优惠待遇，其目的是保持以太坊区块链网络的整体健康和安全。

以太坊设定了一套以以太币为标准的货币单位。每个面额都有自己的命名术语，最小的货币单位为 wei（维）。图 2-13 列出了以太坊中主要的几个货币单位以及它们之间的换算关系。

以太坊上所有的账户管理和智能合约的部署都需要花费以太币，因此每个以太坊账户都需要获取以太币，这就促使了矿工挖矿。每当一个矿工挖出一个新的区块，他就能获得一笔奖励，这笔奖励由两部分构成，分为静态奖励和动态奖励。

1）静态奖励是每挖出一个新块，矿工可以获得 5 个以太币作为奖励。

2）动态奖励是矿工挖出的区块中包含的所有交易费用归矿工所有，另外如果这个区块有它的叔区块，还可以从每个叔区块引用中获得额外的挖矿奖励的 1/32（大约 0.15 个以太币），当然每个区块最多引用 2 个叔区块，被引用过的叔区块不能重复利用。

⊖ 图片来源：https://etherscan.io/stat/supply。

单位	维值	维
wei	1 wei	1
Kwei (babbage)	1e3 wei	1,000
Mwei (lovelace)	1e6 wei	1,000,000
Gwei (shannon)	1e9 wei	1,000,000,000
microether (szabo)	1e12 wei	1,000,000,000,000
milliether (finney)	1e15 wei	1,000,000,000,000,000
ether	1e18 wei	1,000,000,000,000,000,000

图 2-13　以太坊货币单位[一]

叔区块是指该区块父块的父块的子块,同时又不是自己的父块,叔区块不在最长的那条区块链上,而是在分叉链上。这是由于网络延迟的原因使得挖出这个块的矿工没有同步到最新的区块。一个叔区块如果被引用在有效的区块链上,挖到该叔区块的矿工最多可以获得 4.375 个以太币作为奖励。这也保证了以太坊可以在很短的时间内产生新的区块(平均15s),而不会因为网络同步延迟产生多个分叉。对于被引用的叔区块,其矿工的报酬与叔区块和区块之间的间隔层数有关,具体关系如图 2-14 所示。

间隔层数	报酬比例	报酬(ether)
1	7/8	4.375
2	6/8	3.75
3	5/8	3.125
4	4/8	2.5
5	3/8	1.875
6	2/8	1.25

图 2-14　引用叔区块矿工的报酬[一]

除了通过挖矿获取以太币,用户还可以购买以太币。如今有很多交易所允许用户直接购买以太币,下面向读者介绍几种。

1)Coinbase。使用 Coinbase 购买以太币之前,你需要在 Coinbase 上注册一个账户,然后添加你的支付方式,选择需要购买的数量,即可购买。在 Coinbase 上购买以太币时,会根据用户的支付方式收取一定的手续费,大约为 1.49% ～ 3.99%,目前在中国地区不能交易。如图 2-15 所示。

⊖　图片来源:http://ethdocs.org/en/latest/ether.html?highlight=ether。

⊖　图片来源:http://blog.csdn.net/superswords/article/details/76445278。

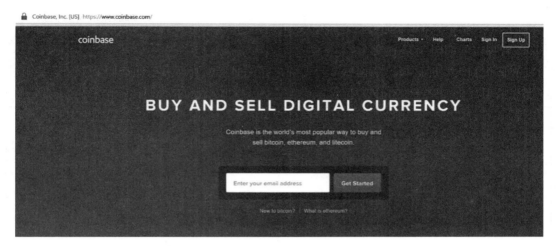

图 2-15　Coinbase

2）CEX.io。CEX.io 是一个比特币交易所，不过也支持以太币的交易。在 CEX.io 上的交易费都已经被包含在交易率中，所以它的交易率一般比其他平台略高。比如在某个时刻 Coinbase 上一个以太币的价格是 $19.62，而在 CEX.io 上却需要 $21.08。当然 CEX.io 也有它的优势，它在全世界范围都支持交易。如图 2-16 所示。

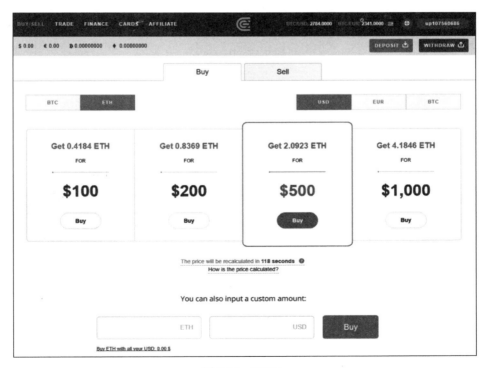

图 2-16　CEX.io

3）Bittrex。在 Bittrex（见图 2-17）上，无论是企业还是个人都可以购买或出售最新的加密虚拟货币。Bittrex 可以快速地执行用户交易，对于所有的交易操作和 API 的使用都要求用户提供双验证，保障了用户财产的安全。除此之外，它操作简单，随时同步最新的交易消息，提升了用户体验。图 2-18 展示了以太币价格趋势。

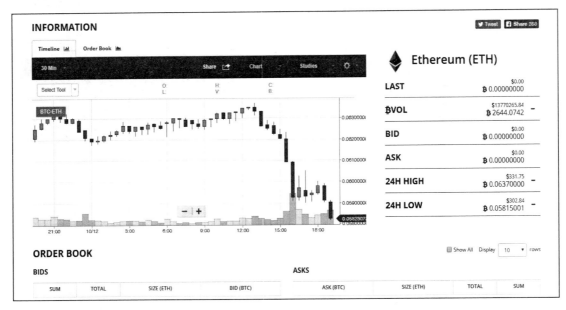

图 2-17　Bittrex

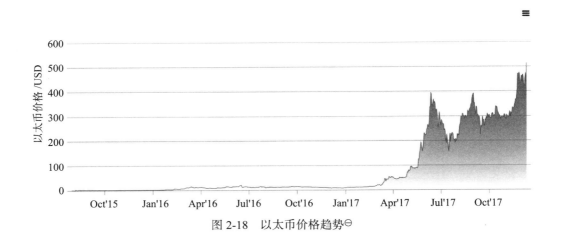

图 2-18　以太币价格趋势⊖

⊖　图片来自 https://etherscan.io/。

2.7 交易

以太坊的交易主要是指一条外部账户发送到区块链上另一账户的消息的签名数据包，其主要包含发送者的签名、接收者的地址以及发送者转移给接收者的以太币数量等内容。以太坊上的每一笔交易都需要支付一定的费用，用于支付交易执行所需要的计算开销。计算开销的费用并不是以太币直接计算的，而是引入 Gas 作为执行开销的基本单位，通过 GasPrice 与以太币进行换算的。GasPrice 根据市场波动调整，避免以太币价值受市场价格的影响。交易是以太坊整体架构中的重要部分，它将以太坊的账户连接起来，起到价值的传递作用。

2.7.1 交易费用

为了防止用户在区块链公有链中发送太多的无意义交易，浪费矿工的计算资源，例如转账金额为 0 的转账交易，所以各种公有链技术都采用了交易收费的策略，要求交易的发送方为每笔交易付出一定的代价。具体来说，对于每一笔交易，交易的发送者都需要付出一定的交易费；这笔费用会最终由将这个交易打包进主链的矿工收取。由于比特币中只存在转账交易，每笔交易所需的计算开销大体一致，因此每笔交易的发送者会以比特币的形式，付出相对固定的手续费。而以太坊中引入了智能合约，涉及智能合约创建和调用的交易所消耗的计算差别巨大，因此引入了相对复杂的 Gas、Gas Price 对交易所需的手续费进行定价。

1. Gas

Gas（汽油）是用来衡量一笔交易所消耗的计算资源的基本单位。当矿工收到一笔交易时，会根据交易的内容进行相应的操作。对于转账交易，矿工会根据转账的金额，对交易发送方和接收方的账户余额进行修改；对于创建和调用智能合约的交易，矿工会根据对应的字节码在 EVM 里执行对应的操作。当以太坊节点执行一笔交易所需的计算步骤越多、越复杂，那么就会说这笔交易消耗的 Gas 越多。

图 2-19 是 EVM 一些常见操作对应的 Gas 消耗量，一些计算步骤也比其他计算步骤成本更高，因为这些步骤在计算上是昂贵的或者因为增加了在状态中需要存储的数据量。根据一笔交易实际的计算步骤，就能累加得到这笔交易所消耗的 Gas。一笔普通的转账交易会消耗 21 000Gas，而一个创建智能合约的交易可能会消耗几万，甚至几百万 Gas。

2. Gas Price

Gas Price（Gas 价格）是一单位 Gas 所需的手续费（以太币，即 Ether），例如一个转账交易消耗 21 000Gas，假设 Gas Price 为 1Gwei/Gas，那么这笔交易的手续费为 0.000021 Ether。

执行操作	Gas 消耗	描述
Step	1	一个执行周期的默认费用
Stop	0	免费
Suicide	0	免费
Sha3	20	
Sload	20	从固定存储器中获取
Sstore	100	输入到固定存储器中
Balance	20	
Create	100	创建合约
Call	20	初始化一个只读调用
Memory	1	扩充内存时每一个额外的字符费用
Txdata	5	交易中数据或编码的每个字节消耗
Transaction	500	基础交易费用
Contract creation	53000	Homestead 中已从 21 000 调整到 53 000

图 2-19　常见操作与 Gas 消耗

用户创建一个交易时，可以指定期望的任意 Gas Price，甚至可以为 0。但是，目前以太坊钱包客户端默认的 GasPrice 是 0.000000001 Ether /Gas（1 Gwei，/Gas=1G wei Gas）。因为矿工有选择收纳交易和收取费用的权利，他们都想使得收益最大化，所以如果大多数交易都以 1 Gwei 的价格提交，那么很难让矿工接收一个比这个价格低的交易。

Gas Price 现如今是比较稳定的，但是这个价格可以根据需求自由浮动。一般来说，矿工会对接受到的交易按照 Gas Price 或者按照 Gas * Gas Price 从大到小进行排序，以便决定哪个交易会先纳入到区块中。当以太坊公有链上某个时段交易量激增的情况下，为了尽早让矿工接受一笔交易，交易发送者可以提高这笔交易的 Gas Price，以激励矿工。

3. Gas Limit

上文讲了 Gas 是衡量交易的计算开销的基本单位。在以太坊的实际操作中，用户需要注意两个 Gas Limit（Gas 限制）的概念：对于单个交易，Gas Limit（有时也会称作 Start Gas）表示交易发送者愿意为这笔交易执行所支付的最大 Gas 数量，需要发送者在发送交易时设置；而对于区块来说，Gas Limit 是单个区块所允许包含的最大 Gas 总量。

对于单个交易，Gas Limit 可以保护用户免受错误代码影响以致消耗过多的交易费。实际上，在某些场景下，交易发送者并不能提前准确预估出每笔交易将会消耗的 Gas，例如某个调用智能合约的交易会根据不同的执行时间触发不同的操作。在这种情况下，用户为交易设置了一个合理的 Gas Limit，那么如果交易实际消耗的 Gas（Gas Used）小于 Gas Limit，那么执行的矿工只会收取实际计算开销（Gas Used）对应的交易手续费（Gas Used * Gas Price）；而如果 Gas Used 大于 Gas Limit，那么矿工执行过程中会发现 Gas 已被耗尽而交易没有执行完成，此时矿工会回滚到程序执行前的状态，而且收取 Gas Limit 所对应的手续费（GasPrice * Gas Limit）。换句话说，GasPrice * Gas Limit 表示用户愿意为一笔交易支付的最高金额。如果交易没有 Gas Limit 限制，那么某些恶意用户可能会发送一个数十亿步骤的交易，并且没有人能够处理它，因为处理这个交易甚至需要花费比出块间隔更长的时间，然而矿工事前并不知道，所以会导致拒绝服务式攻击。

至于区块的 Gas Limit，表示一个区块所包含的所有交易消耗的 Gas 的上限，由矿工决定它的大小。举个例子，若区块的 Gas Limit 是 100，有 5 个没有添加到区块的交易，它们的 Gas Limit 分别是 10、20、30、40、50，互不相同。这时，矿工可能采取这样的打包策略：前 4 个交易可以放入区块中（10+20+30+40=100），放弃第五个，也可能将第 1、第 4 和第 5 个交易打包到区块中（10+40+50=100），这完全取决于矿工的意愿。总之，被打包交易的 Gas Limit 数量之和不能超过区块的 Gas Limit。

区块的 Gas Limit 设置得越大，那么矿工就可以获取越多的交易费，但是需要更多的带宽，同时会加大叔区块出现的频率，造成挖出的区块无法形成最长的交易链。因此矿工也不能任意地更改区块的 Gas Limit，根据以太坊协议，当前区块的 Gas Limit 只能基于上一个区块的 Gas Limit 上下波动 1/1024。

2.7.2　交易内容

以太坊中的交易（Transaction）是指存储一条从外部账户发送到区块链上另一个账户的消息的签名数据包，它既可以是简单的数字货币——以太币的转账，也可以是包含智能合约代码的消息。一条交易包含以下内容。

❑ from：交易发送者的地址，必填；

❑ to：交易接收者的地址，如果为空则意味这是一个创建智能合约的交易；

❑ value：发送者要转移给接收者的以太币数量；

❑ data（也写作 input）：存在的数据字段，如果存在，则是表明该交易是一个创建或者调用智能合约交易；

❑ Gas Limit（也写作 Gas，StartGas）：表示这个交易允许消耗的最大 Gas 数量；

❑ GasPrice：表示发送者愿意支付给矿工的 Gas 价格；

❑ nonce：用来区别同一用户发出的不同交易的标记；

❑ hash：由以上信息生成的散列值（哈希值），作为交易的 ID；

❑ r、s、v：交易签名的三个部分，由发送者的私钥对交易 hash 进行签名生成。

以上是以太坊中交易可能包含的内容，在不同的场景下，交易有三种类型。

1）转账交易：转账是最简单的一种交易，从一个账户向另一个账户发送以太币。发送转账交易时只需要指定交易的发送者、接收者、转移的以太币数量即可（在客户端发送交易时，Gas Limit、Gas Price、nonce、hash、签名可以按照默认方式生成），如下所示。

```
web3.eth.sendTransaction({
    from: "0xb60e8dd61c5d32be8058bb8eb970870f07233155",
    to: "0xd46e8dd67c5d32be8058bb8eb970870f07244567",
    value: 1000000000000000000
});
```

2）创建智能合约的交易：创建合约是指将合约部署到区块链上，这也是通过发送交易来实现的。在创建合约的交易中，"to"字段是一个空字符串，在"data"字段中指定初始化合约的二进制代码，在之后合约被调用时，该代码的执行结果将作为合约代码。如下所示。

```
web3.eth.sendTransaction({
    from: "0xb60e8dd61c5d32be8058bb8eb970870f07233155",
    data: "contract binary code"
});
```

3）执行智能合约的交易：顾名思义，该交易是为了执行已经部署在区块链上的智能合约，在该交易中，需要将"to"字段指定为要调用的智能合约的地址，通过"data"字段指定要调用的方法以及向该方法传递参数。如下所示。

```
web3.eth.sendTransaction({
    from: "0xb60e8dd61c5d32be8058bb8eb970870f07233155",
    to: "0xb4259e5d9bc67a0f2ce3ed372ffc51be46c33c4d",
    data: "hash of the invoked method signature and encoded parameters"
});
```

下面就是一个查询交易的例子。

```
web3.eth.getTransaction('0xc5eee3ae9cf10fbee05325e3a25c3b19489783612e36cb55b054c
2cb4f82fc28')
{
    blockHash: '0xdb85c62ef50103f08e9220b59d6c08cbfb52e61d84926dedb3fe9b6940e6b
bea',
    blockNumber: 290081,
    from: '0x1dcb8d1f0fcc8cbc8c2d76528e877f915e299fbe',
    Gas: 90000,
    GasPrice: 50000000000',
    hash: '0xc5eee3ae9cf10fbee05325e3a25c3b19489783612e36cb55b054c2cb4f82fc28',
    input: '0x',
    nonce: 34344,
    to: '0x702bd0d370bbf0b97b66fe95578c62697c583393',
    transactionIndex: 0,
    value: 5000111390000000000'
}
```

用户可以使用 sendTransaction 函数执行一个交易，下面代码就是一个简单的发送交易示例。如果用户想要使用其他单位，可以使用函数 web3.toWei 进行转换。

```
eth.sendTransaction({from: '0x036a03fc47084741f83938296a1c8ef67f6e34fa', to:
'0xa8ade7feab1ece71446bed25fa0cf6745c19c3d5', value: web3.toWei(1, "ether")})
```

但是如果一个账户向智能合约发送一个交易，"to"字段就是合约的地址，在交易中会有一段额外的数据，这个数据为合约提供指令、用来执行代码，并将以太币转到合约地址。

2.7.3 一个交易在以太坊中的"旅程"

在以太坊中，交易的处理是一个过程，从账户发起交易请求开始，到包含该交易的区块被共识节点同步为止（一般来说，出于安全性的考虑，会等到该区块后面再"挖"出一些块，这笔交易才算确定），满足这一过程才算完成了一笔"交易"。

1. 一笔普通的转账或合约调用交易的"旅程"

1）发送者（用户 A）按照格式要求在以太坊网络中发起一个交易请求，该请求被传向用户 A 的对等节点，如图 2-20 所示。

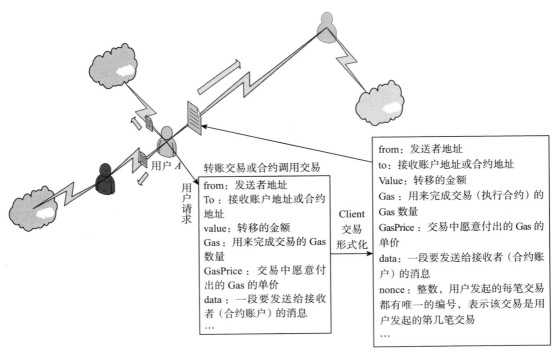

图 2-20 发送者发起转账交易或合约调用交易请求

2）网络上的节点（用户 B）同步到此交易，检查交易是否有效、格式是否正确。如果符合要求，计算可能的最大交易费用（最大交易费用 = Gas Limit × GasPrice），确定发送方的地址，并在本地的区块链上从发送方账户中减去相应费用，如果账户余额不足，则返回错误，这条交易被直接丢弃。对于符合要求的交易请求，用户 B 将其放在交易存储池中，并向其他节点转发。其他收到交易请求的节点重复用户 B 的处理过程，如图 2-21 所示。

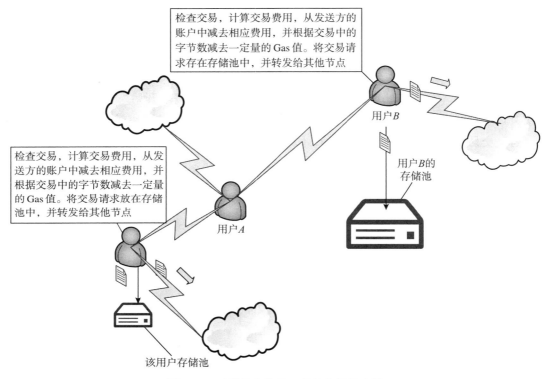

图 2-21　对等节点检验、存储和转发交易

3）对于转账交易，获得记账权的节点将该交易和其他交易一起打包到区块中；对于合约调用交易，矿工将该交易和其他交易一起打包到区块中，并在本地的 EVM 上运行被调用的合约代码，直到代码运行结束或 Gas 用完。如果代码并未结束而 Gas 已经用完，那么因代码运行而改变的状态回滚到代码运行之前，但是已经支付的交易费用不可收回，交易费用由获得记账权的矿工获得。如果代码运行结束 Gas 还有剩余，那么获得记账权的矿工也只会获得消耗的 Gas × GasPrice 作为手续费，不会收取剩余 Gas 对应的手续费。注意，若用户 B 挖掘到了新的区块，在用户 B 传播新区块的时候，其他节点的存储池中还存着用户 A 的交易请求，如图 2-22 所示。

4）执行智能合约花费的 Gas 数量由合约的计算步骤决定，而 GasPrice 由交易发起方决定。一般来说，每个矿工会根据交易费用（Gas × GasPrice）的高低来决定是否要将执行智能合约的交易请求打包到区块中。也就是说，如果希望矿工尽快运行你的合约，最好提供高一点的 GasPrice。包含用户 A 的交易请求的区块被生成区块的节点（用户 B）发送至对等节点，并在全网传播，如图 2-23 所示。

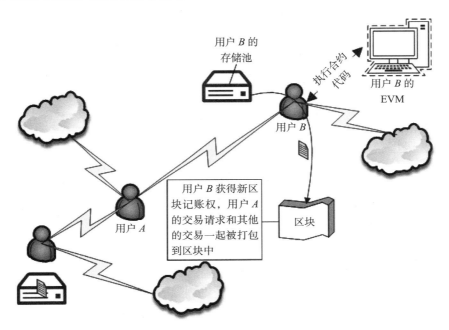

图 2-22　获得记账权的节点打包交易请求并执行合约代码

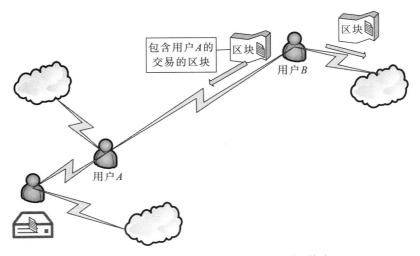

图 2-23　生成区块的节点将区块发送到网络中

5）其他共识节点收到该区块后，验证区块（用户 A 的交易的合法性也被再次验证），如果区块通过验证，节点将内存池中原来用户 A 的交易请求删掉，同时同步该区块，将其添加到本地的区块链中，也就是说这笔交易在以太坊网络的各个节点的区块链中被保存下来。对于区块中执行智能合约的交易，其他共识节点会在本地的 EVM 上运行该智能合约，并互相验证运行结果，如图 2-24 所示。

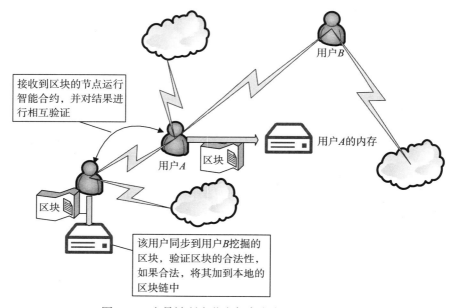

接收到区块的节点运行智能合约，并对结果进行相互验证

用户A

区块

用户A的内存

用户B

区块

该用户同步到用户B挖掘的区块，验证区块的合法性，如果合法，将其加到本地的区块链中

图 2-24　交易被所有节点保存在本地的区块链中

每个矿工都会通过 EVM 在它们的计算机上运行智能合约，作为他们参与挖矿进程的一部分，然后得出一个结果并进行验证。理论上，如果没有人恶意操作，每个计算机代码运行的结果都是相同的，因为它们运行着提供了相同信息的相同合约代码。

当挖掘出一个区块后，矿工会把这个区块公布到以太坊网络中，其他的节点会对它进行验证。如果验证通过，将同步该区块到它们自己的区块链中。这就是以太坊区块链更新状态的方式。

注意，在一般的账户转账中，Gas 的消耗一般是 21000 个 Gas，交易费用是 /Gwei/Gas（用户自己设定）。这笔费用支付给打包该交易的节点（用户 B），如果交易的 GasPrice 低于市场价，那么这笔交易被确认的时间将大大延长，直到用户愿意接受这笔相对于其他交易来说较少的交易费用。毕竟对于矿工来说，当然是优先打包能使自己获利最多的交易。一般来说，当包含交易的区块被同步到区块链后，也于安全性的需要，还需要再挖掘一些块，这笔交易才能够算是真正地被确认。

2. 一个创建智能合约的交易在以太坊中的"旅程"

1）发送者（用户 A）按照一定的格式要求，在以太坊中发起一个创建智能合约的交易请求，如图 2-25 所示。

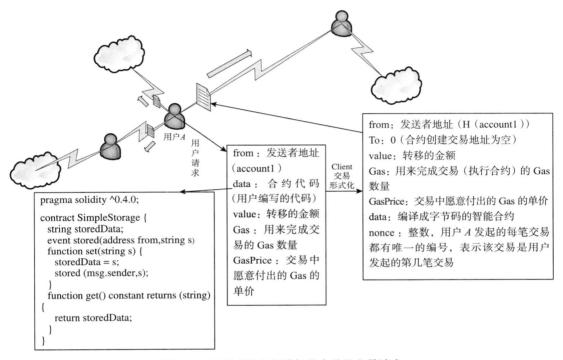

图 2-25　发送者发起创建智能合约的交易请求

2）网络上的节点同步到此交易，检查交易是否有效、格式是否正确，验证交易签名是否合法。如果符合要求，计算可能的最大交易费用（StartGas × GasPrice），确定发送者的地址，并在本地的区块链上查看发送者的余额，如果账户余额不足以支付最大的交易费用，则返回错误。

3）对于符合要求的交易请求，用户 B 将其放在交易存储池中，并向其他节点转发。其他收到交易请求的节点重复用户 B 的处理过程。

4）获得记账权的节点将该交易和其他交易一起打包到区块中，获得记账权的节点会根据其提供的交易费用和合约代码，创建合约账户，并在账户空间中部署合约。智能合约账户的地址是由发送者的地址（address）和交易随机数（nonce）作为输入，通过加密算法生成的、交易确认后智能合约的地址返回给发送者（详见第 3 章），如图 2-26 所示。

5）包含用户 A 创建智能合约的交易请求的区块被生成区块的节点（用户 B）发送至对等节点，并在全网传播，如图 2-27 所示。

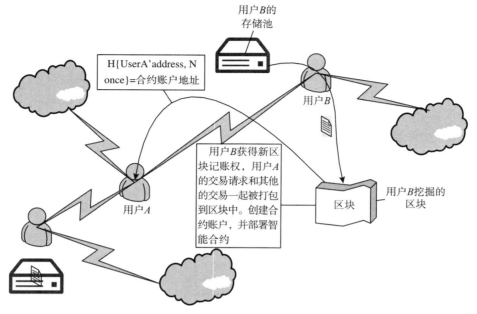

图 2-26 获得记账权的节点打包交易并部署合约

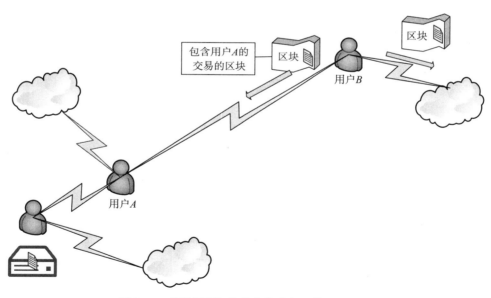

图 2-27 获得记账权的节点发送新区块至以太坊

6）共识节点接收到该区块，验证区块，如果区块通过验证，节点从内存池中将原来用户 A 创建智能合约的交易请求删掉，同步区块链，并将智能合约部署在各自的本地区块链中，如图 2-28 所示。

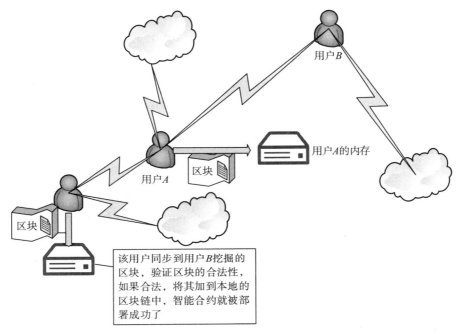

图 2-28　智能合约被部署在本地的区块链上

2.8　数据编码与压缩

RLP（Recursive Length Prefix）是一种编码算法，用于编码任意的具有嵌套结构的二进制数据，是以太坊数据序列化的主要方法。以太坊中的区块、交易等数据结构会先经过RLP 编码处理，然后再存储到数据库中。RLP 编码只处理两种类型的数据，即字符串和列表，值得注意的是，其中并不包括原子数据类型，如整型、浮点型等。在 RLP 格式中，对字典数据的编码有两种建议方式：一种是按照字典顺序用含关键字的二维数组表示，如[[k1,v1],[k2,v2],…]；另一种是使用更高级的 Patricia 树来编码。

在以太坊中，当发送数据以及在 MPT 树中保存状态时，需要使用 RLP 编码。在用RLP 编码处理的数据中，字符串一般指的是一串二进制数据，列表则是一个嵌套递归结构，列表元素可以是字符串或列表，通过这种方式可以实现数据的递归存储，如 ［"red"，［"white"，"red"］，"yellow"，"green"] 就是一个具有嵌套递归结构的列表。若要使用RLP 编码对其他类型的数据进行处理，必须要将其转换成上述两种类型，RLP 编码没有定义转换规则，用户可以按照自己的规则转换，如结构体可以被转换为列表，int 可以转换成二进制数（属于字符串一类）。

RLP 的编码规则主要有以下几种。

1）对于单个字节，如果它的值范围是 [0x00，0x7f]，它的 RLP 编码就是它本身。

2）如果被编码数据是一个长度为 0~55 字节的字符串，其 RLP 编码的形式为：一个单字节的前缀，后面跟着字符串本身。前缀的值是 0x80（或者是 128）加上字符串的长度。编码的第一个字节的取值范围是 [0x80, 0xb7]，这是因为被编码字符串最大长度是 55，所以单字节前缀的最大值 0x80+55=0xb7。比如一个字符串 "dog"，它的字节数组编码是 ['d'，'o'，'g']。因为这个数组长度为 3，所以我们需要加入一个前缀 0x80+3=0x83，所以串接好后是 [0x83,'d'，'o'，'g']。

3）如果字符串的长度大于 55 字节，其 RLP 编码的形式为：一个单字节的前缀，后面跟着字符串的长度，最后是字符串本身。前缀的值是 0xb7（或者是 183）加上字符串长度的二进制形式的字节长度。例如，对于字符串 "The purpose of RLP is to encode arbitrarily nested arrays of binary data"，字符串长度是 72 字节，用二进制表示是 1001000，很明显，这个二进制的表示长度是一字节，所以前缀应该是 0xb7+1=0xb8，字符串长度 72 即 0x48，因此该字符串的整个 RLP 编码应该是 [0xb8,0x48,'T'，'h'，'e'，'p'，…，'a'，'t'，'a']。编码的第一个字节即前缀的取值范围是 [0xb8, 0xbf]，因为字符串长度二进制形式最少是 1 字节，因此最小值是 0xb7+1=0xb8，字符串长度二进制最大是 8 字节，因此最大值是 0xb7+8=0xbf。

4）如果一个列表的总长度是 0 ~ 55 字节，其 RLP 编码的形式为：一个单字节的前缀，后面跟着列表中各元素项的 RLP 编码。前缀的值是 0xc0 加上列表的总长度。编码的第一个字节的取值范围为 [0xc0, 0xf7]。列表的总长度是指其所有项的组合长度。

5）如果一个列表的总长度大于 55 字节，其 RLP 编码的形式为：一个单字节的前缀，后面跟着列表的长度，最后是列表中各元素项的 RLP 编码。前缀的值是 0xf7 加上列表总长度的二进制形式的字节长度。编码的第一个字节的取值范围是 [0xf8, 0xff]。

RLP 的解码也是利用上面的几条规则。下面以 "dog" 的 RLP 编码 [0x83,'d'，'o'，'g'] 为例。因为第一个字节是定义字符串的结构，且 0x83 大于 0x80 并小于 0xb7，所以这个字符串匹配第二条规则。接下来使用第二条规则来解构这个字节数组，第一个字节是前缀，规定了原始数组的长度，去除它之后得到 ['d'，'o'，'g']。根据剩下的编码内容，结合其所对应的规则，很容易就能解码得到 "dog" 字符串。需要注意的是，以太坊使用大端序来对整型数编码，如 1024 被编码后为 [130,4,0]，而 256 被编码后为 [130,1,0]。

2.9 以太坊客户端和 API

以太坊客户端是由以太坊基金会和以太坊研究组织开发的，供用户使用的人机友好的操作软件。使用客户端，用户不仅可以在本地计算机上创建以太坊节点，还能执行建立在以太坊上的去中心化应用，进行一些以太坊交易活动。

自 2014 年以太坊白皮书发布后，以太坊基金以及以太坊爱好者在 GitHub 上纷纷开发出多种语言版本的以太坊客户端，供不同平台的用户选择使用。并且，无论是基于何种语言开发，在不同的操作系统（Linux、Windows 等）中以太坊客户端都有相同的配置，其命令行可使用的参数也是一致的。客户端的多样性可以说是以太坊获得如此巨大成功的重要因素之一，接下来就介绍一些常用的以太坊客户端。

1）Go-ethereum 客户端：由 Go 语言实现，也被称为 Geth，是一个命令行界面，可以在 Go 语言实现的以太坊全节点（Full Node）上执行。通过安装和运行 Geth，用户可以参与到以太坊当前实时的网络活动中并进行一些操作，如以太币挖矿、转账、运行智能合约、发起交易等。作为以太坊最先推出的官方客户端，对 Geth 客户端的开发使用在所有客户端中是最多的（下载链接：https://github.com/ethereum/go-ethereum）。

2）Parity 客户端：由以太坊技术研究组织 Parity Technologies 使用 Rust 语言实现，特点是快速、轻便、高性能、高安全性，即便如此，其开发团队还在努力把它打造成世界上最快、最轻、最安全的以太坊客户端。在历来的以太坊安全威胁中，Parity 都表现卓越。由 GPL v3（GNU 通用公共许可协议）授权，Parity 客户端能够实现用户所有的以太坊网络需求。在默认情况下，Parity 在本机 8545 端口下运行无状态且轻量级的远程过程调用协议（JSON-RPC）服务，支持许多远程过程调用协议下的应用程序接口（RPC API），当然，用户也可以自己重新配置（下载链接：https://github.com/paritytech/parity）。

3）CPP-ethereum 客户端：由 C++ 实现，是第三流行的以太坊客户端，仅次于 Geth 客户端和 Parity 客户端。其优点在于轻便和便于移植，被成功运用在一系列不同的操作系统（Linux、Windows、OSX、BSD）和硬件设备上（下载地址：https://github.com/ethereum/cpp-ethereum）。

4）Pyethapp 客户端：由 Python 实现，能实现以太坊加密经济状态机。用 Python 来实现客户端旨在能够为用户提供一个更容易删减和扩展的代码库。Pyethapp 利用两个以太坊核心部分来实现客户端：

❑ pyethereum —— 核心库，特征是区块链、以太坊虚拟机、挖矿；

❑ pydevp2p —— 点对点网络库，特征是能发现节点、多路复用的多业务传输、连接加密。

下载地址：https://github.com/ethereum/pyethapp。

5）EthereumJ 客户端：由以太坊协议的纯 Java 方法实现，最开始由 Roman Mandeleil 开发。它可以嵌入任何 Java/Scala 项目的库，并为以太坊协议及其子服务提供完全支持。EthereumJ 支持 CPU 挖矿。用户甚至可以在实时以太坊网上进行挖矿，但是从经济角度来说这样并不划算（下载链接：https://github.com/ethereum/ethereumj）。

6）Ethereumjs-lib 客户端：由 JavaScript 实现。Ethereumjs-lib 是核心以太坊功能的一个 JavaScript 库。它是一个简单的元模块，大部分的 JS 模块都能被 Ethereumjs-lib 追踪到（下载链接：https://github.com/ethereumjs/ethereumjs-lib）。

除此之外，还有 EthereumH（Hashell 语言实现）、Ruby-ethereum（Ruby 语言实现）等以太坊客户端，有兴趣的读者不妨自行了解一下。下面再简单介绍下和接入层相关的 API 与 RPC 协议。

API（Application Programming Interface，应用程序编程接口）是一些预先定义的函数，目的是提供应用程序与开发人员基于某软件或硬件直接访问一组程序的能力。一般来说用户通过调用 API 可以直接获得某些服务，而无需了解其内部工作的细节。接下来介绍两种以太坊中最重要的 API：JSON-RPC API 和 Web3.JavaScript API。

JSON-RPC 是一个无状态、轻量级的远程过程调用（RPC）协议，这个规范首先定义了几个数据结构及其处理规则，数据格式为 JSON。

目前有两个重要的数据类型是通过 JSON 传递的：无格式字节数组和数，两者都使用十六进制进行编码传递，但是对传递格式有不同的要求。最近 CPP-ethereum 和 Go-ethereum 在 HTTP 和 IPC（Linux/OSX 上的 UNIX 接口，在 Windows 上叫 pipe）上提供了 JSON-RPC 通信服务。

JSON-RPC API 是较低等级的 JSON-RPC 2.0 接口，其功能是与节点进行交互。下面是一些重要的 JSON-RPC API，如表 2-1 所示。

表 2-1　JSON-RPC API

方法	功能
eth_protocolVersion	获取当前以太坊版本
eth_syncing	获取当前节点的同步状态
eth_coinbase	获取收取挖矿奖励的账户地址
eth_mining	查看是否在挖矿
eth_hashrate	获取当前节点挖矿时每秒计算的散列个数
eth_gasPrice	获取当前汽油的价格（单位是 wei）
eth_accounts	获取节点上存储的钱包账户列表
eth_blockNumber	获取最新的区块数量
eth_getBalance	获取指定账户的余额
eth_getStorageAt	获取指定位置上存储的数值
eth_getTransactionCount	获取指定账户发送的交易的数量
eth_getBlockTransactionCountByHash	根据区块散列获取指定区块包含的交易数量
eth_getBlockTransactionCountByNumber	根据区块编号获取指定区块包含的交易数量
eth_getUncleCountByBlockHash	根据区块散列获取指定区引用的叔区块的数量
eth_getUncleCountByBlockNumber	根据区块编号获取指定区引用的叔区块的数量
eth_getCode	获取指定合约地址的代码（字节码）

（续）

方法	功能
eth_sign	对指定信息进行签名
eth_sendTransaction	发送交易（未签名），获取交易散列
eth_sendRawTransaction	发送交易（已签名），获取交易散列
eth_call	立即执行新的消息调用，获取调用结果（无需在区块链上创建一笔交易）
eth_estimateGas	预估一条交易消耗的 Gas 数量
eth_getBlockByHash	根据区块散列获取指定区块内容
eth_getBlockByNumber	根据区块编号获取指定区块内容
eth_getTransactionByHash	根据交易散列获取指定交易内容
eth_getTransactionByBlockHashAndIndex	根据区块散列和交易在区块中的编号获取指定交易内容
eth_getTransactionByBlockNumberAndIndex	根据区块编号和交易在区块中的编号获取指定交易内容
eth_getTransactionReceipt	根据交易散列获取交易的收据
eth_getUncleByBlockHashAndIndex	根据区块散列和叔区块编号获取指定叔区块的内容
eth_getUncleByBlockNumberAndIndex	根据区块编号和叔区块编号获取指定叔区块的内容
eth_getCompilers	获取当前节点可使用的编译器列表
eth_compileLLL	编译 LLL 语言代码，获取编译后的字节码
eth_compileSolidity	编译 Solidity 语言代码，获取编译后的字节码
eth_compileSerpent	编译 Serpent 语言代码，获取编译后的字节码
eth_newFilter	向当前节点注册一个事件（Event）过滤器，获取过滤器编号
eth_newBlockFilter	向当前节点注册一个新区块过滤器，获取过滤器编号。当新区块产生时可以获取通知
eth_newPendingTransactionFilter	向当前节点注册一个新交易过滤器，获取过滤器编号。当接收到新交易时可以获取通知
eth_uninstallFilter	根据过滤器编号注销对应的过滤器
eth_getFilterChanges	根据过滤器编号获取对应过滤器新收到的事件
eth_getFilterLogs	根据过滤器编号获取对应过滤器所有的事件
eth_getLogs	根据一个过滤器对象获取对应的所有事件
eth_getWork	获取当前挖矿的工作内容
eth_submitWork	提交挖矿结果
eth_submitHashrate	提交挖矿的 Hashrate（每秒计算的散列数）
db_putString	向本地数据库存入字符串
db_getString	从本地数据库中返回对应的字符串
db_putHex	向本地数据库存入十六进制数
db_getHex	从本地数据库中返回对应的十六进制数
net_listening	查看节点是否在监听网络
net_version	获取当前连接网络编号
net_peerCount	获取当前节点连接的同伴数量
web3_clientVersion	获取当前节点的客户端版本
web3_sha3	获取指定信息的 Keccak-256 散列值

列举一个简单的例子，假设要在 Go-ethereum 客户端上调用命令 eth.getBalance()，查询地址为 0x407d73d8a49eeb85d32cf465507dd71d507100c1 的账户余额，命令如下：

```
// Request
curl -X POST --data '{"jsonrpc":"2.0","method":"eth_getBalance","params":["0x407
d73d8a49eeb85d32cf465507dd71d507100c1", "latest"],"id":1}'
// Result
{
    "id":1,
    "jsonrpc": "2.0",
    "result": "0x0234c8a3397aab58" // 158972490234375000
}
```

其中：jsonrpc 字段指定 JSON-RPC 版本号，method 字段指定需要调用的 API，params 字段为传送的参数，id 为消息标识字段，result 为返回结果（十六进制表示，单位是 wei）。

通过内部的 JavaScript 应用通知一个以太坊节点使用 Web3.js 库，这种方式为 RPC 方法的使用提供了一个方便的交互界面。要让应用程序在以太坊上运行，可以使用 Web3.js 库提供的 Web3 对象。通过 RPC 调用 Web3.js 可以与本地节点进行通信，并且能与 RPC 层次上的任何以太坊节点一起工作。Web3.js 的 API 基本都能与 JSON RPC API（见表 2-1）一一对应。表 2-2 是一些重要的 Web3.js API。

表 2-2　Web3.js API

方法	作用
web3.version.ethereum	返回以太坊协议版本
web3.fromWei	将一些 wei 单位的以太币转化成输入单位的以太币
web3.sha3	对数据进行加密
web3.net.peerCount	返回客户端当前的连接数量
web3.eth.coinbase	返回收取挖矿奖励的钱包地址
web3.eth.gasPrice	返回汽油价格（单位是 wei）
web3.eth.blockNumber	返回当前的区块号
web3.eth.getBalance	返回输入地址的当前账户余额
web3.eth.getBlock	返回查询的区块信息
web3.eth.sendTransaction	发起一笔交易
web3.eth.call	执行消息以调用交易，该交易直接在节点的 VM 中执行，不进入区块链
web3.eth.contract	创建合约对象，可以用来运行合约
web3.eth.compile.solidity	编辑 Solidity 源代码

除此之外，为了使开发人员和用户有更好的使用体验，以太坊基金会还提供了一些标准化的合约 API（Standardized Contract API），包括发送货币单位、登记名称、注册、修改都有其共同的规定。

2.10　以太坊域名服务

ENS（Ethereum Name Service，以太坊域名服务）是建立在以太坊区块链上的分布式、开放的命名系统。在以太坊网络中，地址通常是一连串长而复杂的散列地址，比如用户的地址和智能合约的地址。在这种情况下，用户记住一个地址是十分困难的。为了方便用户，以太坊推出了可以将散列地址"翻译"成一个简短易记的地址的 ENS 命名服务。用户要是想执行合约或者账户转账，只要向 ENS 提供的"翻译"地址发起交易就可以了，不用再输入一连串的散列地址。从这方面来看，ENS 很像我们平时所熟知的 DNS 服务。比如，A 要给 B 转一笔钱，当 A 发起交易时，在收款人地址处不用再填写 B 的散列地址，填写 B 的简单易记的钱包域名（B.myetherwallet.eth）也能正常交易。

ENS 由三个主要构件组成，它们分别是注册表（registry）、解析器（resolver）和注册服务（registrar）。其中注册表是系统的核心不可变的部分，解析器最终由用户实现，注册服务是在 ENS 中拥有名称并根据规则分配子域的智能合约。ENS 是以太坊基金会提供的去中心化应用，总的来说，ENS 做了两件事：使用户注册支持智能合约运行的域名和利用底层设备标识符解析部分域名。

用户要想获得域名的所有权，主要通过竞拍的方式。ENS 拍卖采用的是维克里拍卖（集邮者拍卖）方式，该方式也被称为第二密封拍卖，即所有买家通过密封投标的方式竞价，出价最高的投标者将获得被拍卖的商品，但支付第二高的出价即可。

用户注册一个域名需要完成以下过程。

1）用户通过交易执行智能合约，向合约提供自己想要注册的域名。

2）如果该域名已被注册，那么用户要么重新提交新域名，要么与已经注册该域名的人交易以获得该域名；如果该域名正在被竞拍，那么用户将参加竞标，向合约投入认为比其他竞标者更高的竞价金，然后等待竞价期结束；如果该域名没有被注册或竞拍，那么需要用户发起竞拍，向合约投入竞价金，等待竞价期结束。

3）竞拍过程中用户只有一次出价机会，且其竞价对其他用户来说是不可知的，用户并不知道与他竞争的用户的出价，所有人都支付自己愿意付出的最高价格作为竞价，因此即使用户出价很低，但是只要没人与他竞争，或者竞标价格都比他低，那么该用户也能得到域名的所有权。竞价保密是为了防止投机者在竞价即将结束时投入最高价，影响竞价的公平性。

4）竞价截止后进入揭标环节（向其他用户显示竞价），所有参加竞标的用户必须揭标，否则其竞价金的 99.5% 会进入黑洞（被销毁且无法找回）。

5）揭标之后，出价最高的用户获得竞标胜利，并将以第二竞价的金额获得该域名，多余金额将会退回到该账户的钱包。如果有多名用户投标的价格完全相同，那么最早投标的人将获胜。竞价失败用户的竞价金的 99.5% 也会返还到各自账户。

6）在域名持有期内，用户可以将域名绑定到自己的以太坊地址、转移域名的使用权、添加设置子域名等，甚至还可以转让域名的所有权。

注意，ENS 注册系统并不会产生收益，所有资金都作为保证金或者被销毁。被销毁的资金将被转移到地址 0xdead，意味着不可找回。购买域名的竞价金以保证金的形式存放在一个独立的个人契约账户中，一年后用户可以放弃该域名的所有权，那么他可以拿回这笔保证金。肯定有读者想：既然能够返回押金，那么就用 ENS 智能合约规定的最低价格 0.01ETH 竞标到尽可能多的 ENS，放在手中，万一以后转让给他人说不定还能大赚一笔！这种情况是不会发生的，首先，对于一些热门的 ENS，较低的 ETH 肯定无法成功竞标，而且 ENS 竞标是一个运行智能合约的过程，既然是运行智能合约，那么肯定要花费一定的 ETH 费用，而且即使花费了大笔的交易费用得到大量的 ENS，这些 ENS 也大多是无人问津的，对于那种想要"广撒网"的投机者来说，这无疑是一笔"亏本买卖"。总之，以太坊提倡的是"用你觉得合理的价位竞标你真正需要的 ENS"。

2.11　本章小结

作为先进公有链的代表之一，以太坊区块链本质是一串连接的数据区块，区块之间由使用密码学算法生成的散列指针链接。本章主要向读者介绍了以太坊的基本架构和组成，让用户对以太坊的区块、交易、账户等基本组成有一定了解。除此以外还向用户介绍了以太坊的数据结构和存储支持，以便读者能够对其底层结构有所了解。最后，本章还介绍了以太坊的入口——客户端和以太坊域名服务（ENS），让用户能够了解以太坊的顶层应用。

第 3 章　*Chapter 3*

不同类型的以太坊区块链及其部署

　　前面章节已经深入说明了关于以太坊的概念和原理，本章将针对不同类型的以太坊网络来介绍以太坊的安装和部署工作，让读者接触到真正的以太坊，并对其有更加直观的认识。首先在 3.1 节对区块链类型进行分类对比介绍：以太坊公有链、联盟链和私有链。以太坊公有链是面向所有以太坊用户的公有区块链，所有人都可以在以太坊公网中发送交易、发布智能合约以及挖矿，而要连接到以太坊公有链上，首先需要安装以太坊客户端，3.2.1 节将介绍如何安装以太坊客户端。读者可以通过客户端连接到以太坊公有链上进行同步区块、发送交易、发布智能合约等操作。企业级的应用多选择以太坊联盟链，以太坊联盟链是指共识机制受控于多个预设节点的区块链，既与以太坊公有链网络隔离开，又保持了以太坊绝大多数的基本功能，近来受到许多企业的青睐，3.2.2 节也会介绍如何选择搭建自己的联盟链。此外，本章还将在 3.3 节介绍在 Azure 上使用带 GPU 驱动的虚拟机进行以太坊公有链挖矿的步骤以及收益权衡。

3.1　区块链类型

　　根据区块链网络类型分类，现有的区块链主要分为三类，即私有链、联盟链和公有链。相比于公有链，私有链节点所有者是一家机构，它的规则可以根据需求更改，交易成本更便宜。联盟链可以根据参与成员的需求制定规则，同时成员之间又可以相互监督约束。而公有链是真正意义上的完全去中心化的区块链，所有数据公开透明。

　　表 3-1 展示了以太坊公有链、联盟链和私有链的一些特点对比。由于联盟链结合了公

有链区块链架构、一定的共识机制以及私有链的授权网络机制等优点，拥有私密、安全、高效等优势，近年来得到金融、物联网等领域企业的重点关注。

表 3-1 以太坊公有链、联盟链和私有链特点对比表

	公有链	联盟链	私有链
可信权威	无（依赖代码）	特定联盟	特定团体
挖矿节点成本	挖矿奖励（以太币）	由特定联盟规定	由特定团体规定
虚拟货币	用于奖励挖矿节点（以太币）	不需要	不需要
结算	可行	可行 （如果有虚拟货币）	可行 （如果有虚拟货币）
共识算法	工作量证明	实用拜占庭容错算法	权威证明
区块链实现	以太坊协议（比特币核心）	企业级以太坊	企业级以太坊
商业价值	高可用性、低成本的分布式账本	高可用性、低成本的分布式账本，无需中间保证金，透明结算	无需中间保证金，透明结算，直接结算

这三种区块链各有其优势和适用场景，下面将分别介绍这三种区块链。

3.1.1 公有链

公有链（Public Blockchain）是世界上任何人都可以访问读取的、任何人都可以发送交易并且如果交易有效的话可以将之包括到区块中的，以及任何人都能够参与其共识过程的区块链。共识过程决定了哪一个区块被添加到当前的区块链中和明确当前的网络状态。作为中心化或者准中心化信任的替代品，公有链的安全由"加密数字经济"保障，加密数字经济采取工作量证明机制或股权证明机制等方式，将经济奖励和密码学结合起来，并遵循如下基本原则：每个人从中获得的经济奖励与对共识过程做出的贡献成正比。公有链是真正意义上的完全去中心化的区块链。公有链主要适用于虚拟货币、面向大众的电子商务等现实场景。公有链分为主网和测试网络。

（1）主网

主网主要是指在现实生活中使用的公有链网络，其一切节点都是真实存在的。对于在公开网络中的以太坊公有链，所有人随时都可以接入网络，然后发送交易并获得交易是否被验证进链的结果。所有加入网络的全节点都可以加入到共识机制中（如工作量证明、股权证明），参与到决定哪一个区块能够进链以及现有状态的更新等过程中。著名的比特币和以太坊都属于公有链中的主网。

比特币概念最初是由中本聪在 2008 年提出的，2009 年出现了第一个比特币，这是一种 P2P 形式的数字货币。与传统货币不同，比特币不依赖特定货币机构发行，而是根据特定算法并通过大量计算产生。去中心化特性和工作量证明机制确保了无法通过大量制造比特币来人为操控币值，这也增加了控制比特币网络的经济成本。比特币的总量被永久限制在

2100 万个，具有极强的稀缺性。

以太坊是一个能够在区块链上实现智能合约、开源的区块链平台。以太坊的核心是智能合约，智能合约是一个在以太坊系统中的自动代理人，它有一个自己的账户地址，当用户向它发送一笔交易时，它就会被激活并运行合约中的代码，产生一个结果。合约可以完成更加灵活的业务逻辑，而不仅限于发送以太币。

（2）测试网络

顾名思义，测试网络（TestNet）就是专门给用户用来开发、测试和调试用的区块链网络，上面的智能合约执行不消耗真正的以太币。Morden 是公开的以太坊测试网络，由官方提供。对于以太坊技术的底层实现、Geth 的各种参数接口和整个以太坊的技术真实性能理解，测试网络与现实中的区块链还是有差距的。测试网络可以自由地制定规则，不需要消耗真正的代币，为开发者提供了极大的便利。目前三种以太坊客户端支持测试网络，分别是 eth（C++ 客户端）、PyethApp（Python 客户端）、Geth（Go 客户端）。

3.1.2　联盟链

联盟链（Consortium Blockchain）即其共识过程受到一些预选节点控制的区块链。多个由不同实体（如企业、银行等）分别控制的节点组成一个联盟，区块链上面的读写、记账权限都由联盟规则制定，这些节点共同组成一个授权网络。网络中的区块链和节点状态的改写更新由联盟中的各节点达成共识所决定。而对于网络中其他非联盟节点，最多只能够读取到联盟区块链中的全部或部分数据，但是无权参与共识达成过程。列举一个简单的例子，假如有一个由 15 个金融机构组成的共同体，每一个机构运行一个节点，每个区块生效都需要其中 10 个机构的确认。该区块链上的读取权限是公开的或者限制参与者，也可能是混合模式，如区块的根散列值及其 API 对外公开，API 可以允许外部成员进行有限次的查询和获取区块链状态的某些部分的加密证明信息。因此，相较于公有链，联盟链可以理解为部分去中心化。

与以太坊公有链在公网环境下运行不同，联盟链运行在由特定成员组成的联盟（如企业之间所组成的商业联盟）所控制的授权网络上。联盟中的每个成员控制着授权网络中的一个或多个节点，每个节点可根据其身份进行交易发送、区块生成、区块验证、状态更新等操作。授权网络要求对每个节点的身份进行验证，并且有一定的准入机制，以确保控制每个节点的实体均为联盟中的成员之一，这也意味着网络中的节点之间可以相互信任。

在授权网络上运行的联盟链解决了许多以太坊公有链所遇到的一些分布式计算问题，如构建拜占庭容错系统等。由于授权网络保证了节点之间可以相互信任，因此在联盟链中可对以太坊公有链上原有的一些机制进行简化。例如：

❑ 可以改用 Raft 共识机制，由各节点选举出一个"领导节点"来打包生成区块。

- 在区块验证过程中，由于无需担心区块是否为恶意节点生成，因此只需验证区块的正确性，无需再进行工作量证明的验证。
- 简化原有共识机制中的工作量证明可以大大降低区块生成的时间，从而提高区块链的执行效率。

由于联盟链相对于以太坊公有链有一定的性能优势，适合企业内部或企业之间的商业应用，因此包括信息、金融、能源等多个领域的跨国企业、初创公司和研究机构都投入到企业级联盟链的研发中。由 Linux 基金会于 2015 年发起的推进区块链数字技术和交易验证的开源项目——超级账本（Hyperledger）就属于联盟链架构，其加入成员包括荷兰银行、埃森哲等十几个不同利益体，目标是让成员共同合作，共建开放平台，满足来自多个不同行业各种用户的需求，并简化业务流程。2015 年 9 月成立的 R3 区块链联盟是另一个联盟链的典型代表，目前已经有大约 40 多个国家的银行组织加入，成员几乎遍布全球，主要致力于为银行提供探索区块链技术的渠道以及建立区块链概念性产品。而在 2016 年 2 月 3 日，我国也成立了首家专注网络空间基础设施创新的中关村区块链产业联盟。联盟链是一种需要参与许可的区块链，是在一群值得信任的参与者中共享的区块链。下面将主要介绍一个基于以太坊协议开发的联盟区块链——Quorum。

（1）Quorum 简介

Quorum（https://www.jpmorgan.com/global/Quorum）是基于以太坊协议开发的一个联盟区块链。Quorum 在 Go 语言版本以太坊架构的基础上进行改进，添加了隐私保护功能，通过引入私有状态、私有交易等机制以及对交易数据进行加密，使私有交易的数据只对指定的交易方可见，从而实现对交易数据的隐私保护功能。另外，Quorum 提供了两种可替换的一致性协议：基于 Raft 的一致性协议和 Istanbul BFT 协议（类似于 PBFT）。由于在联盟链场景下节点之间存在一定程度的信任，使用这两个一致性协议就避免 PoW 或 PoS 的弊端。不过这两种协议的使用场景还是有所区别的，在需要支持拜占庭容错的环境中，应该使用 Istanbul BFT 协议而非基于 Raft 的一致性协议。

从逻辑层面看，Quorum 所添加的隐私保护等功能均实现在标准以太坊协议层之上。图 3-1 展示了 Quorum 区块链平台架构及其各部分模块的逻辑概况。

- **交易管理**：为私有交易提供加密交易数据，管理本地数据并与其他节点的交易管理模块通信以提供加密的私有交易数据。
- **加密模块**：负责私钥管理以及数据的加解密过程。
- **Quorum 链**：使用智能合约实现的投票共识机制。
- **网络管理**：控制网络接入，建立一个授权网络以供联盟链运行。

Quorum 的核心功能是利用加密功能使得与交易无关的节点无法看到交易中的敏感数据，其实现方案包含一条单一共享的区块链和一套由智能合约软件构成的体系结构，以及对以太坊公有链机制的改造。其中智能合约结构提供了隐私数据的字段；对以太坊的改造包括在区块提交和区块验证方面的修改。区块验证过程被改为所有节点只验证公有交易和与该节点相关的私有交易，而对于其他与之无关的私有交易，该节点则略过执行合约代码的过程。

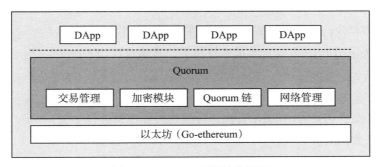

图 3-1　Quorum 逻辑结构概况

　　由于交易分为公有和私有，并且各节点无法执行所有私有交易的合约代码，因此这会造成各节点数据库中存储的状态"分节"。比如说节点的状态数据库会被分成一个私有状态数据库和一个公有状态数据库。网络中所有节点都能在以太坊原有协议的基础上对公有状态达成共识，但私有状态的数据库就各不相同。与其他基于多条区块链的状态分节策略不同的是，尽管节点数据库中没有存储全局的状态，但实际上所有的交易包括加密的交易数据都记录在一条链上，并被复制存储到所有节点中。

　　（2）Quorum 交易隐私保护

　　交易隐私保护是 Quorum 的关键特性之一，为了实现这一功能，Quorum 引入了公有交易和私有交易的概念。公有交易是指数据对授权网络内的所有节点可见的交易，其生成与执行的过程与标准以太坊交易一致。私有交易则是指数据仅对网络内指定的与交易相关的节点可见的交易。

　　公有交易以标准以太坊协议中所规定的方式执行，如果公有交易中包含调用一个智能合约的代码，则交易消息中数据字段里的代码会被送入以太坊虚拟机（Ethereum Virtual Machine，EVM）中执行，执行结果会相应地修改状态数据库中的公有状态。

　　私有交易的生成和执行过程有所不同。在交易消息被交易发起方发送之前，数据字段中的代码会被替换为加密代码的散列值。交易的相关方可在节点的交易管理模块中由散列值获得对应的加密代码，并将加密代码送至加密模块进行解密，再将解密后的代码送至以太坊虚拟机中执行，最后根据执行结果更新相应的私有状态数据库。与该交易无关的其他节点仅能得到交易消息中的散列值，而无法获知交易细节，其略过代码执行过程，也不会更新状态数据库。

私有交易的生成流程如图 3-2 所示。

1）交易发起方的去中心化应用（DApp）向其 Quorum 框架的接口发送私有交易的交易相关方和交易数据。

2）Quorum 节点的网络管理模块向交易管理模块发送交易数据，并指明该交易为私有交易。

3）交易管理模块向加密模块发送交易相关方和交易数据。

4）加密模块采用 PGP 方式对数据进行加密，具体过程如下。

① 随机生成一串对称密钥。

② 使用对称密钥对数据进行加密。

③ 获取所有交易相关方的 RSA 公钥，分别对对称密钥进行加密。

④ 计算加密数据的散列值。

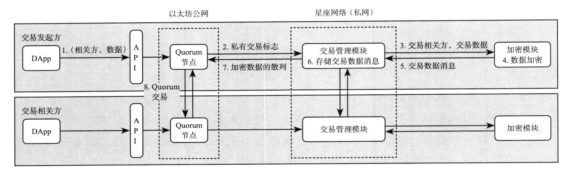

图 3-2   私有交易生成流程图

加密模块将处理过的加密数据包装成交易数据消息（TxPayloadMsg）传回交易管理模块，交易数据消息包括加密数据、加密数据的散列值以及各个交易相关方公钥加密过的对称密钥。

5）交易管理模块存储交易数据消息，并将其发送至其他交易相关方节点的交易管理模块中。

6）交易管理模块将加密数据的散列值传回网络管理模块。

7）网络管理模块将加密数据的散列值作为 Quorum 交易消息的数据字段，在交易消息中指明该交易的相关方，然后将交易发送至 Quorum 授权网络。

私有交易的验证流程如图 3-3 所示。

1）节点 A 接收到新的区块，其中包含与其相关的私有交易，并验证该私有交易。

2）网络管理模块发送交易数据请求至交易管理模块。

3）交易管理模块发送交易发送方的签名至加密模块。

4）加密模块验证签名，确认该交易消息是由发送方发出。

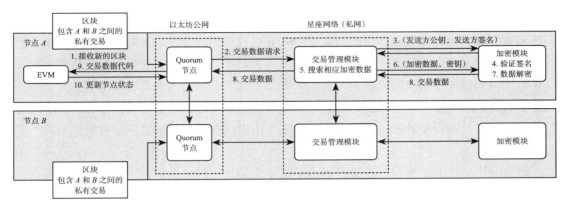

图 3-3　私有交易验证流程图

5）交易管理模块根据交易消息中的散列值搜索对应的加密数据。

6）交易管理模块将加密数据和被本节点的公钥加密过的对称密钥送至加密模块。

7）加密模块使用本节点的私钥解密获得对称密钥，再用对称密钥解密获得交易数据代码。

8）加密模块将解密的交易数据传回至网络管理模块。

9）网络管理模块将交易数据代码送至以太坊虚拟机中执行。

10）根据交易代码执行结果更新相应的私有状态数据库。

（3）Quorum 应用

目前，Quorum 主要应用在各银行、企业内的记账以及银行间的清算等场景中，充分发挥了区块链的分布式去中心化特点，也利用了联盟链和 Quorum 私有交易机制的私密性和安全性。

不过，由于 Quorum 中的私有交易数据所更新的私有状态无法被非交易相关方节点所获知，因此一笔私有交易执行的结果和节点私有状态的更新无法被其他无关节点认可。比如，A 通过私有交易转给 B 十元钱，C 不是该交易的相关方，则 A、B 的私有状态改变，A 的账户少了十元，B 的账户多了十元。但是由于 C 无法看到这笔交易的细节，因此 C 无法确认 A 是否转账给 B 以及具体转了多少。当下一次 B 想把这十元钱转给 C 时，C 无法确认 B 账户中是否有足够的余额可以转账，因为 C 的状态数据库中没有记录先前 B 获得十元钱的状态。

为了解决各节点无法对私有状态达成共识的问题，Quorum 在应用层上设计了一套解决方案。其在网络中引入一个监督节点，所有私有交易均将该节点列入交易相关方，使得监督节点备份了所有私有交易以及所有节点的私有状态，从而该监督节点可以为其他节点提供其私有状态的第三方证明，使私有状态在其他交易中生效。

图 3-4 展示了一个简单的案例。在 Quorum 授权网络中，三家银行 A、B、C 分别控制

各自的 Quorum 节点，每个节点分别维护记录所有节点状态的合约账本，但由于存在不可见的私有交易，因此各节点所维护的账本中只有对自身的状态记录是完整的，对其他节点的状态记录并不完全。除了 A、B、C 三个节点，网络中还有一个监督节点，监督节点同样维护着记录其他三个节点状态的三个合约账本。A、B、C 各节点间发送的所有私有交易均将监督节点列入交易相关方，使得监督节点能够获得所有交易信息，其三个合约账本均能记录下对应节点的完整状态。图中部分合约账本由虚线框圈出表明其记录有对应节点的完整状态。

回到前述例子中 C 无法确认 B 是否有足够的余额可以转账的问题。在加入监督节点之后，C 可以向监督节点维护的 B 状态账本查询节点 B 的完整状态，从而可以确认节点 B 的余额超过十元钱，即可以向其发起转账。

Quorum 联盟链的设计表明了基于以太坊协议的扩展架构可以满足许多企业的关键需求，尤其在金融行业中，分布式、去中心化的联盟链网络可以保证用户的数据隐私。Quorum 在以太坊原有的基础上，即利用了原有以太坊公有链 Go 版本代码的成熟性、健壮性，同时也将数据隐私保护、智能合约主导共识机制等创新点融入联盟链的开发中，是一个目前关注度较高、开发较为成熟的企业级联盟链项目。

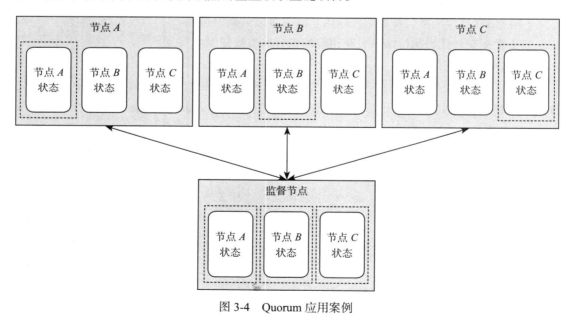

图 3-4　Quorum 应用案例

3.1.3　私有链

私有链（Private Blockchain）是指写入权限仅在某一个组织控制下的区块链，而读权限可能公开或者任意程度地加以限制。完全私有的区块链则是更接近于中心化的数据库。该授权网络中节点的接入权限完全受控于一个实体（或由该实体控制的节点）。此外，网络中的区块链和节点状态完全由一个权威节点所决定。该权威节点对区块链数据有写入权限，并且能够决定网络中其他节点对数据的读取权限。私有链的应用场景主要包括单个公司内部的数据库管理、账目审计等。尽管在有些情况下需要它有公共的可审计性，然而在很多情况下公共的可读性并非是必需的。私有链的主要价值是提供区块链安全高效、公开透明、可追溯、不可篡改的特性，同时具有较好的防范外部攻击的性能。

3.2　安装和部署以太坊

3.2.1　安装以太坊客户端

目前，以太坊客户端开源项目拥有许多语言的版本，其中较为成熟的有 Go-ethereum、CPP-ethereum 和 Parity 等。本节将介绍 Go-ethereum 和 CPP-ethereum 版本以太坊在本地的部署过程。

1. 安装 Go 以太坊客户端

Go-ethereum 又称 Geth，是当前最为成熟的以太坊客户端，采用 Go 语言编写。以下是 Geth 的安装部署过程。

（1）在 Windows 系统中一键安装 Geth

安装包下载地址为：https://geth.ethereum.org/downloads/，如图 3-5 所示选择 Windows 系统版本（目前为 Geth 1.7.2）的 64 位安装包。

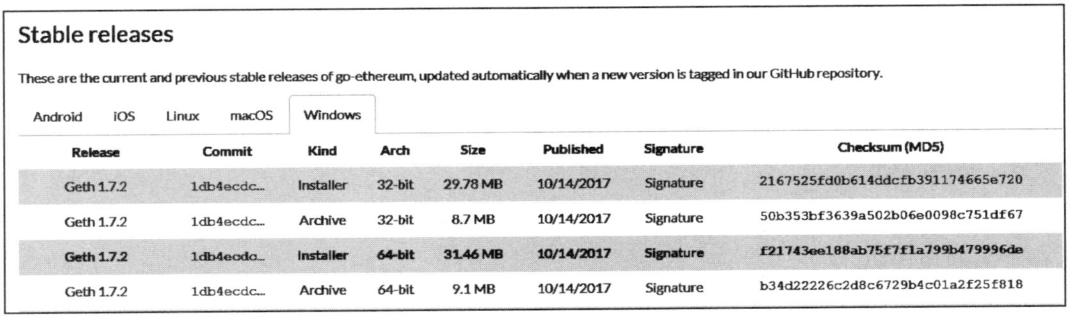

Stable releases

These are the current and previous stable releases of go-ethereum, updated automatically when a new version is tagged in our GitHub repository.

Android	iOS	Linux	macOS	Windows

Release	Commit	Kind	Arch	Size	Published	Signature	Checksum (MD5)
Geth 1.7.2	1db4ecdc...	Installer	32-bit	29.78 MB	10/14/2017	Signature	2167525fd0b614ddcfb391174665e720
Geth 1.7.2	1db4ecdc...	Archive	32-bit	8.7 MB	10/14/2017	Signature	50b353bf3639a502b06e0098c751df67
Geth 1.7.2	1db4ecdc...	Installer	64-bit	31.46 MB	10/14/2017	Signature	f21743ee188ab75f7f1a799b479996de
Geth 1.7.2	1db4ecdc...	Archive	64-bit	9.1 MB	10/14/2017	Signature	b34d22226c2d8c6729b4c01a2f25f818

图 3-5　下载 Geth Windows 64 位版本安装包

下载完成后打开并安装，如图 3-6 所示，默认安装路径为 C:\Program Files\Geth。

安装完成后，打开命令行或 powershell，运行 `geth account new` 创建新的节点账户，再运行 `geth-fast` 命令，即可同步以太坊公网数据，并完成部署。

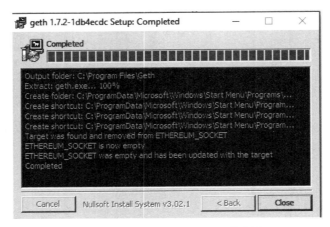

图 3-6　安装 Geth Windows 64 位版本

（2）在 Linux 系统中安装 Geth

在 Linux 系统中，Geth 可以从指定源直接安装，也可以下载源代码并编译安装。下面以 Ubuntu 16.04 为例说明其安装部署过程。需要注意的是，在 Linux 环境下部分命令需要 root 权限执行，如 apt 命令等，本章的命令代码中以 "#" 开头的命令表示需要 root 权限执行，以 "$" 开头表示仅需在普通用户权限下执行。

1）使用 PPA 安装。

使用以下命令更新 apt 安装源，并使用 apt 直接安装 Geth。

```
# apt-get install -y software-properties-common
# add-apt-repository -y ppa:ethereum/ethereum
# add-apt-repository -y ppa:ethereum/ethereum-dev
# apt-get update
# apt-get install ethereum
```

安装完成后，运行 `$ geth account new` 命令创建新的节点账户，并运行 `geth-fast` 同步以太坊公有链数据，完成部署。

2）源代码编译。

Go-ethereum 项目源代码下载地址为：https://github.com/ethereum/go-ethereum。使用以下命令下载源代码。

```
$ git clone https://github.com/ethereum/go-ethereum
```

使用以下命令安装 Go 语言编译器以及其他依赖包，Go 语言包要求为 1.4 及以上版本。

```
# apt-get install -y golang build-essential libgmp3-dev
```

使用以下命令进入源代码目录并进行编译。

```
$ cd go-ethereum
$ make geth
```

编译完成后的二进制文件为 ./build/bin/geth，之后可以参照使用 PPA 安装后的命令，完成区块链的部署。

2. 安装 CPP 以太坊客户端

CPP-ethereum 是以太坊 C++ 语言版本的客户端，是继 Geth（Go 语言版本客户端）和 Parity（Rust 语言版本客户端）之后的第三大受欢迎的以太坊客户端。C++ 语言的代码具有很高的可移植性，已经能够在各种操作系统以及硬件环境中成功部署。

（1）在 Windows 系统中安装 CPP-ethereum

CPP-ethereum 目前尚未支持一键安装二进制文件，因此在 Windows 上需通过编译源代码获得可执行文件，但 CPP-ethereum 项目未来计划将通过 Chocolatey 提供适用于 Windows 系统的安装包。

首先，使用 Git 命令下载源代码，下载地址为：https://github.com/ethereum/cpp-ethereum。

```
$ git clone --recursive https://github.com/ethereum/cpp-ethereum
```

其次，安装相关编译工具：cmake 以及 Visual Studio 2015 64 位（或 Visual Studio 2017 64 位），安装包下载地址分别为：https://cmake.org/download/、https://www.visualstudio.com/vs/older-downloads/ 以及 https://www.visualstudio.com/vs/。

安装好编译工具之后还需要安装 leveldb-1.2 等依赖包，运行安装脚本即可。

```
$ ./scripts/install_deps.bat
```

接下来，开始编译。创建 build 目录，并使用 cmake 进行编译。

```
$ mkdir build
$ cd build
$ cmake .. -G "Visual Studio 14 2015 Win64"
// 若使用 VS2017 则编译器选项改为 -G "Visual Studio 15 2017 Win64"
$ cmake --build .
```

编译完成后，可执行文件位于 ./eth，在命令行或 powershell 中直接运行即可完成部署。

（2）在 Linux 系统中安装 CPP-ethereum

在 Linux 系统中，可以从指定源直接安装 CPP-ethereum，也可以下载源代码并编译安装。下面以 Ubuntu 16.04 为例说明其安装部署过程。

1）使用 PPA 安装。

使用以下命令更新 apt 安装源，并使用 apt 直接安装 CPP-ethereum。

```
# apt-get install -y software-properties-common
# add-apt-repository -y ppa:ethereum/ethereum
```

```
# add-apt-repository –y ppa:ethereum/ethereum-dev
# add-apt-repository –y ppa:ethereum/ethereum-qt
# apt-get update
# apt-get install –y cpp-ethereum
```

2）源代码编译。

与在 Windows 上编译源代码类似，首先从 GitHub 上下载源代码，下载地址为：https://github.com/ethereum/cpp-ethereum。

```
$ git clone --recursive https://github.com/ethereum/cpp-ethereum
```

其次，安装 cmake、leveldb 和 microhttpd 等相关工具和依赖包。可以直接使用如下 apt 命令安装。

```
# apt-get install cmake libleveldb-dev libmicrohttpd-dev
```

也可以调用源代码中自带的脚本进行安装。

```
$ ./scripts/install_cmake.sh –prefix /usr/local
$ ./scripts/install_deps.sh
```

编译工具和依赖包安装完成之后，创建 build 文件夹，并在其中使用 cmake 进行编译。

```
$ mkdir build
$ cd build
$ cmake ..
$ cmake –build .
```

编译完成后，CPP-ethereum 的二进制文件为 ./build/eth/eth，创建新账号，直接运行即可。

```
$ ./build/eth/eth account new
$ ./build/eth/eth
```

3.2.2 部署以太坊联盟链

安装好以太坊客户端之后，创建或导入以太坊账户就可以直接连接上以太坊公有链网络了。不过，除了公有链，用户还可以自己搭建一条私有链或联盟链，下面将介绍使用 Geth 客户端以及使用 Azure 联盟链模板搭建属于自己的以太坊联盟链的方法。

1. 使用 Geth 部署以太坊联盟链

以太坊 Geth 客户端提供了以太坊协议相关的许多功能，用户只需对创世区块、Geth 参数等进行配置，就可以在自己制定的几台机器上搭建一个私有的以太坊联盟链网络。下面以三台 Windows 系统虚拟机为例，使用 Geth 1.7.3 版本搭建一个以太坊联盟链网络。

（1）创世区块文件 genesis.json

创世区块文件 genesis.json 是区块链最重要的识别标志之一，每一条区块链都有唯一识别的创世区块文件，如果两台机器启动 Geth 时所选用的创世区块文件不同，就无法被识别为同一条区块链的成员。因此，同一条联盟链中的所有节点必须使用同一份创世区块文件进行初始化配置。

下面是一个创世区块文件 genesis.json 的示例。

```
{
    "config": {
            "chainId": 72,
            "homesteadBlock": 0,
            "eip155Block": 0,
            "eip158Block": 0
    },
    "alloc"     : {
    "0x< # 某账户地址 A # >": {"balance": "1000000000000000000"},
    "0x< # 某账户地址 B # >": {"balance": "2000000000000000000"},
    "0x< # 某账户地址 C # >": {"balance": "3000000000000000000"}
    },
    "coinbase"   : "0x0000000000000000000000000000000000000000",
    "difficulty" : "0x400",
    "extraData"  : "",
    "gasLimit"   : "0x2fefd8",
    "nonce"      : "0x0000000000000000",
    "mixhash"    :
    "0x0000000000000000000000000000000000000000000000000000000000000000",
    "parentHash" :
    "0x0000000000000000000000000000000000000000000000000000000000000000",
    "timestamp"  : "0x00"
}
```

其中，config 中的内容是区块链相关的基本配置参数，最重要的是链编号 chainId，这是用于标识该区块链的编号，这里设为 72。alloc 中为以太坊账户信息，可以留空，等待部署完成后再启动以太坊创建账户；也可以预先配置好以太坊账户及其余额，这里的账户余额是以 wei 为单位，也就是数值 10^{18} 表示 1 ether。其下的 coinbase 是联盟链挖矿的收益账户，可以设置为零地址，留待运行以太坊挖矿之前再设置。difficulty 是初始的挖矿难度，可以设置为较低数值，如 0x400。gasLimit 为每个区块所消耗的 Gas 限制。其余的如 extraData、nonce、mixhash、parentHash 以及 timestamp 等均可以设置为零或留空。

（2）初始化配置

创建完创世区块文件之后，接下来需要创建以太坊联盟链账户。以太坊账户由一对公私钥组成，用户首先设置账户密码，然后使用 Geth 由账户密码生成一对公私钥，再由公钥生成账户地址，最后将账户地址添加到创世区块文件 genesis.json 中。

在本地目录中新建一个文件夹 data，用于存储联盟链数据，然后使用以下命令创建联盟链账户。

```
$ geth —datadir .\data\ account new
```

输入两次密码后返回新账户的地址：

```
Address:{ < address of new account > }
```

将该地址复制到 genesis.json 的 alloc 参数中。重复上述过程，创建三个联盟链账户。此时，在 data 目录下会自动创建 keystore 文件夹，其中存储了所建账户的公私钥文件。

然后将 genesis.json 文件和 data 文件夹复制传输到另外两台机器中。接下来在每台机器上使用以下命令创建联盟链节点。

```
$ geth —datadir .\data\ init .\genesis.json
```

（3）搭建联盟链网络

在每台机器上完成联盟链节点初始化配置之后，接下来需要将各个节点连接起来。首先要确认网络连通并且各机器的防火墙已正确配置，Geth 所使用的端口正常开放（Geth 常用端口有 8545、30303 等），然后在每个节点上使用以下命令启动 Geth 并获取节点的地址。

```
$ geth —datadir .\data\ --networkid 72 console
> admin.nodeInfo.enode
```

enode 返回的节点信息格式如下，包含节点的公钥地址和 Geth 端口号（默认为 30303）。

```
"enode://< node public key >@[::]:<port>"
```

将其中的 "[::]" 部分替换为该机器的公网 IP 地址，即可得到该节点的完整地址。

在任一节点的 .\data\geth\ 目录下创建静态节点文件 static-nodes.json，并写入其他节点的完整地址信息，格式如下：

```
[
    "enode://< node1 public key >@< node1 IP address >:< node1 port >",
    "enode://< node2 public key >@< node2 IP address >:< node2 port >",
    "enode://< node3 public key >@< node3 IP address >:< node3 port >"
]
```

在每个节点的机器上使用以下命令启动 Geth 并查看已连接上的其他节点信息。其中，datadir 参数为联盟链的数据存储目录，每次启动时必须指定，否则默认使用公有链数据存储目录，即连接到以太坊公有链上；networkid 参数为所连接的网络编号，这一编号需与创世区块文件中的 chainId 参数一致。如果初始化过程正确且网络状况正常，各节点 Geth 客户端启动后会按照静态节点文件中的节点地址自动搜索连接其他节点。

```
$ geth —datadir .\data\ --networkid 72 console
> admin.peers
```

如果其他节点仍未连接上，可以使用动态的方法添加节点。

```
> admin.addPeer("enode://< node public key >@< node IP address >:< node port >")
```

节点相互连接之后就完成了联盟链网络的搭建，下面进行测试。

（4）测试联盟链

首先使用以下命令开启一个节点进行挖矿，其中 etherbase 参数为指定挖矿所得的以太币收益账户，这里的以太币只能在该联盟链的账户中使用，与公有链上的以太币是完全分隔开的；minerthreads 参数为指定的挖矿线程数，由于联盟链挖矿难度低，只需开启一条线程即可。

```
geth –datadir .\data\ --networkid 72 –etherbase "0x< ethereum consortium account
>" –mine –minerthreads 1
```

或者也可以在 Geth 的控制台命令行中使用以下命令指定挖矿收益账户并开始挖矿，这里将第一个预设账户作为收益账户，miner.start() 中的参数为挖矿线程数。

```
> eth.setEtherbase(eth.accounts[0])
> miner.start(1)
```

如果要停止挖矿可以使用以下命令：

```
> miner.stop()
```

由于在 genesis.json 中挖矿难度初始值设置很低，并且以太坊自身有自动调节挖矿难度的机制，因此在联盟链中挖矿的速度很快，消耗的算力也较低，挖矿收益账户很快就会收到很多以太币。不过需要注意的是，挖矿也需要初始化过程，在挖出第一个区块之前，节点需要用大约一分钟的时间生成一个 DAG 有向图，之后大约两三秒钟就能生成一个区块。

挖矿节点开启之后，在另外一个节点上输入密码解锁账户并在该账户上发送交易信息。以下示例为第二个预设账户向第三个预设账户转账 1 ether，返回该交易信息的散列值。

```
> personal.unlockAccount(eth.accounts[1])
> eth.sendTransaction({from:eth.accounts[1],to:eth.accounts[2],value:1*1e18})
```

然后该交易会被挖矿节点接收，并打包入下一区块中。根据交易散列值查询该交易的相关信息以及所在的区块信息。

```
> eth.getTransaction("0x< transaction hash >")
> eth.getBlock(eth.getTransaction("0x< transaction hash >").blockNumber)
```

查看各账户余额（单位转换为 ether），可以看到第一个账户获得了 1385 ether 的挖矿奖励，第二个账户转出了 1 ether 到第三个账户。此外，这笔交易还需要 0.000378 ether 的燃料费，其从第二个账户的余额中扣除，并作为挖矿费用转移到"矿工"节点指定的收益账户，也就是第一个账户。

```
> web3.fromWei(eth.getBalance(eth.accounts[0]), "ether")
```

```
1386.000378
> web3.fromWei(eth.getBalance(eth.accounts[1]), "ether")
0.999622
> web3.fromWei(eth.getBalance(eth.accounts[2]), "ether")
4
```

2. 使用 Azure 模板部署以太坊联盟链

为了更好地服务企业级以太坊区块链需求，微软 Azure 已于 2016 年 9 月推出以太坊联盟链网络虚拟机模板。用户可以通过 Azure 网页界面十分简便地在 Azure 云上部署以太坊联盟链，并结合 metaMask 插件和 Solidity IDE（如 Remix）等工具使用该私有网络里的以太坊联盟链。

以下是在 Azure 上的具体部署操作。首先，需要在 Azure 上拥有一个能够部署多台虚拟机和标准存储账户的订阅（Subscription）。一般来说，多数的订阅都能够支持部署一个小型网络拓扑，无须再额外增加配额。

获得所需的订阅之后，进入 Azure 网页界面（https://ms.portal.azure.com/）。单击左侧工具栏的"New"，在 Azure Marketplace（Azure 市场）一栏中选中 Blockchain（区块链），在 Featured（特征）一栏中选中 Ethereum Consortium Blockchain（以太坊联盟区块链）。新建以太坊联盟链模板界面如图 3-7 所示。

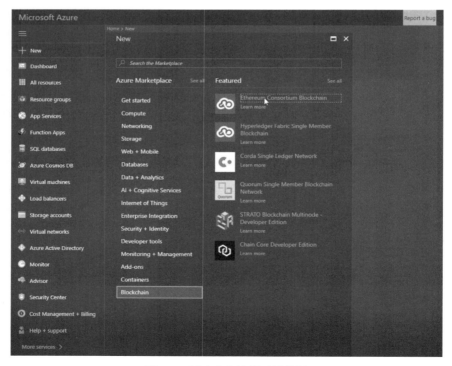

图 3-7　新建以太坊联盟链模板

进入创建以太坊联盟区块链界面，共有 5 个步骤。

1）Basics：创建以太坊模板 Basics 步骤界面如图 3-8 所示。"Resource prefix"（资源前缀）项填入所创建资源名称的前缀，要求为六位或以内的小写字母和数字的组合；"VM user name"（虚拟机用户名）项填入虚拟机的管理员用户名；"Authentication type"（验证类型）项可选择密码或 SSH 公钥，并填入相应的密码或 SSH 公钥；然后选择已有的订阅项，使用现有的资源组或者新建一个；最后选择所在的位置。

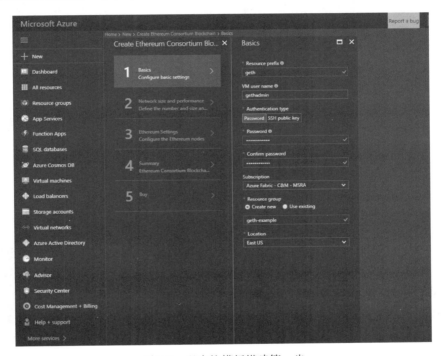

图 3-8　以太坊模板搭建第一步

2）Network size and performance：创建以太坊模板 Network size and performance 步骤界面如图 3-9 所示。这一步骤用于选定节点数量和网络规模；"Number of consortium members"项定义联盟链网络中的成员数，以 4 个成员为例；"Mining Nodes"项定义"矿工"节点的参数；"Number of mining nodes per member"定义了每个成员所控制的挖矿节点数，以每个成员拥有 1 个矿工节点为例；"Mining node storage performance""Mining node storage replication"和"Mining node virtual machine size"分别定义了挖矿节点的存储性能、存储方式和虚拟机的规格，这些选项均保留默认值即可；"Transaction Nodes"定义交易节点的参数，与"Mining Nodes"的定义类似，同样有"Number of mining nodes per member""Mining node storage performance"等选项，以每个成员拥有 1 个交易节点为例。

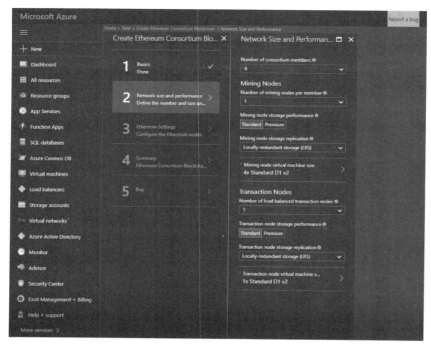

图 3-9　以太坊模板搭建第二步

3）Ethereum Settings：创建以太坊模板 Ethereum Settings 步骤界面如图 3-10 所示。这一步骤是对以太坊网络的基本设定；"Network ID"项定义了网络 ID，以 72 为例；"Advanced Custom Genesis Block"项为选定是否导入用户自定义的创世区块，用户若使用自定义的用户信息、交易等，则需使用自定义的创世区块，可在此选择导入".json"格式的区块文件，也可等部署完成后自行导入；接下来用户需设定以太坊账户密码和以太坊私钥密码。

用户若使用自定义的创世区块，需要注意：账户信息需包含所有自定义交易的账户信息，并预留足够的账户余额；链 ID 需设定为网络部署时的网络 ID，如上述例子中的 72；交易编号（nonce）需小于自定义交易中的编号；挖矿难度值（difficulty）需调整至合理值；需设定好每个区块消耗的燃料上限（gasLimit）等。

4）Summary：创建以太坊模板 Summary 步骤界面如图 3-11 所示。这一步骤展示前三个步骤中用户的设定，用户检查无误后单击确认即可。

5）Buy：这一步骤展示 Azure 区块链的服务条款，用户阅读确认无误后单击购买即可。

单击购买后等待 Azure 进行虚拟机部署，这一过程大约需要 20 min。

待虚拟机部署完成后，打开"Resource group"（资源组）界面，选择新建虚拟机所在的资源组和"Deployments"（部署）选项，如图 3-12 所示。

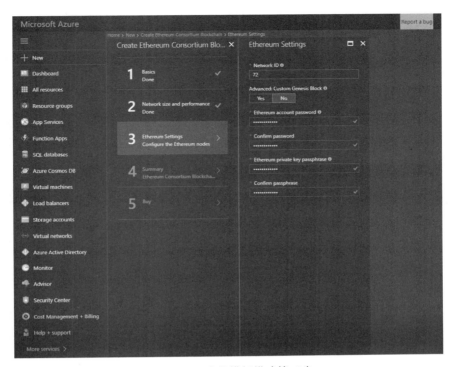

图 3-10 以太坊模板搭建第三步

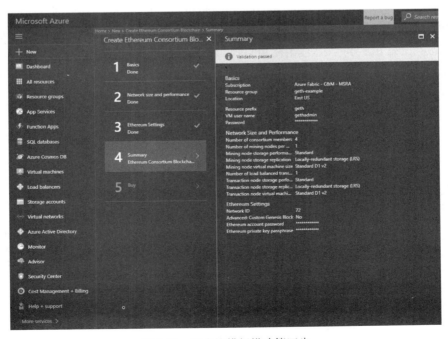

图 3-11 以太坊模板搭建第四步

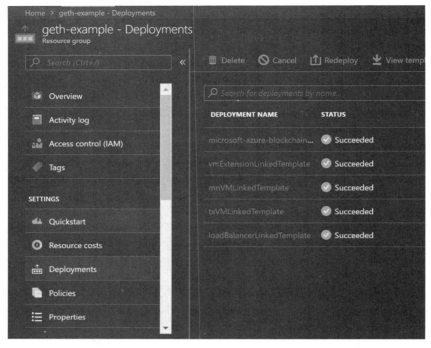

图 3-12　以太坊资源组部署界面

　　单击第一个名称为"Microsoft-azure-blockchain"的部署，打开所建虚拟机的基本部署信息界面，如图 3-13 所示，界面中的信息包括部署时间、状态和用时等。其中在"Outputs"（输出）中，"ADMIN-SITE"项为虚拟机管理员所在地址；"ETHEREUM-RPC-ENDPOINT"项为以太坊 RPC 交易收发的地址及端口，默认为 8545 端口；"SSH-TO-FIRST-TX-NODE"项为登录第一个交易节点的 SSH 命令，登录地址为虚拟机地址，端口号默认为 3000，用户名为用户部署时定义的用户名。

　　通过 SSH 登录第一个交易节点所在的虚拟机，在部署过程中若未选择自定义部署创世区块且用户需要使用自定义的交易案例，则需修改并上传自定义的创世区块（Genesis.json）。

　　在 Azure 的"Deployment"界面选择"mnVMLinkedTemplate"项，在下方的"Operation details"中可发现 4 个矿工节点的主机名称，前缀为部署时用户定义的资源前缀，后缀分别为"mn0""mn1""mn2"和"mn3"，如图 3-14 所示。

　　以太坊部署及测试还需运行 4 个脚本：help.sh、script.sh、start.sh 和 stop.sh，脚本代码如下。

　　help.sh 有两个功能，一是负责将其他脚本等文件复制至各个节点，二是将命令发送至其他各节点并运行。

图 3-13 以太坊虚拟机部署信息

图 3-14 矿工节点主机名称

```
# help.sh
#!/bin/bash
if [ $# -lt 2 ]; then
    $1
fi
## declare an array variable
declare -a miners=("<## 挖矿节点的 Host ##>")
# get length of an array
minerNum=${#miners[@]}

# use for loop to read all values and indexes
for (( i=1; i<${minerNum}+1; i++ ));
do
    if [ $# -lt 2 ]; then
        expect expect.sh "${1}" ${miners[$i-1]}
    else
        expect expect.sh "${1}" ${miners[$i-1]} "${2}"
fi
done
```

script.sh 为节点系统登录脚本。

```
# script.sh
#!/usr/bin/script

set password "<### 虚拟机的登录密码 ##>"
set cmd [lindex $argv 0]
set server [lindex $argv 1]
set file [lindex $argv 2]
set paraNum [llength $argv]
if {$paraNum == 3} {
    spawn scp $file $server:~/
    expect {
        "password" {send "$password\r"}
        "yes/no" {send "yes\r";exp_continue}
    }
} else {
    spawn ssh $server $cmd
    expect {
        "password" {send "$password\r"}
        "yes/no" {send "yes\r";exp_continue}
    }
}
send "exit\r"
expect eof
exit
```

start.sh 为开始运行 Go-ethereum 的命令脚本。

```
# start.sh
```

```
geth --datadir ~/.ethereum -verbosity 6 init ~/genesis.json
nohup /etc/rc.local 2>1 &
```

stop.sh 为结束运行的命令脚本。

```
# stop.sh
ps -ef | grep "datadir" | awk '{print $2}' | xargs kill -9
rm -rf ~/.ethereum/geth
```

此外，还需对脚本进行相应的修改：在 help.sh 脚本中，向 miners 变量中加入 4 个矿工节点的主机名称；在 script.sh 脚本中，将 password 变量设为用户部署时所设的虚拟机密码。之后通过 SSH 将 4 个脚本上传至虚拟机中。

使用以下命令在虚拟机中安装 expect 工具包，并调用 help.sh 脚本将创世区块文件 genesis.json、启动脚本 start.sh 以及停止脚本 stop.sh 部署至其他节点上。

```
# apt install expect
$ bash help.sh "copy" ../genesis.json
$ bash help.sh "copy" start.sh
$ bash help.sh "copy" stop.sh
```

最后使用以下命令调用各个脚本进行区块链停止重置以及开始运行。

```
$ bash help.sh "bash stop.sh"
$ bash help.sh "bash start.sh"
```

至此，用户完成使用 Azure 模板搭建、部署并运行以太坊联盟区块链的步骤。

3.3　如何在 Azure 上挖矿

2016 年下半年，Azure 引入了 GPU 虚拟机的新特性，使用了 M60 和 K80 的英伟达 GPU。那么，我们能否利用 GPU 在 Azure 虚拟机上进行以太坊挖矿呢？本节将介绍如何在 Azure 虚拟机上搭建使用 GPU 挖矿的以太坊矿工节点（参考自同事 Vincent 的博客[⊖]，对具体数字有更新）。

3.3.1　部署虚拟机

首先在 Azure 上部署使用英伟达（NVIDIA）GPU 驱动的 N 系列虚拟机，操作系统为 Ubuntu 16.04。在 Azure 平台上选择 Ubuntu 16.04 模板新建虚拟机，VM 磁盘类型需选择 HDD。另外，由于目前 Azure 上带有 GPU 驱动的虚拟机仅限于美国和欧洲的部分地区，因

⊖　Vincent van Wingerden. https://blog.vincent.frl/ethereum-mining-in-azure/。

此创建地区需选择美国或欧洲。在虚拟机型号上可选择带有 NVIDIA M60 的 NC 系列和带有 NVIDIA K80 的 NV 系列。然后单击购买即可完成虚拟机部署。

3.3.2 安装 GPU 驱动

接下来需要在虚拟机上安装 GPU 驱动，首先使用 lspci 命令检查虚拟机是否已安装 M60/K80 GPU 并可以被系统检测到。对于 NC 系列虚拟机，需要安装 CUDA 9.0 驱动；对于 NV 系列虚拟机，则需安装 GRID 4.3 驱动。可以参考 Azure 文档：https://docs.microsoft.com/en-us/azure/virtual-machines/linux/n-series-driver-setup。

1. 安装 CUDA 9.0 驱动

在 NC 系列虚拟机上安装 CUDA 9.0 驱动的命令如下：

```
$ CUDA_REPO_PKG=cuda-9-0_9.0.176-1_amd64.deb
$ wget -O /tmp/${CUDA_REPO_PKG}
http://developer.download.nvidia.com/compute/cuda/repos/ubuntu1604/
x86_64/${CUDA_REPO_PKG}
# dpkg -i /tmp/${CUDA_REPO_PKG}
# apt-key adv --fetch-keys
http://developer.download.nvidia.com/compute/cuda/repos/ubuntu1604/
x86_64/7fa2af80.pub
$ rm -f /tmp/${CUDA_REPO_PKG}
# apt-get update
# apt-get install cuda-drivers
```

2. 安装 GRID 4.3 驱动

在 NV 系列虚拟机上安装 GRID 4.3 驱动步骤较多，具体命令如下。

首先，安装更新：

```
# apt-get update
# apt-get upgrade -y
# apt-get dist-upgrade -y
# apt-get install build-essential Ubuntu-desktop -y
```

然后，禁用 Nouveau 内核驱动。由于 NV 系列虚拟机中的 Nouveau 内核驱动与 NVIDIA 驱动不兼容，因此需将其禁用。在 /etc/modprobe.d 目录下创建名为 nouveau.conf 的文件，并在其中写入以下内容：

```
blacklist nouveau
blacklist lbm-nouveau
```

重启虚拟机并重新连接，使用以下命令退出 X 服务器⊖：

⊖ https://docs.microsoft.com/zh-cn/azure/virtual-machines/linux/n-series-driver-setup。

```
# systemctl stop lightdm.service
```

接下来下载并安装 GRID 驱动:

```
$ wget -O NVIDIA-Linux-x86_64-367.106-grid.run
https://go.microsoft.com/fwlink/?linkid=849941
$ chmod +x NVIDIA-Linux-x86_64-367.106-grid.run
# ./NVIDIA-Linux-x86_64-367.106-grid.run
```

3. 创建 gridd.conf 文件

安装过程结束后,创建 /etc/nvidia/gridd.conf 文件:

```
# cp /etc/nvidia/gridd.conf.template /etc/nvidia/gridd.conf
```

在 gridd.conf 文件中加入以下内容:

```
IgnoreSP=TRUE
```

3.3.3　安装挖矿工具包

在完成 GPU 驱动的安装后,使用以下命令安装 ethminer 等以太坊挖矿工具:

```
# apt-get install software-properties-common
# add-apt-repository ppa:ethereum/ethereum
# apt-get update
# apt-get install ethereum ethminer geth
```

3.3.4　加入矿池

在开始挖矿之前,我们可以选择加入矿池或者自己单独挖矿。加入矿池意味着与同一矿池中的其他人一起对同一个特定区块进行计算挖掘,这样会比独自挖矿挖到新区块的概率更高。当然,加入矿池还需要缴纳费用,在多数情况下仅占到年收入的百分之一至百分之二,相比于获得新区块概率提高带来的收益并不算多。因此一般选择加入矿池能够获得更大的收益。

接下来使用以下命令加入矿池,以加入名为"Dwarfpool"的矿池为例。

```
$ ethminer -G -F http://eth-eu.dwarfpool.com:80/YOUR_ADDRESS
```

其中,-G 表示使用 GPU 挖矿,-F 表示将自己的计算机设置为矿场的终端,YOUR_ADDRESS 部分替换为个人的账户地址。

这样,Azure 虚拟机就开始挖矿了,挖矿所得的以太币会转入所设的个人钱包中。

3.3.5　GPU 挖矿收益权衡

尽管在 Azure 上使用 GPU 挖矿十分简单方便,但相比购买虚拟机的价格成本,其挖矿收益却并不理想。以 NV6 单核 GPU 虚拟机为例,其挖矿算力约为 22 兆散列每秒(MH/s),也即每秒计算约 22 000 000 个散列值,网络散列率(Network HashRate,网络的总挖矿算力)取 100 000 GH/s,平均出块时间取 14s,以太币价格取 $300,则通过计算可得挖矿收益为平均每小时 $0.0509,然而 Azure NV6 虚拟机目前的最低价格为每小时 $1.093。因此,使用 NV6 虚拟机挖矿并不划算。

如果使用多核 GPU 的虚拟机,则挖矿效率有所提高,但虚拟机价格也更高,同样难以带来收益。Azure 目前提供的带 GPU 驱动虚拟机型号如表 3-2 所示。

表 3-2 Azure 配有 GPU 驱动虚拟机型号

虚拟机名称	CPU 核数	RAM/GB	GPU
NV6	6	56	1*M60
NV12	12	112	2*M60
NV24	24	224	4*M60
NC6	6	56	1*K80
NC12	12	112	2*K80
NC24	24	224	4*K80

在当前(2017 年 11 月 2 日)的以太坊公网条件下,网络散列率为 100 191.96 GH/s,平均出块时间为 14.05 s,以太币价格为 $ 280.31,挖矿效率以及收益情况如表 3-3 所示。

可见,在 Azure 虚拟机上使用 GPU 进行以太坊挖矿的收益远低于购买虚拟机的费用,挖矿收益最高仅占到购买虚拟机支出的 4.33%。因此,在 Azure 上使用 GPU 挖矿并不划算。并且,随着以太坊网络中的算力越来越高,挖矿难度越来越大,以及受到以太币价格波动等因素的影响,在 Azure 虚拟机上使用 GPU 挖矿的收益将越来越低,远不足以抵消购买虚拟机的开销。

表 3-3 使用 Azure 虚拟机挖矿的效率及收益

虚拟机名称	挖矿算力 / (MH/s)	虚拟机价格 / (USD/h)	平均挖矿收益 / (USD/h)	挖矿总利润 / (USD/h)	虚拟机价格覆盖率
NC6	14.56	0.90	0.0313	−0.8687	3.48%
NV6	21.99	1.093	0.0473	−1.0457	4.33%
NC12	32.15	1.80	0.0691	−1.7309	3.84%
NV12	39.34	2.185	0.0846	−2.1004	3.87%
NV24	73.86	4.37	0.1588	−4.2112	3.63%

3.4 本章小结

我们常说的以太坊一般指的是面向所有人的以太坊公共区块链,除此之外还有面向小范围节点的以太坊联盟链和以太坊私有链,其拥有更好的隐私性,同时保留了以太坊区块链的基本功能。以太坊的入口是以太坊客户端，本章首先为读者介绍了以太坊公有链、联盟链和私有链的特征，以及联盟链的实例 Quorum；然后介绍了不同系统中以太坊公有链客户端的一键安装、源代码编译安装以及以太坊公网节点的部署；此外，本章还为读者介绍了使用 Geth 客户端以及 Azure 联盟链模板搭建以太坊联盟链网络的方法。最后，本章还提供了在 Azure 虚拟机上使用 GPU 进行以太坊公有链挖矿的方法，并通过具体计算向读者阐明了使用 Azure 虚拟机挖矿的收益情况。

智能合约与以太坊虚拟机

本章将介绍智能合约、以太坊虚拟机（Ethereum Virtual Machine，EVM），以及用来编写智能合约的高级语言——Solidity 的基础知识。通过本章的学习，读者可以掌握智能合约的作用和工作原理，以及如何使用 Solidity 来编写一个智能合约。

4.1 智能合约

现实生活中经常遇到这样的场景：买家与卖家要进行一笔交易，为了保证交易的顺利进行，双方签订了一份合约，合约中声明双方各自的身份、权利和义务（买家付钱、卖家交货的时间节点和方式等），一式两份，各自保存。这样，当交易出现纠纷时，合约将成为寻求法律援助的依据，而法律将成为确保合约执行的强制力保障。

虽然合约为交易的顺利进行提供了一些保障，但是也存在很多不足之处。一旦交易中发生了纠纷，比如卖家拖延发货或者买家拒绝付款，即使在法律的援助下解决了纠纷，交易的效率也会大大降低。甚至在一些情况下，合约将会失去约束效力，比如合约中存在歧义或者合约丢失等。

那么有没有一种更有效的方式来保证交易的进行呢？假设有一个绝对可信和公正的交易代理人，卖家将商品交给代理人，买家与代理人进行一手交钱一手交货的当面交易。如果买家拒绝购买，卖家可以从代理人手中取回商品；买家也不会存在付钱后拿不到商品的风险。

智能合约就可以充当这样一个代理人。简单地说，智能合约就是区块链上一个包含合约代码和存储空间的虚拟账户，结构如图 4-1 所示。

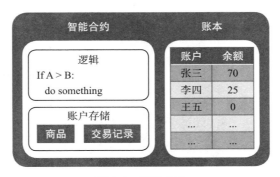

图 4-1 智能合约

智能合约的行为由合约代码控制，而智能合约的账户存储则保存了合约的状态。

在以太坊平台上，智能合约的代码运行在以太坊虚拟机（EVM）中，EVM 是一个图灵完备的虚拟机，是以太坊协议的核心。

在以太坊的点对点（P2P）网络中，每个全节点上都包含一个以太坊虚拟机，当节点需要打包或验证区块时，便将交易相关的可执行代码送入 EVM 中执行，执行的结果更新了以太坊账户的状态并被记录在区块链上。

以太坊网络中的每个节点都需要在各自的 EVM 中执行代码，这就导致了两个问题。一是这样会产生大量的平行化计算，每个节点都必须执行代码以验证区块中的结果状态。这虽然牺牲了一定的计算效率，但保证了分布式网络中更高的安全性。二是 EVM 的执行结果必须有严格的确定性，所有节点必须得到同样的运行结果。这就对智能合约以及 EVM 造成了一定的局限性，智能合约目前仍无法实现一些可能会带来不确定结果的简单操作，如生成随机数、调用操作系统 API 等，因为这些操作会因时间、系统等执行环境的差异而产生不同的结果，进而使以太坊节点无法对区块中的账户状态达成共识。

回到前面提到的交易场景，我们只需要编写一个能够完成如图 4-2 所示功能的智能合约，就可以得到一个绝对公正的代理人。

从存储上看，该合约记录了商品的信息，以及所有的交易记录；从功能上看，该合约包含下面三个功能。

1）**补货功能**：卖家将商品交给代理人。卖家调用该功能将商品保存在智能合约中。这里的商品可以是商品记录（比如商品编号），也可以是某些数字商品。

2）**交易功能**：代理人与买家进行交易。买家向智能合约发送约定数目的货币，智能合约保存交易记录作为交易凭证，并将商品交付给买家。

3）**提款功能**：卖家从代理人处得到买家支付的货币。卖家调用该功能，智能合约将货币发送给卖家。

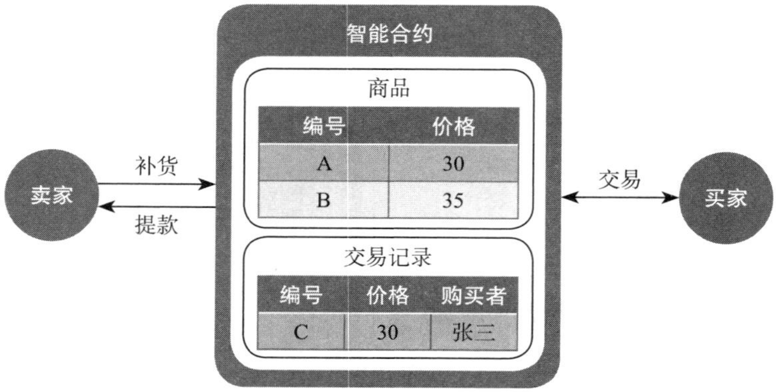

图 4-2 交易流程

因为智能合约的行为是由代码控制的，而且代码可以被网络中所有参与共识的节点所见，所以可以保证智能合约是值得信任的，并能够完全按照预设的规则工作，而我们只需要确保实现各种功能的代码逻辑是正确和完善的。比如交易功能需要判断买家是否支付了足够多的代币、提款功能需要判断调用者是否是卖家等。

交易功能包含了买方付款和商品交付的两个流程，智能合约的代码执行机制可以保证这两个流程要么全部完成，要么一个都没有完成。这就类似于上面例子中提到的代理人与买家之间"一手交钱一手交货"的当面交易。

因为智能合约以规定的方式在网络中每个节点独立地执行，所有执行记录和数据都被保存在区块链上，所以当这样的交易完成后，区块链上就保存了无法篡改的、不会丢失的交易凭证。

相比较传统合约，区块链智能合约在很多方面具有优势。

1）智能合约的条款是由代码确定的。由于代码逻辑的明确性，比起自然语言，更加不容易产生歧义。

2）智能合约存储和部署在区块链网络中，而网络中的节点相互独立，都拥有同一份副本，因此合约内容几乎不可能被篡改。同时区块链中也保存了合约的执行记录，可以作为永久的交易凭证。

3）合约的创建和执行都依赖于区块链协议，所以合约执行的强制力可以保证。

以太坊和智能合约本身只是一个工具，其具体实现的功能和特性由企业和开发者决定。理论上讲，任意计算复杂度的金融交互过程均可以由智能合约安全、自动地完成。除了金融方面的应用，以太坊平台还可以在如财产登记、投票、智能交通、物联网等任何需要信任、安全和性能兼顾的环境中进行部署和使用。第 6 章还会介绍具有竞拍、投票等功能的智能合约。

4.1.1　智能合约的操作

以太坊是一个基于区块链技术的去中心化应用平台，在这个平台上，用户可以十分方便地按需求实现自己的智能合约。

图 4-3 展示了创建和调用智能合约的流程[注]。要创建一个智能合约，需要经过编写智能合约、编译成字节码、部署到区块链等过程，调用智能合约则是发起一笔指向智能合约地址的交易，智能合约代码分布式地运行在网络中每个节点的以太坊虚拟机中。

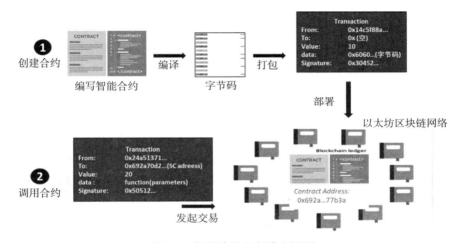

图 4-3　智能合约的创建和调用

图 4-4 展示了智能合约的编译过程，左边是使用 Solidity 语言编写的智能合约，右边是使用操作码表示的字节码。

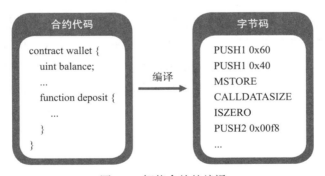

图 4-4　智能合约的编译

字节码由一连串的字节组成，每一字节表示一个操作。基于开发效率等多方面考虑，通常都不会直接书写以太坊虚拟机字节码，而是选择一门高级语言编写智能合约代码，再

　⊖　https://github.com/ethereum/wiki/wiki/Ethereum-Development-Tutorial。

编译成以太坊字节码部署到区块链上。以太坊支持的高级语言很多，比如语法与 JavaScript 相似的 Solidity 语言、与 Python 相似的 Serpent 语言、与 Lisp 相似的 LLL 语言等。其中 Solidity 是目前最稳定、使用最广泛的语言，4.2 节会对 Solidity 语言进行详细介绍。

当编译完成得到以太坊字节码之后，需要创建一个交易将合约部署到区块链上。交易的"data"字段保存的是以太坊字节码，"to"的地址为一个空的账户。当该交易被"矿工"打包加入区块链时，这个合约就创建完成了，区块链上将出现一个与该智能合约相对应的合约账户，并拥有一个特定的地址，而合约代码将保存在该合约账户中。

Solidity 还提供了一个集成开发环境（IDE）——Remix，我们不仅可以在这个环境中编写合约代码，还可以进行编译、测试等工作。值得强调的是，测试是非常重要的，将一个包含缺陷的智能合约部署到以太坊公有链上可能会造成灾难性后果。所以，在将智能合约部署到公有链上之前都要先在测试链上进行充分的测试。

调用一个智能合约时，只需要发起一个指向合约地址的交易，并将合约需要的参数作为"data"字段保存在交易中即可。为了方便合约的调用和参数的传递，以太坊拥有一套交互的标准。使用 Solidity 语言编写的智能合约在编译时都会自动生成一个 ABI⊖（程序二进制接口）。ABI 是一个固定格式的字符串，包含了合约中各函数的函数名、参数数目和类型、返回值数目和类型等信息。作为服务提供者，合约创建者需要向用户提供合约的 ABI 和合约地址，这样用户才能使用合约定义的功能。

有些合约的逻辑中还包含销毁功能，我们只需要像调用其他函数一样调用这个功能就可以销毁合约。当一个合约被销毁后，合约账户的存储和代码都将被清空。值得注意的是，这里的清空是指从当前状态清空合约账户并产生新的状态，并没有对过往的区块数据造成任何改变，所以在过往的区块数据中仍然存在这部分数据的记录。

在软件开发中有一个不得不提的过程，那就是软件升级，无论是进行 bug 修复，还是增加新的功能，都需要对软件进行升级。对于智能合约来说，部署在区块链上的代码是不可改变的，无法重新部署一个新的合约到相同的地址上，这就对智能合约的升级造成了一定的困难。但是我们仍然可以通过一些办法达到对智能合约进行升级的目的，比如可以部署一个拥有调用转发功能的智能合约，将收到的调用转发到另外一个包含逻辑功能的合约地址。当进行合约升级时，只需要部署一个新的合约并修改转发的目标地址，以指向新的合约。

第 5 章将会对智能合约的开发、调试及部署等进行更加详细的介绍。

4.1.2 存储方式

以太坊虚拟机的存储方式分为三类：栈（Stack）、账户存储（Storage）和内存（Memory）。

⊖ https://solidity.readthedocs.io/en/develop/abi-spec.html。

栈是一种常见的线性数据结构，支持两种操作：将一个元素放到栈的顶部和从栈的顶部取出一个元素，元素具有先进后出的性质。以太坊虚拟机是基于栈的虚拟机，这意味着虚拟机上的所有运算都运行在栈上。栈中每一个元素的长度是 256 位（bit）。栈是以太坊虚拟机的底层运行机制，当我们使用高级语言（比如 Solidity）编写智能合约代码时，并不需要直接对栈进行操作。

图 4-5 以 ADD 指令为例展示了栈是如何工作的。首先，ADD 指令从栈的顶部取出两个元素，即 5 和 10，然后计算得到它们的和为 15，再将结果放在栈的顶部。

除栈以外，以太坊虚拟机还有两块存储区域，称为账户存储和内存。我们可以将以太坊虚拟机的账户存储和内存类比成通常计算机的硬盘和内存。

账户存储是作为账户的一个属性保存在区块链上的，所以与硬盘一样都是持久化存储，并不会随着合约执行结束而被释放。从结构上看，如图 4-6 左图所示，账户存储是一个稀疏的散列表，键和值的长度都是 256 位，未被使用的键值对的值为 0，每一个非 0 的值表示一个已被占用的键值对。因为账户存储需要保存在区块链上，所以使用账户存储非常昂贵：将一个值从 0 赋值为非 0 需要消耗 20000 单位 Gas，修改一个非 0 的值需要消耗 5000 单位 Gas。将一个值从非 0 赋值为 0 可以回收 15000 单位 Gas。

内存是以太坊虚拟机在运行代码时临时分配的一块线性空间，会随着合约调用的结束自动释放。内存的结构如图 4-6 右图所示，字节是内存的基本存储单位。每当现有的区域用完时，内存空间都会以 32 字节为单位进行拓展，同时调用者也需要为这部分空间支付 Gas，大约每 32 字节需要消耗 3 单位 Gas。

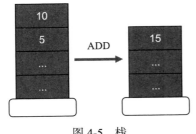

账户存储		内存
键	值	32
0	0	3
1	5	41
2	0	76
...	...	...
$2^{256}-1$	0	...

图 4-5 栈   图 4-6 账户存储和内存

智能合约代码在执行时可以使用任意数量的内存（只要拥有足够的 Gas），但是当执行结束后所有的内存都会被释放，下一次执行又会从一个空的内存状态开始。账户存储作为账户状态保存在区块链上，每次合约执行时都可以访问先前保存在账户存储中的数据。为了节约 Gas，通常在合约执行的中间过程使用内存，而将最终结果保存在账户存储中。在使用 Solidity 语言编写智能合约时，需要根据需求灵活选择变量的存储地点，这样可以减少合约执行所消耗的 Gas。

4.1.3 指令集和消息调用

以太坊虚拟机有一套专门设计的指令集，包括了大多数常用的算术运算、位运算、逻辑运算和比较运算，同时还支持条件跳转和无条件跳转。除了这些基础指令外，还有一些区块链特有的指令，比如用于合约访问区块号和区块时间戳的指令等。以太坊虚拟机的基础数据单元是 256 位，所有指令都以此为单位来传递数据。智能合约的编译过程即是将其他高级语言（比如 Solidity）编写的合约代码转换为指令集表示的字节码。

为了便于开发者编写功能更加丰富的智能合约，以太坊允许合约在执行过程中通过创建一条"消息"的方式来调用其他合约，称之为消息调用。图 4-7 展示了一个消息调用是如何发生的。

图 4-7　消息调用

首先，智能合约 A 创建一条消息发送给智能合约 B。消息的结构和交易很类似，都由发送者、接收者、数据区、以太币数目、Gas 等属性组成，但是消息调用属于交易执行的一部分（在指令层看，消息调用是一句 CALL 指令），并不会在区块链中产生一条新的交易记录。当智能合约 B 收到消息后，就访问消息的数据区以获取调用参数，执行合约代码，最后将结果返回给智能合约 A 并保存在智能合约 A 预先分配的一块内存空间中。

从图 4-7 中可以看出，两个合约 A 和 B 的内存和账户存储都是独立的。当发起消息调用时，虚拟机为 B 创建一块全新的内存区域以供 B 使用。账户存储则是与合约账户绑定的持久化存储，在合约 B 的代码执行过程中，可以对 B 的账户存储进行读写操作。

为了防止合约代码陷入恶性循环，以太坊使用 Gas 限制机制。当发起一个消息调用时，智能合约可以决定为这次调用分配多少 Gas。如果一个消息调用因为 Gas 耗尽而失败，那么最后只会消耗本次调用已经使用的部分。

除了消息调用之外，还有一种特殊的调用方式，叫做代理调用（delegate call）。它与消息调用的区别是它只从目标合约获取代码并执行，却不会改变当前的上下文环境，包括 msg.sender 和 msg.value、当前账户、存储、内存等，这使得智能合约可以在运行时动态地从其他地址加载代码。

这个调用方式让使用各种功能库变得方便，比如为了实现一个复杂的功能，可以加载实现了该功能的合约代码并直接对当前的存储进行修改。

4.1.4　日志

日志是以太坊虚拟机提供的一项功能。开发者可以在合约代码运行过程中记录各种事件产生的日志，这些日志可以帮助开发者调试代码，或者作为在区块链上发生交易的证据。

假设有一个智能合约会进行以太币转账，使用日志功能记录下这些转账的日志，就可以据此追踪这些以太币的流动。日志允许记录事件的细节，比如在这个例子中可以记录以太币是从哪个账户转账到哪个账户、这次转账涉及多少数量的以太币等。

在智能合约中不能访问日志，但是作为区块链外部观察者，我们可以十分方便地访问日志。为了节省空间，区块链并不会保存完整的日志文件，而只是在交易回执中保存日志的散列值校验。

一个完整的以太坊客户端（Full Node，全节点）在同步区块数据时会执行交易，同时记录下产生的日志。而对于一个轻量的以太坊客户端（Lite Node，轻节点）来说，也有一种高效的方式搜索日志——使用布隆过滤器（Bloom Filter）。布隆过滤器可以用于快速检索某一个元素是否可能在一个集合中。以太坊区块链的每一个区块中都有一个布隆过滤器，当搜索目标日志时，客户端可以首先利用过滤器来高效地判断某一个区块是否可能包含目标日志，如果判断可能包含则只需要重新执行一遍该区块中的所有交易就可以获取日志，否则直接跳过此区块。这样便节省了执行大量无关区块交易的时间，提高了查询效率。

4.2　Solidity 语言

Solidity[⊖]是一种用于编写智能合约的高级语言，语法类似于 JavaScript。在以太坊平台上，Solidity 编写的智能合约可以被编译成字节码在以太坊虚拟机上运行。使用 Solidity 语言编写智能合约避免了直接编写底层的以太坊虚拟机代码，提高了编码效率，同时该语言也具有更好的可读性。

4.2.1　结构

Solidity 中的合约与面向对象编程语言中的类（Class）很相似，在一个合约中可以声明多种成员，包括状态变量、函数、函数修改器、事件等。同时，一个合约可以继承另一个合约。本节将简单介绍各种成员的形式和作用。

状态变量是永久存储在合约账户存储中的值，用于保存合约的状态。Solidity 语言提供了多种类型的变量，下面的代码在合约中声明了一个无符号整数类型的状态变量。

⊖　http://solidity.readthedocs.io/en/v0.4.19/solidity-in-depth.html。

```
contract SimpleStorage {
    uint someData; // 状态变量
}
```

函数是合约代码的执行单位，一个合约中可能包含许许多多提供各种功能的函数，它们相互调用，共同组成合约的工作逻辑。合约中还有一些特殊的函数，比如合约创建时执行的构造函数、想要调用一个不存在的函数时自动执行的 fallback 函数等。下面的代码在合约中声明了一个不做任何操作的函数。

```
contract SimpleAction {
    function doNothing() { // 函数
    }
}
```

函数修改器可用于改变函数的行为，在函数执行前或执行后插入其他逻辑，比如在函数执行前进行参数检查等。下面的代码演示了如何使用一个函数修改器确保一个函数只能被合约的创建者调用。

```
contract SimpleContract {
    address public creater;
    function SimpleContract() {
        creater = msg.sender; // 构造函数中记录合约创建者
    }
    modifier onlyCreater () { // 函数修改器
        require(msg.sender == creater);
        _; // 使用下划线指代原函数代码
    }
    function abort() onlyCreater { // 使用函数修改器
    }
}
```

事件是以太坊日志协议的高层次抽象，用于记录合约执行过程中发生的各种事件和状态变化。在下面的代码中，当 donate 函数被调用时会自动记录调用者的地址和以太币数量，以供将来查看。

```
contract Funding {
    event Deposit(address _from, uint _amount); // 事件
    function donate() payable {
        Deposit(msg.sender, msg.value); // 触发事件
    }
}
```

4.2.2 变量类型

在计算机程序中需要使用变量来存储值。值有多种类型，比如整数、小数、字符串等，不同类型的值需要存储在不同类型的变量中。

Solidity 是一门静态类型语言，每一个变量都必须指定变量的类型，否则无法正确编译。

Solidity 提供了一些基础的变量类型，可以使用这些基础类型组合形成复杂的类型。变量类型根据参数传递方式的不同可以分为两类：值类型和引用类型。值类型在每次赋值或者作为参数传递时都会创建一份拷贝，引用类型则有两种存储地点，即账户存储和内存。状态变量与部分类型的局部变量（数组、结构体等复杂类型）是默认保存在账户存储中的，而函数的参数和其他简单类型的局部变量则保存在内存中。必要时还可以在声明变量时加上 memory 或者 storage 修饰词来强制限定变量的存储地点。数据的存储地点非常重要，引用类型在不同的存储位置赋值，其产生的结果完全不同。

值类型包括布尔类型、整数类型、地址类型、固定长度字节数组等，引用类型包括数组、结构体等。

1. 值类型

（1）布尔类型

布尔类型（bool）可能的取值是常量 true 和 false。支持 !（逻辑非）、&&（逻辑与）、||（逻辑或）、==（等于）、！＝（不等于）等运算符。

（2）整数类型

int 表示有符号整数，uint 表示无符号整数。变量支持通过后缀指明变量使用多少位进行存储，后缀必须是 8 ～ 256 范围内 8 的整数倍，比如 int8、int16、int256。如果没有显式指明后缀，int 默认表示 int256，uint 默认表示 uint256。

（3）枚举类型

枚举类型（enums）是一种用户自定义的类型，用于声明一些命名的常数。下面的代码演示了如何声明和使用枚举类型。枚举类型可以与整数类型之间显式地进行类型转换，但是不能自动进行隐式转换。枚举类型的成员默认从 0 开始，依次递增，在下面的例子中 DEFAULT、ONE、TWO 分别对应整数 0、1、2。

```
contract SimpleEnum {
    enum SomeEnum {DEFAULT, ONE, TWO}; // 声明一个枚举类型
}
```

（4）地址类型

地址类型（address）的长度为 20 字节（与以太坊账户地址长度一致），其是合约的基类，拥有一些成员方法和变量。从 Solidity 0.5.0 版本开始，合约不再继承自地址类型，但是开发者仍可以通过显式类型转换将合约转换为地址类型。

❑ <address>.balance：类型为 uint，表示账户的余额，单位是 wei。

❑ <address>.transfer(uint256 amount)：发送 amount 数量的以太币给 address 表示的账户，单位是 wei，失败会抛出异常。

❑ <address>.send(uint256 amount) returns (bool)：与 <address>.transfer 类似，同样是进行以太币的转账。两者的区别是如果执行失败，<address>.transfer 会抛出异常并且终止代码，<address>.send 则是返回 false，代码继续执行。

需要注意的是，以太币的转账会有失败的风险，为了确保以太币转账的安全，一定要检查 <address>.send 的返回值，或者使用 <address>.transfer。

❑ <address>.call(...) returns (bool)：发起底层的 CALL 指令，失败将返回 false。

❑ <address>.callcode(...) returns (bool)：发起底层的 CALLCODE 指令，失败将返回 false。

❑ <address>.delegatecall(...) returns (bool)：发起底层的 DELETECALL 指令，失败将返回 false。

以上三个函数提供了一个底层的、灵活的方式与合约进行交互，<address>.call(...) 可以接受任何长度、任何类型的参数，每个参数将被填充到 32 字节并拼接在一起。但有一种例外情况，当第一个参数的长度恰好是 4 字节时，该参数不会被打包成 32 字节，而是被作为指定函数的签名。在下面的代码中，第一个参数 bytes4(keccak256("fun(uint256)")) 为长度 4 字节的函数签名，表示调用一个函数签名为 fun(unit256) 的函数，4 则是实际传给 fun 函数的参数：

```
address nameReg = 0x72ba7d8e73fe8eb666ea66babc8116a41bfb10e2;
nameReg.call(bytes4(keccak256("fun(uint256)")), 4);
```

函数签名使用基本类型的典型格式定义，如果有多个参数要使用逗号隔开，并且要去掉表达式中的所有空格。

<address>.delegatecall 与 <address>.call 的区别是调用 delegatecall 时仅执行代码，而诸如账户存储、余额等其他方面都是用当前合约的数据，这是为了使用另一个合约中的库代码。为了代码能够顺利执行，调用者必须确保本合约中的存储变量与 delegatecall 执行的代码相兼容。

<address>.callcode 是早期使用的接口，比起 call 拥有更低的权限，无法访问 msg.sender、msg.value 等变量。

以上三个函数是非常底层的函数调用。在 5.2.3 节展示 Remix 调试功能时，将通过一些实例详细地介绍它们之间的区别。在实际情况中建议开发者还是尽量不要使用，因为它们破坏了 Solidity 语言的类型安全。

2. 引用类型

（1）数组

Solidity 中的数组包括固定长度的数组，以及运行时可动态改变长度的动态数组。对于账户存储中的数组，数组元素可以是任何类型，而内存中的数组，其数组元素不可以是映射。

一个包含固定 k 个 T 类型数据的数组可以用 T[k] 语句来声明，一个动态长度的数组用

T[] 来声明。

下面来了解数组的成员变量和函数。

1）length：数组可以通过访问 length 成员获取数组的长度。对于账户存储中的数组，可以通过修改数组的 length 成员动态地改变数组的长度，而内存中的数组在创建之后，其 length 成员就已经完全确定了，无法修改。

2）push：账户存储中的动态数组以及 bytes 类型的变量，可以通过调用 push 方法在数组尾部添加元素，返回值为数组新的长度。

3）bytes 和 string：一种特殊的数组。bytes 通常用于表示任意长度的字节数据，而 string 用于表示任意长度的字符数据（UTF-8 编码）。但是 string 不支持 length 成员和下标访问。两者之间可以互相转换，比如 bytes(s) 可以将字符串 s 转换成 bytes 类型。但是需要注意字符串中的字符是以 UTF-8 编码保存的，转换成 bytes 类型时会将多字节的字符展开，此时如果使用下标的方式访问 bytes，有可能只访问到一个字符的部分编码。如果想要访问一个字符串的长度，可以使用 bytes(s).length，但是要注意这样获取到的长度同样是以 UTF-8 编码计算的长度，而不是以单个字符计算的长度。

还有一点需要注意，因为 EVM 的限制，外部函数调用无法返回一个动态长度的数组，唯一的做法是将需要返回的内容放在一个足够长的定长数组中。

（2）结构体

Solidity 语言中的结构体（struct）与 C 语言中很相似，允许开发者根据需要自定义变量类型。

```
contract Funding {
    struct Donator { // 结构体
        address add;
        uint amount;
    }
}
```

上面的代码展示了如何声明一个结构体。

结构体可以作为映射或者数组中的元素，其本身也可以包含映射和数组等类型，但是不能将一个结构体用作其本身的成员，因为结构体嵌套自身会导致无限循环。

（3）映射

映射（Mapping）是一种键值对映射关系的存储结构，我们使用 mapping(KeyType => ValueType) 来声明一个映射，其中 KeyType 可以是除了映射、动态数组、合约、枚举类型、结构体以外的任何类型，ValueType 则可以是任意类型，包括映射本身。

映射可以看作一个散列表，其中所有可能存在的键都有一个默认值，默认值的二进制编码全为 0，所以映射并没有长度的概念。同时，映射并不存储键的数据，而仅仅存储它的

Keccak-256 散列值。

3. 类型转换

如果一个运算符作用于两个类型不同的变量，编译器会自动尝试将一个变量类型转换为另一个变量的类型，这是隐式类型转换。通常，在语义合理并且不会造成信息损失的情况下允许进行隐式类型转换，比如 uint8 转换为 uint16 或者 uint32，但是 int8 不能转换成 uint16，这是因为 uint16 不能表示负数。任何可以转换为 uint16 的变量都可以转换为 address 类型。

有时在编译器不能进行隐式类型转换的情况下可以强行进行类型转换，这叫作显式类型转换。但是请注意，进行显式类型转换前必须知道你在进行什么操作并且确定操作的结果是你想要的，否则会造成很多异常情况。

```
uint32 a = 0x12345678;
uint16 b = uint16(a);
```

以上代码将 uint32 类型转换为 uint16 类型，这导致了数值的高 16 位被截断。

4. 运算符

Solidity 语言中也包括算术运算符、比较运算符、位运算等，表 4-1 给出了运算符列表及其优先级。

表 4-1　运算符优先级

优先级	描述	运算符
1	后自增和后自减	++，--
	new 运算符	new <typename>
	数组下标	<array>[<index>]
	成员访问	<object>.<member>
	函数调用	<func>(<args...>)
	圆括号	(<statement>)
2	前自增与前自减	++，--
	一元加法和减法	+，-
	delete 运算符	delete
	逻辑非	!
	按位非	~
3	幂运算	**
4	乘法，除法和取模	*，/，%
5	加法和减法	+，-
6	移位	<<，>>
7	按位与	&
8	按位异或	^

（续）

优先级	描述	运算符
9	按位或	|
10	不等运算符	<, >, <=, >=
11	相等运算符	==, !=
12	逻辑与	&&
13	逻辑或	||
14	三目运算符	<conditional> ? <if-true> : <if-false>
15	赋值运算符	=, |=, ^=, &=, <<=, >>=, +=, -=, *=, /=, %=
16	逗号运算符	,

在以上运算符中，需要特别注意 delete 运算符。在其他编程语言中，delete 经常作为一种与 new 相反的内存管理操作，用于释放内存。但是在 Solidity 中，delete 仅仅是一项赋值运算，它用作给变量赋初始值。例如，delete a 与 a=0 是等效的；delete 用于数组表示将该数据变成一个长度为 0 的空数组；当作用于固定长度数组时，该数组将变为一个长度不变但每个元素都被赋值为默认值的数组；当作用于结构体时，delete 将递归作用于除映射外的所有成员；delete 对映射无效。下面的代码展示了 delete 对复杂类型变量的效果。

```
contract DeleteExample {
    function deleteArray() {
        uint[] memory a = new uint[](3);
        a[0] = 1; a[1] = 2; a[2] = 3;
        delete a[1]; // 数组将变为 [1, 0, 3]
        delete a; // a.length 将变为 0
    }
    struct S {
        uint a;
        string b;
        bytes c;
    };
    function deleteStruct() {
        S s = S(1, "hello", "world");
        delete s; // 删除 s 中的所有元素，a、b、c 分别被赋值为 0、空串、0x0
    }
}
```

5. 类型推断

Solidity 语言中，var 关键字和 C++ 语言中的 auto 关键字类似，用于类型推断。

```
uint24 x = 0x123;
var y = x;
```

var 声明的变量将会拥有第一个赋值变量的类型，比如上面一段代码中，y 的类型是

uint24。在使用中有时需要小心，比如 for(var i = 0; i < 2000; i++) { ... } 将是一个无限循环，因为根据类型推断 i 的类型为 uint8，所有 i 永远都不会满足跳出循环的条件（i>=2000）。

4.2.3　内置单位、全局变量和函数

Solidity 包含一些内置单位、全局变量和函数以供使用。

（1）货币单位

一个字面量的数字可以使用 wei、finney、szabo 和 ether 等后缀表示不同的额度，不加任何后缀则默认单位为 wei。比如"2 ether == 2000 finney"的结果是 true。

（2）时间单位

与货币单位相似，不同的时间单位可以以秒为基本单位进行转换，不同的单位定义如下：

❏ 1 == 1 seconds

❏ 1 minutes == 60 seconds

❏ 1 hours == 60 minutes

❏ 1 days == 24 hours

❏ 1 weeks == 7 days

❏ 1 years == 365 days

特别注意，如果想要使用这些单位进行时间计算必须特别小心，因为一年并不总是有 365 天；同时因为闰秒的存在，一天也并不总是 24 小时。因为闰秒的计算难以预测，因此为保证日历库的精确性，需要由外部供应商定期更新。

（3）区块和交易属性

有一些方法和变量可以用于获取区块和交易的属性。

❏ block.blockhash(uint blockNumber) returns (bytes32)：获取特定区块的散列值，只对不包括当前区块的 256 个最近的区块有效。

❏ block.coinbase：类型为 address，表示当前区块"矿工"的账号地址。

❏ block.difficulty：类型为 uint，表示当前区块的挖矿难度。

❏ block.gaslimit：类型为 uint，表示当前区块的 Gas 限制。

❏ block.number：类型为 uint，表示当前区块编号。

❏ block.timestamp：类型为 uint，以 UNIX 时间戳的形式表示当前区块的产生时间。

❏ msg.data：类型为 bytes，表示完整的调用数据。

❏ msg.gas：类型为 uint，表示剩余的 Gas。

❏ msg.sender：类型为 address，表示当前消息的发送者地址。

❏ msg.sig：类型为 bytes4，调用数据的前 4 字节，函数标识符。

❏ msg.value：类型为 uint，表示该消息转账的以太币数额，单位是 wei。

❏ now：类型为 uint，表示当前时间，是 block.timestamp 的别名。

❏ tx.gasprice：类型为 uint，表示当前交易的 Gas 价格。

❏ tx.origin：类型为 address，表示完整调用链的发起者。

（4）异常处理

下面列举了几个与异常处理相关的函数，4.2.8 节将会更详细地对异常处理进行介绍。

❏ assert(bool condition)：当条件不为真时抛出异常，用于处理内部的错误。

❏ require(bool condition)：当条件不为真时抛出异常，用于处理输入或者来自外部模块的错误。

❏ revert()：中断程序执行并且回退状态改变。

（5）数学和加密函数

❏ addmod(uint x, uint y, uint k) returns (uint)：计算 (x+y)%k，加法支持任意精度但不超过 2^{256}。

❏ mulmod(uint x, uint y, uint k) returns (uint)：计算 (x*y)%k，乘法支持任意精度但不超过 2^{256}。

❏ keccak256(...) returns (bytes32)：计算 Ethereum-SHA-3（Keccak-256）散列值。

❏ sha3(...) returns (bytes32)：keccak256() 方法的别名。

❏ sha256(...) returns (bytes32)：计算 SHA-256 散列值。

❏ ripemd160(...) returns (bytes20)：计算 RIPEMD-160 散列值。

❏ ecrecover(bytes32 hash, uint8 v, bytes32 r, bytes32 s) returns (address)：根据公钥，使用 ECDSA 算法对地址进行解密，返回解密后的地址，如果发生错误，则返回 0。

注意，在 keccak256()、sha3()、sha256()、ripemd160() 等加密算法中的参数都是紧密打包的。"紧密打包"的意思是参数不会自动进行补位，而仅仅是连接在一起。数字等字面量将自动使用足够表示的最小字节数来表示，比如 keccak256(0) == keccak256(uint8(0))。

（6）与合约相关的变量和函数

下面是几个与合约相关的全局变量和函数。

❏ this：指代当前的合约，可以转换为地址类型。

❏ selfdestruct(address recipient)：销毁当前合约，并且将全部的以太币余额转账到作为参数传入的地址。

❏ suicide(address recipient)：selfdestruct 函数的别名。

4.2.4　控制结构语句

Solidity 与 JavaScript 或者 C 语言有相似的流程控制语句，包括 if-else、while、do-while、for、break、continue、return、？:（三目运算符）。注意，Solidity 不支持 switch 和 goto。

条件语句的圆括号不可以省略，当主体部分只有单条语句时大括号是可以省略的。

在 Solidity 中，"if (1) {}"这样的语句是不合法的，因为 Solidity 不会像其他语言一样将非布尔类型的条件语句转换成布尔类型。

（1）选择结构

```
if ( 条件语句 ) {
    执行语句；
}
else if ( 条件语句 ) {
    执行语句；
}
else {
    执行语句；
}
```

当 if 后的条件语句结果为 true，则会执行相应的代码，否则将继续 else 后面的条件判断。其中 else if 与 else 都是可选的。

（2）循环结构

循环结构主要有两种形式，一种使用 while，另一种使用 for。

```
while ( 条件语句 ) {
    执行语句 ；
}
```

当条件语句结果为 true 时，执行大括号内的代码，执行结束后会再次判断条件语句，直到条件语句结果为 false 才结束循环。while 循环结构有一个变种，即 do-while。

```
do {
    执行语句；
} while ( 条件语句 )
```

do-while 与 while 的区别是前者会先执行一次大括号内的代码，再进行第一次的条件判断。

for 循环比 while 结构略微复杂：

```
for ( 初始化 ; 条件语句 ; 递增 ) {
    执行语句 ；
}
```

for 循环的工作流程：① 执行初始化代码；② 进行条件判断，为 true 则执行代码体，为 false 则退出循环；③ 执行递增语句，并跳转到第二步进行条件判断。

注意，for 后的圆括号内必须包含三条语句，即使是某一条语句为空。for 循环与 while 循环在大多数情况下都可以互相转换。

另外，break 和 continue 两个关键字也可进行循环流程的控制。将 break 语句放在代码体部分，会跳出当前循环，但是只能跳出一层循环，当作用于多层循环嵌套的情况下时需要多加注意。continue 语句则是提前结束本次的循环，提前进入下一次循环。

4.2.5　函数

在 Solidity 中，一个函数可以有多个参数，同时也可以有多个返回值，如果没有对返回值进行赋值，默认值为 0。

在下面代码中定义的函数接受两个参数（a 和 b），同时有两个返回值（sum 和 product）。我们可以给返回值赋值，或者使用 return 语句返回一个或多个返回值，注意 return 的返回值数目和类型必须与函数声明中相同。

```
contract SimpleContract {
    function calculate(uint a, uint b) returns (uint sum, uint product){
        sum = a + b;
        product = a * b;
        // 或者使用 return (a+b, a*b);
    }
}
```

函数调用分为两种情况，一种是调用同一合约中的函数，这种调用叫做内部调用；另外一种为调用其他合约实例的方法，这种调用称为外部调用。

在合约内部如 foo(a, b) 这样就可以发起一个内部调用，其中 foo 是函数名，a、b 是传递的参数。内部调用对应 EVM 指令集中的 JUMP 指令，所以是非常高效的，在此期间内存不会被回收。

函数的外部调用会创建一个消息发送给被调用的合约，如 this.a() 或者 foo.bar() 这样调用外部的合约函数，这里 foo 是一个合约的实例。对其他合约函数的调用必须是外部调用，外部调用会将函数调用的所有参数都保存到内存中。注意，在构造函数中不能通过 this 调用函数，因为此时合约实例还未创建完成。

在调用一个外部函数时，我们可以像下面代码这样通过 value 和 gas 指定转账的以太币和 Gas 的数量。对于 funding.donate.value(10).gas(800)()，其中 funding 是一个合约的实例，donate 是想要调用的函数，value 指定通过这个函数调用转账 10 单位 wei，gas 指定 Gas 数量，最后一个括号进行函数调用。funding.donate.value(10).gas(800) 仅仅设置了 value 和 gas，最后一个括号才是真正进行这个函数调用。donate 函数拥有 payable 修饰词，这样 donate 函数才可以设置 value。注意，Funding (addr) 进行了一个显式类型转换，表示我们知道这个地址对应的合约是 Funding，在这个过程中不会调用构造函数。

```
contract Funding {
    function donate() payable {}
}
contract Donator {
```

```
        Funding funding;
        function setFunding(address addr) { funding = Funding(addr); }
        function callDonate() { funding.danate.value(10).gas(800)(); }
    }
```

在以下几种情况下将会抛出异常：① 调用的合约不存在；② 被调用的不是一个合约账户，即该账户不包括代码；③ 被调用的函数抛出了异常；④ 调用过程中 Gas 耗尽。

当调用外部合约的时候需要特别小心，尤其是事先不知道其他合约的代码的情况下。调用外部的合约表示进行了控制权转交，如果调用的是一个恶意的智能合约将会导致安全风险。

对于普通的函数调用，参数的传入顺序必须与声明时一致。Solidity 提供了一种特殊的函数调用方式，叫做命名调用。

```
contract SimpleContract {
    function f(uint key, uint value) {
        // ...
    }
    function g() {
        f({value: 2, key: 3}); // 使用命名参数调用函数 f
    }
}
```

在上面的例子中，函数调用的参数使用花括号包裹起来，并且每一个参数都有一个名字。这样函数可以根据函数声明中的参数名字获取参数，而参数可以以任意顺序排列。

有时，我们并不希望某一些函数可以被外部其他合约调用，Solidity 提供了 4 种可见性修饰词用于修改函数和变量的可见性，分别为 external、public、internal、private。函数的默认属性为 public，状态变量的默认属性为 internal，并且不可设置为 external。下面具体介绍了 4 种可见性。

1）external：用于修饰函数，表示函数为一个外部函数，外部函数是合约接口的一部分，这意味着只能通过其他合约发送交易的方式调用外部函数。

2）public：用来修饰公开的函数 / 变量，表明该函数 / 变量既可以在合约外部访问，也可以在合约内部访问。

3）internal：内部函数 / 变量，表示只能在当前合约或者继承自当前合约的其他合约中访问。

4）private：私有函数和变量，只有当前合约内部才可以访问。

可见性只限制了其他合约的访问权限，但是因为所有区块链数据都是以公开透明的方式存储的，外部观察者可以看到所有的合约数据。

4.2.6　constant 函数和 fallback 函数

在声明一个函数时，可以像下面这样使用 constant 或者 view 关键字告诉编译器这个函数进行的是只读操作，不会造成其他状态变化。

```
contract SimpleContract {
    function f(uint a, uint b) view returns (uint) {
        return a * (b + 42) + now;
    }
}
```

造成状态变化的语句包括：修改变量的值、触发事件、创建其他合约、调用任何非 constant 函数等。

对于外部可见的状态变量，会自动生成一个对应的 constant 函数，称为访问函数，对于数组和映射这类变量，其访问函数接受表示下标值的参数。

```
contract Getter {
    struct Data {
        uint a;
        bytes3 b;
    }
    mapping (uint => mapping(bool => Data[])) public data;
}
```

以上代码会为 data 变量自动生成一个类似下面这样的访问函数。

```
function data(uint arg1,bool arg2,uint arg3) view returns (uint a, bytes3 b) {
    a = data[arg1][arg2][arg3].a;
    b = data[arg1][arg2][arg3].b;
}
```

在合约中，有一个默认隐式存在的函数叫做 fallback 函数。fallback 函数不能接受任何参数并且不能拥有返回值。

当一个合约收到无法匹配任何函数名的函数调用或者仅仅用于转账的交易时，fallback 函数将会被自动执行，默认的行为是抛出异常。我们可以使用 function () { ... } 这样的方式重写 fallback 函数。在 Solidity 0.4.0 以后的版本中，如果我们想让合约以简单的 Transfer 方式进行以太币转账，则需要像"function() payable { }"这样实现 fallback 函数，给函数加上 payable 修饰词。

```
contract Test {
    // 这个合约收到任何函数调用都会触发 fallback 函数（因为没有其他函数）
    // 向这个合约发送以太币会触发异常，因为 fallback 函数没有 payable 修饰词
    function() { x = 1; }
    uint x;
    }
```

```
contract Caller {
    function callTest(Test test) {
        test.call(0xabcdef01); // 对应的函数不存在
        // 触发 test 的 fallback 函数，导致 test.x 的值变为 1
        // 下面这句话不会通过编译
        // 即使某个交易向 test 发送了以太币，也会触发异常并且退回以太币
        //test.send(2 ether);
    }
}
```

当手动实现 fallback 函数时，需要特别注意 Gas 消耗，因为 fallback 函数只拥有非常少的 Gas（2300Gas）。比起 fallback 函数的 Gas 限制，一个触发了 fallback 函数的交易会消耗更多的 Gas，因为大约有 21000 或者更多的 Gas 会用于签名验证等过程。

在部署合约之前，必须充分测试 fallback 函数，确保 fallback 函数的执行消耗少于2300Gas。

4.2.7　函数修改器

Solidity 提供了一个函数修改器（Function Modifiers）的特性。

函数修改器与 Python 中的装饰器类似，可以在一定程度上改变函数的行为，比如可以在函数执行前自动检查参数是否合法。函数修改器可以被继承，也可以被派生类覆盖重写。

下面代码展示了如何声明并使用函数修改器。

```
contract owned {
    function owned() { owner = msg.sender; }
    address owner;

    // 这个合约定义了一个在派生合约中使用的函数修改器
    // "_;" 指代被修改函数的函数体
    // 在这个函数执行前，先检查 msg.sender 是否是合约创建者
    // 如果不是就会抛出异常
    modifier onlyOwner {
        require(msg.sender == owner);
        _;
    }
}
contract Contract is owned {
    // 从 owned 合约继承了 onlyOwner 函数修改器并且将其作用于 close 函数
    // 确保了这个函数只有在调用者为合约创建者时才会生效
    function close() onlyOwner { selfdestruct(owner); }
}
```

下面代码进一步展示了函数修改器是如何接收参数的，函数修改器的参数可以是上下文中存在的任意变量组成的表达式。

```
contract priced {
```

```
    // 函数修改器可以接收参数
    modifier costs(uint price) {
        if (msg.value >= price) { _; }
    }
}
contract Register is priced, owned {
    mapping (address => bool) registeredAddresses;
    uint price;
    function Register(uint initialPrice) { price = initialPrice; }
    // 这里需要 payable 修饰词，否则无法通过该方法转账以太币
    // 函数修改器 costs 接收参数 price
    // 使用 costs 修改器确保 registe 函数在 msg.val 大于 price 时才会生效
    function registe() payable costs(price) {
        registeredAddresses[msg.sender] = true;
    }
    function changePrice(uint _price) onlyOwner {
        price = _price;
    }
}
```

下面的例子展示了如何使用函数修改器实现一个重入锁机制。

```
contract Mutex {
    bool locked;
    modifier noReentrancy() {
        require(!locked);
        locked = true;
        _;
        locked = false;
    }
    // 这个函数使用了 noReentrancy 修改器，这保证了在 f 函数内部无法再次调用 f 函数
    // 在执行 return 7 时也执行了函数修改器中的 locked = false 语句
    function f() noReentrancy returns (uint) {
        require(msg.sender.call());
        return 7;
    }
}
```

4.2.8 异常处理

以太坊使用状态回退机制处理异常。如果发生了异常，当前消息调用和子消息调用产生的所有状态变化都将被撤销并且返回调用者一个报错信号。Solidity 语言提供了两个函数 assert 和 require 来检查条件，并且当条件不满足的时候抛出一个异常。assert 函数通常用于检查变量和内部错误，require 函数用于确保程序执行的必要条件是成立的。一个正常运行的程序不应该遇到 assert 和 require 失败，否则程序代码中一定存在需要修复的问题。

revert 函数和 throw 关键字会标识发生了错误，并且回退当前的消息调用产生的状态改变。

当前调用收到子消息调用产生的异常时会自动抛出，所以异常会一层层"上浮"直到最上层的根调用，代码会立刻终止执行并回退状态改变。但是 <address>.send、call 和 delegatecall 是例外，这些函数在执行过程中抛出异常时会返回 false，而不是自动抛出异常。

下面的例子展示了如何使用 assert 和 require 确保程序正确运行。

```
contract AssertExample {
    function sendHalf(address addr) payable returns (uint balance) {
        require(msg.value % 2 == 0); // 只允许偶数
        uint balanceBeforeTransfer = this.balance;
        addr.transfer(msg.value / 2);
        // 使用 assert 确保 transfer 转账成功，否则抛出异常
        assert(this.balance == balanceBeforeTransfer - msg.value / 2);
        return this.balance;
    }
}
```

一个 assert 类型的异常会在下述场景抛出。

1）访问数组越界，下标为负数或者超出长度。

2）访问固定长度的 bytesN 越界，下标为负数或者超出长度。

3）对 0 做除法或者对 0 取模，比如 5/0、5%0。

4）进行移位操作时给了一个负数值。

5）将一个过大的数或者负数转换到枚举类型。

6）调用 assert 函数并且参数值为 false。

一个 require 类型的异常会在下述场景抛出。

1）调用 throw。

2）调用 require 并且参数值为 false。

3）发起一个消息调用，但是这个调用没有正常完成，比如 Gas 耗尽、被调用函数不存在或者函数本身抛出一个异常（<address>.send、call 和 delegatecall 例外）。

4）使用 new 创建一个合约，但是与 3）中提到的原因一样构造函数没有正常完成。

5）调用外部函数时指向一个不包含代码的地址。

6）合约通过一个没有 payable 修辞词的函数接收以太币，包括构造函数和 fallback 函数。

7）合约通过一个公开的访问函数接收以太币。

8）<address>.transfer() 失败。

在 require 类型的异常发生时会执行回退操作（指令号 0xfd），对于一个 assert 类型的异常则执行一个无效操作（指令号 0xfe）。在这两种情况下，以太坊虚拟机都会撤销所有的状态改变。这样做是因为发生了意料之外的情况，交易无法安全执行下去，为了保证交易的原子性，最安全的操作就是撤销该交易对状态造成的影响。

在编写合约代码时，我们需要合理使用 assert 和 require 来保证代码能够按我们预期的设计进行。

4.2.9 事件和日志

事件使用了 EVM 内置日志功能，以太坊客户端可以使用 JavaScript 的回调函数监听事件。当事件触发时，会将事件及其参数存储到以太坊的日志中，并与合约账户绑定。以太坊的日志是与区块相关的，只要区块可以访问则日志会一直存在。日志无法在合约中访问，即使是创建该日志的合约。

为了方便查找日志，可以给事件建立索引。每个事件最多有 3 个参数可以使用 indexed 关键字来设置索引。设置索引后就可以根据参数查找日志，甚至可以根据特定的值来过滤。如果一个数组（包括 bytes 和 string）被设置为索引，则会使用相对应的 Keccak-256 散列值作为主题（topic）。所有未被索引的参数将作为日志的一部分存储起来。

以下代码创建了一个含有事件的合约。

```
contract Funding {
    event Deposit(
        address indexed _from,
        bytes32 indexed _id,
        uint _value
    );
    function deposit(bytes32 _id) payable {
        // 在 JavaScript API 中过滤 Deposit 事件
        // 每次该函数的调用都可以被监听到
        Deposit(msg.sender, _id, msg.value);
    }
}
```

除了使用 event 以外，还可以使用一些底层接口来记录日志，这些接口可以用 log0、log1、log2、log3 和 log4 这些函数来访问。log$i$ 可以接受 $i+1$ 个 bytes32 类型的参数，其中第一个参数用作日志的数据部分，其他参数作为 topic 保存下来。

上面的 event 代码与下面使用 log$i$ 接口的代码效果一致，其中 msg.value 是第一个参数，作为日志的数据部分（未被索引），其他三个参数都被索引了。第二个参数是一个十六进制数，表示这个事件的签名，由 keccak256("Deposit(address,hash256,uint256)") 计算得到，这是因为事件的签名本身就是一个默认的 topic。

```
log3(
    msg.value,
    0x50cb9fe53daa9737b786ab3646f04d0150dc50ef4e75f59509d83667ad5adb20,
    msg.sender,
```

```
    _id
);
```

下面的代码简单展示了如何使用以太坊客户端 JavaScript API 监听事件，下一章将会更加具体地介绍如何查看日志。

```
var abi = /* abi 由编译器生成 */;
var Funding = web3.eth.contract(abi);
var funding = Funding.at(0x123 /* 合约地址 */);
var event = funding.Deposit();
// 监听事件
event.watch(function(error, result){
    // result 包含各种信息，包括事件的多个参数
    if (!error) console.log(result);
});
// 也可以直接传一个回调函数给合约的事件，无须通过 event 的 watch 方法
var event = funding.Deposit(function(error, result) {
    if (!error) console.log(result);
});
```

4.2.10　智能合约的继承

Solidity 支持继承与多重继承，它的继承系统与 Python 很像，尤其是在多重继承方面。值得注意的是，当一个通过继承产生的合约被部署到区块链上时，实际上区块链上只创建了一个合约，所有基类合约的代码都会在子类合约中有一份拷贝。

下面的例子展示了如何进行合约的继承及其中可能存在的一些问题。

```
contract owned {
    function owned() { owner = msg.sender; }
    address owner;
}
contract mortal is owned {
    function kill() {
        if (msg.sender == owner) selfdestruct(owner);
    }
}
contract Base1 is mortal {
    function kill() { /* do cleanup 1 */ super.kill(); }
}
contract Base2 is mortal {
    function kill() { /* do cleanup 2 */ super.kill(); }
}
contract Final is Base2, Base1 {
}
```

使用 is 关键字进行合约的继承，is 关键字后面可以跟多个合约名，mortal 是 owned 的

派生合约，Base1 与 Base2 是 mortal 的派生合约，Final 是 Base2 和 Base1 的派生合约。

上面的代码中有一些细节需要注意。首先，Final 派生自两个合约（Base2 和 Base1），这两个合约名的顺序是有意义的，继承时会按照从左到右的顺序依次继承重写。其次，合约中的函数都是虚函数，这意味着除非指定类名，否则调用的都是最后派生的函数。第三，Base1 和 Base2 中都是用了 super 来指定继承序列上的上一级合约的 kill 函数，而不是使用 mortal.kill。

在上面这个例子中，Final 先继承 Base2，然后继承 Base1，此时 Base2 中的 kill 函数将会被 Base1 中的 kill 函数覆盖。从最后派生的合约（包括自身）开始，Final 的继承序列是 Final、Base1、Base2、mortal、owned。现在如果调用 Final 实例的 kill 函数，将会依次调用 Base1.kill()、Base2.kill()、mortal.kill()。但是如果将 Base1 和 Base2 中的 super.kill() 使用 mortal.kill() 替代，那么在执行 Base1.kill() 之后将会直接执行 mortal.kill()，Base2.kill() 将会被绕过。进行多重继承时需要特别仔细小心地验证执行路径是否与期望的一致。

派生合约的构造函数需要提供基类合约构造函数的所有参数，实现的方法有以下两种：第一种是直接在继承列表中指定（is Base(7)），这种方法在构造函数的参数为常量时比较方便，第二种是在定义派生类构造函数时提供（Base(_y * _y)），当基本合约的构造函数参数为变量时则必须使用第二种方式。在下面的例子中，当两种方式同时存在时，第二种方式生效而第一种将会被忽略。

```
contract Base {
    uint x;
    function Base(uint _x) { x = _x; }
}
contract Derived is Base(7) {
    function Derived(uint _y) Base(_y * _y) {
    }
}
```

Solidity 还允许使用抽象合约。抽象合约是指一个合约只有函数声明而没有函数的具体实现，即函数的声明使用"；"符号结束。只要合约中有一个函数没有具体的实现，即使合约中其他函数都已实现，这一抽象合约就不能被编译，但抽象合约仍可以作为基本合约被继承。

```
contract Feline {
    function utterance() returns (bytes32);
}
contract Cat is Feline {
    function utterance() returns (bytes32) { return "miaow"; }
}
```

4.3 本章小结

在以太坊平台上，智能合约是一段保存在区块链上的逻辑代码，运行在以太坊虚拟机中。使用智能合约，用户可以十分方便地在以太坊平台上创建去中心化应用。Solidity 是一门用于编写智能合约的高级语言，拥有非常多的用户，可以极大地提高智能合约的开发效率。本章首先为读者介绍了什么是智能合约，通过一个简单的场景讲述了智能合约的工作原理及其优势。此外，本章还为读者介绍了部分智能合约的底层工作机制，包括以太坊虚拟机、存储方式、指令集和消息调用等内容。最后，本章还介绍了 Solidity 语言的基础知识，以及怎样使用 Solidity 语言编写一个智能合约。

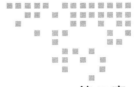

编写和部署智能合约

了解了以太坊基本知识后,这一章我们会介绍以太坊智能合约的基本结构,编程语言 Solidity 的基本知识,包括变量、函数、异常处理等方面,以及如何编写以太坊智能合约, 对其进行编译和部署。本章将涉及以下具体内容:

- ❏ 智能合约的开发环境和工具;
- ❏ 编译、部署和调用智能合约;
- ❏ 如何保证智能合约的安全可靠。

5.1 智能合约工具

首先,我们来回顾一下编写智能合约相关的流程。当开发者使用 Solidity 语言编写智能 合约时,智能合约实际上就是由 Solidity 代码编译后的程序,也就是说,智能合约的编译环 境就是 Solidity 的编译环境。而这段程序(智能合约)的执行环境就是 EVM。

在以太坊中,Solidity 编写的智能合约经过编译后会生成一串十六进制字节码,创建后 进行调用时,也需要将调用的函数(function)名称和参数转化成一串十六进制字节码写进 交易中。当用户通过发起 eth_sendTransaction 或者 eth_call 创建或者调用智能合约时,就要 在交易(Transaction)的 data 字段填入这个十六进制码。

创建智能合约时,EVM 会将这段字节码解析成相应的指令符序列,存储到一个新建的 智能合约地址下。当用户调用这个智能合约时,以太坊本身会根据交易里的 to 字段先获取 到这个智能合约的信息,EVM 先根据 data 字段里解析出的具体函数和参数生成具体的指令,再依次执行这些指令得到执行结果，这些操作会涉及对账户状态数据进行更改。

Solidity 编译器

以太坊官方社区提供了 Solidity 语言的编译开发工具 Solidity 项目（https://github.com/ethereum/solidity）。该项目是用 C++ 编写的，使用者可以根据自己的操作系统下载相应发布版的二进制可执行文件。如果想使用最新的版本，可以同步最新的代码自行编译生成可执行文件。

Solidity 项目还提供了一个命令行工具：Solc。Solc 不仅提供将 Solidity 编译成字节码的功能，也提供一些智能合约相关的信息，比如可以生成函数的签名（调用智能合约各个函数时的依据）、估算每个函数消耗的 Gas 等。下面我们展示一些常用的 Solc 使用方法。

Solc 命令行工具基本的使用模板：

```
solc [options] [input_file...]
```

其中 options 可以是各种参数，用于指定输出的文件的格式和输出路径等。Solc 最常使用的例子如下：

```
solc --bin -o /tmp/solcoutput contract.sol
```

其中，--bin 是指将 Solidity 智能合约编译成十六进制字节码。执行完以上命令后，会在 /tmp/solcoutput 目录下生成一个以代码中定义的合约名（非文件名）命名的 .bin 的文件，里面存着编译出来的字节码。除了 --bin，Solc 也支持其他各种相关格式的输出：

❑ --ast：所有源文件的抽象语法树。

❑ --ast-json：json 格式的抽象语法树。

❑ --ast-compact-json：压缩（去空格、空行）过后的 json 格式抽象语法树。

❑ --asm：EVM 的汇编语言。

❑ --asm-json：json 格式的 EVM 汇编语言。

❑ --opcodes：操作码（和 --asm 作用类似，区别在于 asm 会有一些对应到源文件的注释，而 opcodes 只有操作码）。

❑ --bin：十六进制字节码。

❑ --bin-runtime：运行时部分的十六进制码（没有构造函数部分）。

❑ --clone-bin：克隆合约的十六进制字节码。

❑ --abi：应用程序二进制接口规范。

❑ --hashes：各个函数的签名（十六进制名称，用于调用智能合约时识别指定的函数）。

❑ --userdoc：用户使用说明文档。

❑ --devdoc：开发者文档。

❑ --metadata：编译源文件的元数据（包括编译器版本、abi、userdoc、devdoc、设置、源文件 hash 等，以 json 格式组织在一起）。

例子里的 -o 是用来指定输出文件路径的。还有一些常用的选项：

❑ --optimize：编译字节码时进行优化。

❑ --optimize-runs n (=200)：在激活优化功能时，为了进行优化，试执行合约的次数

❑ --add-std：添加标准合约。

❑ --libraries libs：指定合约依赖的库。

❑ --overwrite：在指定目录里覆盖已有的输出文件。

❑ --pretty-json：当用户指定输出的格式为 json 时，以可读性更好的形式输出。

❑ --gas：执行编译时打印出各个函数估测消耗的 Gas 数量。

5.2　Solidity 集成开发工具 Remix

一个 Solidity 程序被编译器编译成十六进制字节码（EVM Code）后，下一步可以进行部署和测试。通常，先把智能合约部署到测试环境（测试链 https://testnet.etherscan.io/ 或者开发者自己搭建私有链）中进行测试，没有问题后才会发布到以太坊公有链。任何程序都有可能出现漏洞，未经测试的智能合约直接部署到以太坊公有链或者是其他生产环境的区块链上，后果都是严重的。

以太坊官方社区还开发了 Solidity 智能合约的集成开发环境（IDE）：Mix 和 Remix。不过 Mix 项目已经停止继续维护和开发。Remix（也叫 Browser-Solidity）是一个基于浏览器的 Solidity 编译器和集成开发环境，提供了交互式界面，以及编译、调用测试、发布等一系列功能，使用十分方便。

5.2.1　Remix 界面

以太坊官方不仅提供了 Remix 的开源代码，开发者可以同步代码到本地，搭建起自己的基于浏览器的 Solidity IDE，还提供了 Remix 的在线网站（http://remix.ethereum.org/）。开发者甚至都不需要自己安装，直接在浏览器里访问网站，就可以进行开发、编译、调试、测试等工作。图 5-1 就是目前 Remix 最新版本的界面。

界面左侧为文件列表；中间上方为智能合约代码编辑器，下方为命令行终端；界面右侧为调试工具栏。

（1）文件列表

文件列表中显示所有在 Remix 中打开的文件，列表上方的按钮从左至右依次为：添加新文件，添加本地 Solidity 源代码到 Remix 页面，将 Remix 中打开的文件发布到 Github，

将 Remix 中打开的文件传入另一个 Remix 页面，连接本地服务器。

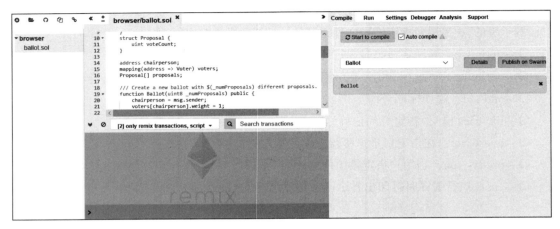

图 5-1　Remix 界面

（2）Solidity 编辑器

编辑器上方将所有打开的智能合约文件以标签的形式展示。编辑器左侧的边栏会在对应的行号旁边给出编译警告和错误提示。Remix 的编辑器还会自动保存当前状态的文件。左上角的加减号可以让用户调整字体大小。

（3）调试工具栏

调试工具栏上方选项卡从左至右依次为编译（Compile）、执行（Run）、编译设置（Settings）、调试工具（Debugger）、代码分析（Analysis）、讨论区（Support）。

1）在编译选项卡中可以勾选"自动编译"（Auto compile）或手动执行编译，同时包含编译警告或错误信息。

2）执行选项卡中可以部署编译好的智能合约代码或调用已部署的智能合约。

3）编译设置选项卡中可以选择 Solidity 编译器的版本和优化选项。

4）调试工具用于调试智能合约（之后将详细介绍）。

5）Remix 提供基于代码的静态分析，会对一些涉及安全性问题的代码片段进行提示，在"代码分析"中可以设置是否给出这些提示。

（4）命令行终端

Remix 的命令行工具集成了 JavaScript 的解释器。而且在 injected Web3 和 Web3 provider 两种环境下，还提供直接可用的 Web3 对象。环境设置可通过在调试工具栏依次选择 Run → Environment 命令进行）。用户可以在命令行工具里编写简单的 JavaScript 脚本。另外命令行终端还会显示出用户用来部署或调用智能合约的交易 Transaction 信息，如图 5-2 所示。

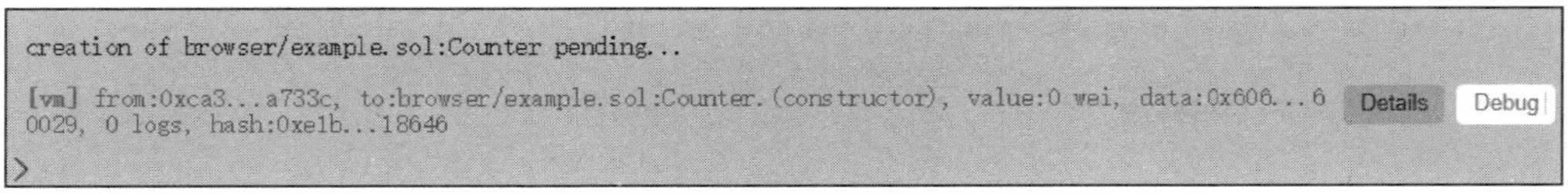

图 5-2　命令行终端里显示的 Transaction 信息

在 Transaction 区域的右侧，有两个按钮：Details（详情）和 Debug（调试）。点击 Details 按钮，将显示交易回执的详细信息，如图 5-3 所示。

图 5-3 中展示的回执信息中，不仅包含 from、to、gas、hash 等 Transaction 的基本信息，还包含 contract Address、decode output、logs 等与 Transaction 执行结果有关的字段。

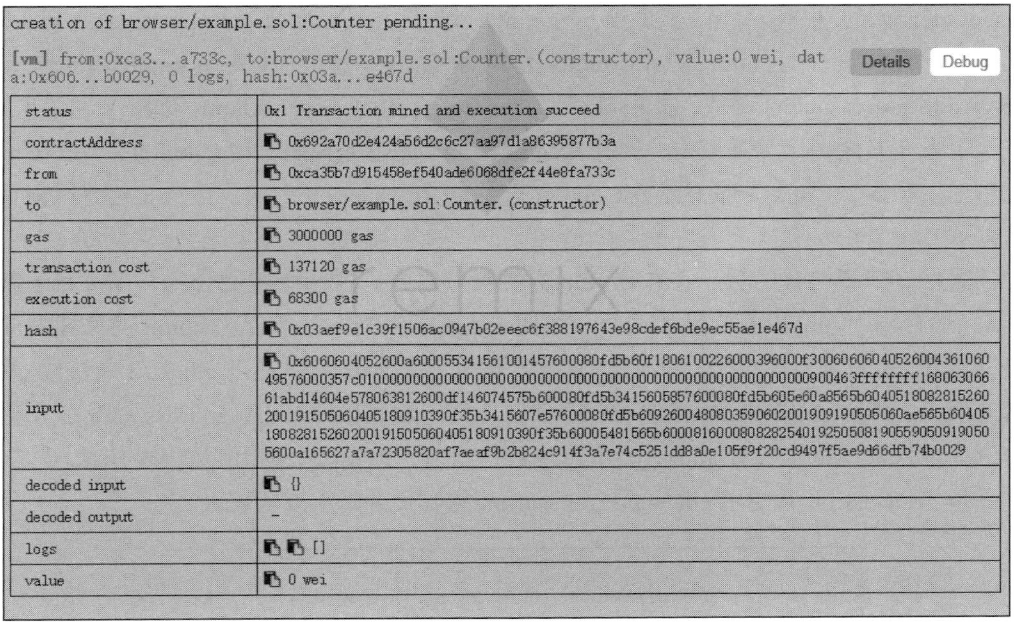

status	0x1 Transaction mined and execution succeed
contractAddress	0x692a70d2e424a56d2c6c27aa97d1a86395877b3a
from	0xca35b7d915458ef540ade6068dfe2f44e8fa733c
to	browser/example.sol:Counter.(constructor)
gas	3000000 gas
transaction cost	137120 gas
execution cost	68300 gas
hash	0x03aef9e1c39f1506ac0947b02eeec6f388197643e98cdef6bde9ec55ae1e467d
input	0x6060604052600a600055341561001457600080fd5b60f18061002260003960000f300606060405260043610604957600035 7c0100000000000000000000000000000000000000000000000000000000900463ffffffff16806306661abd14604e578063812600df146074575b600080fd5b3415605857600080fd5b605e60a8565b6040518082815260200191505060405180910390f35b3415607e57600080fd5b609260048080359060200190919050506 0ae565b6040518082815260200191505060405180910390f35b60005481565b600081600080828254019250508190555090509190505600a165627a7a72305820af7aeaf9b2b824c914f3a7e74c5251dd8a0e105f9f20cd9497f5ae9d66dfb74b0029
decoded input	{}
decoded output	-
logs	[]
value	0 wei

图 5-3　交易回执详细信息

点击 Debug 按钮，可以对这个 Transaction 的执行过程进行调试。下一节将介绍 Remix 基本的调试过程。

5.2.2　初探 Remix 调试

以上介绍了 Remix 界面上的基本元素，下面将展示如何用 Remix 进行调试。首先我们定义两个简单的智能合约 Counter 和 CallCounter，代码如下。

```
contract Counter
{
    uint public count = 10;
```

```
    function inc(uint num) public returns (uint)
    {
        return count += num;
    }
}

contract CallCounter
{
    uint public count = 20;
    function callByAddr(address addr) public returns (uint)
    {
        return Counter(addr).inc(2); // 通过 Counter 合约的地址进行调用
    }
}
```

Counter 合约中有一个公共变量 count，以及一个函数 inc(uint num)，可以将 count 变量的值叠加上 num。CallCounter 合约中也有一个公共变量 count，还有一个 callByAddr(address addr) 函数，其中调用了 Counter 合约的 inc(uint num) 函数。

接下来在右侧调试工具栏中，选择 Run 标签页，先选择智能合约 Counter，点击 Create 进行创建。图 5-2、图 5-3 即为部署 Counter 合约的 Transaction 的回执信息。接着以同样的方式部署 CallCounter。

部署好 2 个智能合约后，在右侧 Run 标签页可以找到这两个智能合约，以及每个智能合约对应的公共（public）变量和函数，如图 5-4 所示。其中，字样为 count 的按钮对应的是公共变量 count 默认对应的 constant 函数，点击后 Remix 可以通过 eth_call 来获取 count 变量的值。字样为 callByAddr 按钮对应合约的公共函数 callByAddr（address addr），可以在其右侧的输入框中指定参数 addr。点击该函数按钮后，Remix 根据对应的合约函数及参数，生成一条 Transaction 并使用 eth_sendTransaction 的方式来调用该函数。

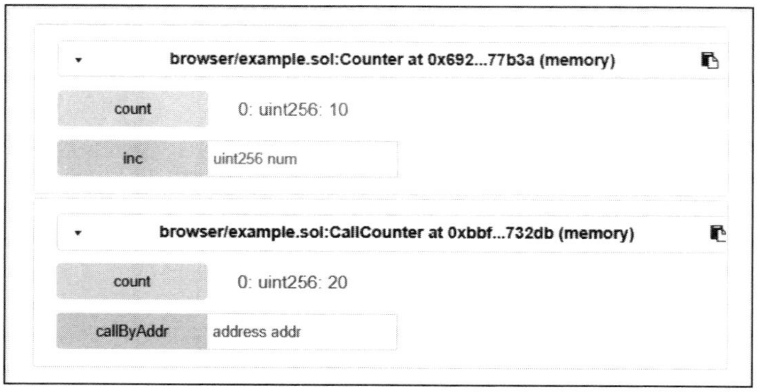

图 5-4　部署完成的 Counter 合约和 CallCounter 合约

接下来我们调用 CallCounter 的 callByAddr 函数。在 Run 选项卡下将 Counter 的地址（在图 5-3 中的 Transaction 回执信息里可以找到 contractAddress），填入 CallCounter 的

callByAddr 参数中，然后点击该函数。

在调用 callByAddr 函数的 Transaction 的回执详情中可以看到，callByAddr 的返回值为 12（即 Counter 的 inc 函数的返回值），如图 5-5 所示。点击 Details 旁边的 Debug 按钮，调试工具栏将切换到 Debugger 这一栏（见图 5-6），用户可以调试这一条 Transaction。

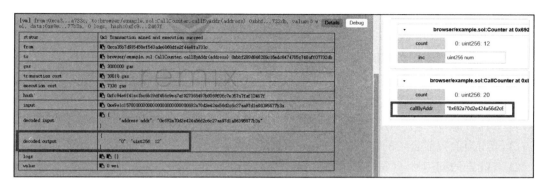

图 5-5　调用 CallCounter 合约的 callByAddr 函数

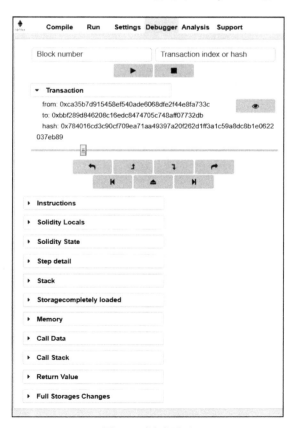

图 5-6　调试页面

在图 5-6 的调试页界面上，从上至下依次为：

❑ 交易信息（Transaction）；

❑ 交易调试进度条与调试按钮；

❑ 当前执行的智能合约的底层代码（Instructions）；

❑ 当前执行函数的局部变量信息（Solidity Locals）；

❑ 当前智能合约的全局变量信息（Solidity State）；

❑ 当前执行步骤的具体信息（Step detail）；

❑ 当前 EVM 的栈状态（Stack）；

❑ 当前智能合约的存储状态（Storagecompletely loaded）；

❑ 当前智能合约的内存状态（Memory）；

❑ 调用当前智能合约的传入数据（Call Data）；

❑ 智能合约调用栈（Call Stack）；

❑ 智能合约返回值（Return Value）；

❑ 智能合约存储修改（Full Storages Changes）。

5.2.3 使用 Remix 调试智能合约的多种调用方式

5.2.1 节的示例展示了用一个智能合约（CallCounter）调用另外一个智能合约（Counter）的函数。我们注意到，在调用结束后，被调用的 Counter 合约中的 count 变量值从初始的 10 变成了 12，如图 5-7 所示。

图 5-7　Counter 合约中的 count 值

在 CallCounter 中调用 Counter 的方式（Counter(addr).inc(2)）是一种"高层"（high-level）的调用方式。除了这种方式，4.2.2 节中还提到了 Solidity 中提供了三种"底层"（low-level）的调用其他智能合约的函数，分别是：address.call(...)、address.callcode(...)、address.delegatecall(...)，address 为被调用合约的地址。其中，callcode 和 delegatecall 行为相似，且以太坊官方建议不再使用 callcode。本节将展示几个简单的例子，使用 call 和 delegatecall 来调用 Counter 合约，利用 Remix 强大的调试功能，看看这些底层调用函数会带来什么样的结果。

1. address.call

下面这段示例合约使用了 call 函数进行智能合约的调用：

```
contract Caller_by_call
{
    uint count = 20;
    function callByAddr(address addr) public returns (bool)
    {
        bytes4 methodId = bytes4(keccak256("inc(uint256)"));
        return addr.call(methodId, 2);
    }
}
```

Caller_by_call 合约中也有一个公共变量 count。callByAddr 中引用了 address.call(..)。其中，参数 addr 是传入的 Counter 合约的地址。addr.call(..) 中使用了两个参数，第一个参数 methodId 是 4 字节长的变量（bytes4），因此识别为被调用函数（即 Counter 合约的 inc(uint256 num) 函数）的签名。如果第一个参数不是 bytes4 类型，则认为是匿名函数的第一个参数。第二个参数是被调用函数的参数（num）。

在重新部署一个 Counter 合约后，部署 Caller_by_call 合约，然后将 Counter 合约的地址当做 callByAddr 函数的参数进行调用。图 5-8 展示了调用 callByAddr 的 Transaction 详情，我们可以发现，函数的返回值是一个 bool 型的变量，这里 true 表示成功调用。

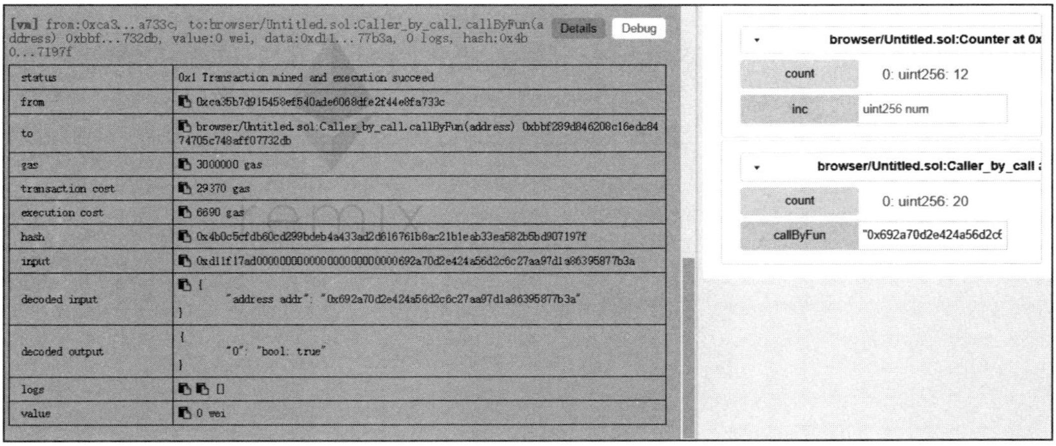

图 5-8　调用 Caller_by_call 合约中的 callByAddr 函数

点击 Debug，在调试页面查看底层指令代码（见图 5-9），可以找到和 call 直接相关的指令。

图 5-9　callByAddr 函数执行中的字节码片段

可以看到，此处调用了 EVM 底层指令 CALL。参考以太坊黄皮书[⊖]，CALL 的几个参数从栈顶向下依次为：

1. 调用的 Gas 限制；

2. 调用的智能合约地址；

3. 转账金额；

4. 调用传入数据在当前智能合约中内存的起始位置；

5. 调用传入数据的长度；

6. 调用返回值将被写入当前合约中内存的起始位置；

7. 调用返回值写入的最大长度。

CALL 指令的执行结果为 0 表示执行失败，1 表示执行成功。在 Solidity 中，会将这个执行结果作为对应的 address.call(..) 函数的返回值。

这里要注意区分 CALL 指令的执行结果和函数调用的返回值。从底层上看，CALL 指令的执行结果直接被压入"栈"中。而调用函数的返回值则是被存储在"内存"中，在需要的时候通过适当的类型系统解释后压入"栈"中使用的。

单步执行到 EVM 的 CALL 指令（即图 5-9 中的 CALL 指令）前，查看一下栈中的数据。图 5-10 中可以看到，虽然调用返回值的写入位置（3:0x60）与调用传入值的内存位置（5:0x60）相同，但返回值的最大写入长度被设置为 0（6:0x），因此通过底层的 call 来调用其他智能合约是不能获得返回值的。

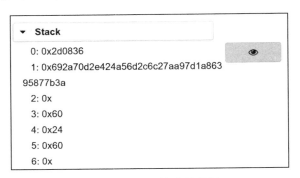

图 5-10　EVM 栈中的数据

之后，进行单步调试进入被调用的 Counter 合约中，查看 inc 函数执行后 count 的值。图 5-11 中可以看到在 CALL 指令执行时，Counter 中的 count 值的确修改了。因此，底层的 call 方法会调用对应智能合约的对应函数，并且可以修改被调用的智能合约的状态，但是无法获得被调用函数的返回值。

⊖　https://ethereum.github.io/yellowpaper/paper.pdf。

图 5-11　Counter 合约中的 count 变量

为了说明底层调用方式 call 和高层调用的差异，我们在刚才的 CallCounter 合约中，查看 CallCounter 合约在执行 CALL 指令之前的栈状态（见图 5-12），可以看到，在高层 call 中为返回值留下了 32 字节（0x20）的位置来写入（因为返回值是一个 256 位整数）。因此在高层调用执行后，调用方的智能合约可以获得被调用函数的返回值。

图 5-12　EVM 栈中的数据

2. address.delegatecall

接下来，我们使用 delegate 函数来调用智能合约。以下是一个通过 delegatecall 函数进行合约调用的示例：Caller_by_delegatecall 合约。在这个合约中也有一个公共变量 count。在公共函数 callByAddr(address addr) 中，首先根据 Counter 合约中 inc 函数的定义（inc(uint256)）生成 inc 函数的调用名 methodId，接着通过 addr.delegatecall(methodId, 2) 调用了地址为 addr 的合约（Counter 合约）的 inc 函数，参数值为 2。

```
contract Caller_by_delegatecall
{
    uint count = 20;
    function callByAddr(address addr) public returns (bool)
    {
        bytes4 methodId = bytes4(keccak256("inc(uint256)"));
        return addr.delegatecall(methodId, 2);
    }
}
```

按照调试 Caller_by_call 的方式，我们对 Caller_by_delegatecall 合约的 callByAddr 函数进行单步调试。在图 5-13 中可以看到，Solidity 中的 delegatecall 直接对应 EVM 中的

DELEGATECALL 指令。

图 5-13 字节码片段

类似的，如图 5-14 显示，执行该命令前的栈状态。

注意，DELEGATECALL 不需要转账金额这一项参数，根据黄皮书中的介绍，此时栈里对应的数值对应着 DELEGATECALL 指令的各个参数。分别为：

1. 调用的 Gas 限制；

2. 调用的智能合约地址；

3. 调用传入数据在当前智能合约中内存的起始位置；

4. 调用传入数据的长度；

5. 调用返回值将被写入的当前合约中的内存的起始位置；

6. 调用返回值写入的最大长度。

图 5-14 EVM 栈中的数据

DELEGATECALL 的执行结果为布尔值 1/0 表示是否执行成功。并且在 Solidity 中会将这个执行结果作为对应的 address.delegatecall(..) 函数的返回值。

接着继续执行直到结束，查看智能合约状态我们发现，被改变的不是 Counter 中的 count 值，而是调用方 Caller_by_delegatecall 中的 count 值，如图 5-15 所示，Caller_by_delegatecall 中的 count 值从 20 变成了 22。而当调用结束后，Counter 合约中的 count 值没有变化，依然是 10。也就是说，delegatecall 通过调用别的智能合约中的方法，修改自己的智能合约的状态。

图 5-15 Caller_by_delegatecall 中的 count 值

> **注意**　Caller_by_delegatecall 中即使没有 count 这一全局变量，也并不会造成此次调用执行失败。EVM 会根据 count 变量在 Counter 中的相对存储位置，在 Caller_by_delegatecall 合约状态对应的地址上，对原来数值作 int 型解释后执行加 2 操作。下面再使用 Remix 进行一次实验。

部署以下这个 Caller_by_delegatecall_without_count 智能合约，并调用这里的 callByAddr 函数进行测试。

```
contract Caller_by_delegatecall_without_count
{
    function callByAddr(address addr) public returns (bool)
    {
        bytes4 methodId = bytes4(keccak256("inc(uint256)"));
        return addr.delegatecall(methodId, 2);
    }
}
```

在调用结束之前查看这个合约的状态，发现出现了一个没有声明过的变量 count，如图 5-16 所示。

图 5-16　Caller_by_delegatecall_without_count 合约状态

调用结束后 Caller_by_delegatecall_without_count 的存储中也多出一个变量，如图 5-17 所示。

图 5-17　Caller_by_delegatecall_without_count 合约存储信息

注意，这个 count 变量并没有在智能合约的代码中声明过，虽然在 Remix 中调试的时候看上去像是"智能地新建"了一个名为 count 的变量，但实际上在以太坊区块链的智能合约状态中只是在一个未定义的位置存储了一个值为 0+2=2 的 uint 型数据而已，根本无法为智能合约所使用。

同理，如果 Caller_by_delegatecall_without_count 定义了另一个 uint 型变量 number，那么最后执行的效果是，变量 number 对应的数值被加上了 2。

因此，如果不得不使用 delegatecall 以达到类似于其他语言中调用"库函数"一样的功能，务必自行确认自己的智能合约中存储的状态符合被调用函数的要求，否则可能会带来意想不到的结果。

5.3　Truffle

Truffle（http://truffleframework.com/）是现在比较流行的 Solidity 智能合约开发框架，功能十分强大，可以帮助开发者迅速搭建起一个 DApp。

Truffle 具体的特性有：

1）内建智能合约编译、链接、部署和二进制包管理功能；

2）支持对智能合约的自动测试；

3）支持自动化部署、移植；

4）支持公有链和私有链，可以轻松部署到不同的网络中；

5）支持访问外部包，可以方便地基于 NPM 和 EthPM 引入其他智能合约的依赖；

6）可以使用 Truffle 命令行工具执行外部脚本。

下面大致讲解一些 Truffle 主要功能的使用。

5.3.1　Truffle 安装

Truffle 的安装十分方便。它是 JavaScript 编写的 Node.js 项目，使用包管理工具 NPM 即可安装。在安装之前，你只需要准备好 Node.js 环境，官方推荐在使用 5.0 以上版本的 Node.js。不过考虑读者可能会使用另外一个 Node.js 的包：Ganache（https://github.com/trufflesuite/ganache-cli）当做测试环境，而这个包需要 8.3.0 以上版本的 Node.js。因此，建议读者直接安装高版本的 Node.js。

安装好 Node.js 之后，Truffle 的安装只需执行：

```
npm install -g truffle
```

这样你就能在命令行工具中使用 Truffle 命令了，表 5-1 是 Truffle 的基本命令。

表 5-1　Truffle 命令行指令

init	初始化一个新的工程，默认包含简单的实例
compile	编译智能合约源文件
migrate	运行部署脚本
deploy	同上

（续）

build	基于配置文件，构建整个项目
test	执行测试
console	启动一个 truffle console，可以执行快速执行一些命令
create	帮助你创建新的合约、部署脚本、测试脚本
install	从 Ethereum Package Registry 上安装一个依赖包
publish	向 Ethereum Package Registry 发布一个包
networks	展示各个网络上部署的合约的地址
watch	查看是否有代码文件修改，如果有的话，重新构建整个项目
serve	启动一个本地服务器，展示该项目的代码目录和编译情况
exec	在 Truffle 环境中执行 JavaScript 脚本
unbox	获取一个 Truffle Box 项目
version	显示 Truffle 的版本信息

值得注意的是，当用户在 Windows 上运行 Truffle 时，如果在一个已有的 Truffle 项目目录下使用 truffle 命令时，可能执行失败。这是因为 Truffle 项目下会有一个配置文件 truffle.js，这个文件命名和 truffle 命名冲突。因此当用户在 Windows 命令行中键入 truffle 时，命令行工具会默认把 truffle.js 当成可执行文件去运行。这个命名冲突也很好解决，有以下几种方法。

❑ 使用 truffle 命令时带上命令脚本的文件扩展名 .cmd，例如：truffle.cmd init。

❑ 在 Windows 系统的环境变量中修改 PATHEXT 变量，将 ".JS" 从可执行扩展名中去掉，这样 truffle.js 就不会被当做可执行文件。

❑ 将当前目录中的 truffle.js 重命名，比如重命名成 truffle-config.js。

❑ 放弃 Windows 命令行工具，使用 Windows Powershell 或者 Bash 这样的 shell 工具，这样也不会有命名冲突的问题。

在开始使用 Truffle 新建一个项目之前，为了支持这个项目的测试或者部署，还要进行一步操作：安装一个 Ethereum 客户端。为了提升测试效率，目前 Truffle 官方推出了 Ganache 作为测试的客户端。Ganache 的前身是 testrpc，现在已经被整合到 Ganache 项目中。Ganache 是一个本地内存执行的轻量级客户端，有良好的交互界面（见图 5-18）。它能做到对 Transaction 的立即执行，因此使用者可以迅速地创建和调用自己编写的智能合约。

当用户基于 Ganache 进行充分的测试之后，可以通过一些官方或者非官方的客户端进行发布。比较常用的客户端有 Geth（go-Ethereum）、Parity、Cpp-ethereum 等。只要用户将这些客户端相关信息添加进配置文件，Truffle 可以方便地通过指定客户端进行测试。

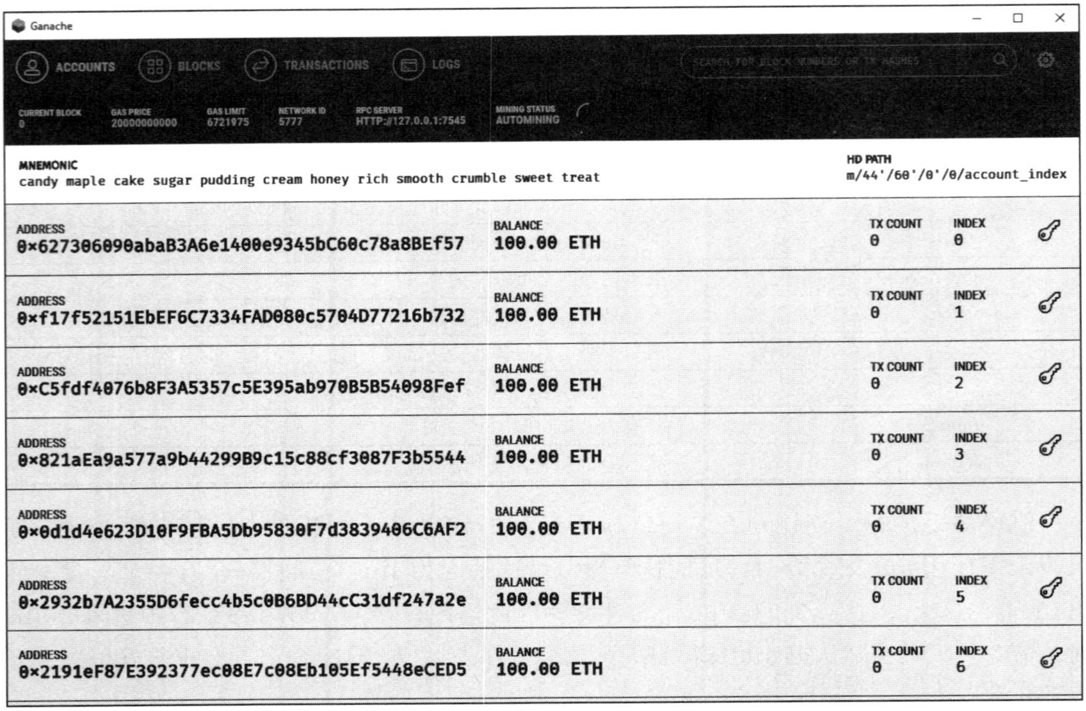

图 5-18　Ganche 客户端

5.3.2　创建

首先，新建一个文件夹作为项目工作空间，在这个目录中，执行以下命令：

```
truffle init
```

这样，在当前目录下，会生成几个子目录：

❏ contracts/：开发者编写的智能合约；

❏ migrations/：用来存放部署脚本；

❏ tests/：用来存放测试文件；

❏ truffle.js：Truffle 默认的配置文件。

这几个子目录构成了 Truffle 项目的基本结构。

在使用 truffle init 创建的项目中会默认包含一些智能合约的例子，目前有 MetaCoin、ConvertLib 以及 Migrations，而且包含部署和测试的 JavaScript 脚本。通过这些实例，开发者可以快速地学习使用 Truffle，也可以基于这些简单的例子，快速地搭建起自己的 Truffle 项目。

项目创建成功后，可以使用 create 命令生成合约文件、测试文件和部署文件：

```
truffle create <文件类型> <文件名称>
```

其中文件类型可以是 contract、test、migration，文件名要采用驼峰写法。

不仅如此，Truffle 还提供了其他一些比较复杂的模板和实例，既有官方发布的，也有社区贡献的，这些模板被称为 Truffle Boxes（可以在此网站浏览所有 Truffle Boxes：http://truffleframework.com/boxes/）。使用下面的命令即可获取指定的 Truffle Box：

```
truffle unbox <box 名称>
```

这些 Box 不仅仅是一些智能合约模板，它们还集成了一些 JavaScript 前端框架（例如 React、Angular 等），提供了一个 DApp 的可交互式界面，功能十分丰富。基于这些 Box，开发者可以构建出更为复杂，功能也更为强大的 DApp。

5.3.3 编译

之前讲到，Truffle 项目中有一个 contracts/ 目录用于存放开发者编写的智能合约文件（.sol），执行以下命令，Truffle 会自动将 contracts 目录下的 sol 文件进行编译：

```
truffle compile
```

编译之后生成的 Artifacts（实际上是智能合约对应的 ABI 信息）会被存放在项目目录下的 build 文件夹下。第一次编译如果没有 build 目录，Truffle 也会自动创建出这个文件夹。如果上次执行编译命令之后，某个智能合约源码并没有发生改变，那么再次调用编译命令，Truffle 并不会重新编译这个智能合约文件。

编译命令有两个可选的参数。

❑ --all：使用这个参数，Truffle 会强制编译所有智能合约文件，即使源文件并没有修改过。

❑ --network name：指定使用的网络。需要在配置文件中先声明这个网络的名称。

5.3.4 部署

之前提到 migrations/ 文件夹存放了 Truffle 的部署文件。migration 原意为移植，实际上就是指将开发者编写的智能合约部署到 Ethereum 网络中。Truffle 项目中的部署文件是用 JavaScript 编写的脚本，支持智能合约之间的依赖关系。另外，Truffle 还支持一个名叫 Migration 的特性：Truffle 项目会默认包含一个名叫 Migrations 的智能合约，这个合约可以将用户执行部署的历史记录下来。

通过执行以下命令，就可以实现合约的部署。

```
truffle migrate
```

当用户执行此命令时，Truffle 会自动检查有没有需要重新编译的智能合约文件。

migrate 命令还有一些可选参数。

❑ --compile-all：在部署之前强制重新编译所有智能合约源码。

❑ --network name：指定使用的网络名称。

❑ --verbose-rpc：显示出 Truffle 和 RPC 客户端之间的通信日志。

❑ --reset：从最开始依次执行所有 migration。

❑ -f number：从指定的 migration 开始执行。

这里的 number 是指各个部署脚本的数字前缀。

Truffle 的部署文件结构也很简洁，下面是一个简单的例子：

```
// 文件名 :4_example_migration.js
var MyContract = artifacts.require("MyContract");

module.exports = function(deployer) {
    // deployment steps
    deployer.deploy(MyContract);
};
```

在这个例子中，部署文件名前缀是一个数字，这个数字是用来记录是否部署成功的，而且 Truffle 默认按照部署文件数字前缀，从小到大地顺序执行各个部署文件。因此这个数字前缀是必须要加的。第一行中，通过 artifacts.require() 来获取需要部署的智能合约对象。注意，括号中的参数是智能合约的定义名称，而非 .sol 文件的文件名。

例如在一个 sol 文件中，我们定义了两个智能合约：

```
// 文件名为 ./contracts/Demo.sol

contract ContractA {
    // ...}

contract ContractB {
    // ...}
```

如果要部署其中的 ContractB，那么需要这样获取这个智能合约对象：

```
var MyContract = artifacts.require("ContractB");
```

获取到对象之后，需要定义 module.exports 函数的具体实现。这个函数接受 deployer 作为第一个参数。通过 deployer.deploy(MyContract) 就可以将这个智能合约进行部署。

module.exports 还可以接受 network、accounts 作为传入参数。network 参数是执行 truffle migrate --network name 时指定的。Truffle 部署智能合约时，需要根据指定的 network 参数连接一个 Ethereum 客户端。accounts 参数是 Truffle 通过当前连接的客户端上的 web3. eth.getAccounts() 命令获取的，是一个地址的列表。以下是使用这几个参数的例子：

```
module.exports = function(deployer, network, accounts) {
    if (network == "live") {
        // 在 "live" 网络部署时执行
        ...
        // 将客户端上第一个账户地址作为智能合约的初始化参数
        deployer.deploy(MyContract, accounts[0]);
    } else if (network == "development") {
        // 在 "development" 网络部署时执行
        ...
        deployer.deploy(MyContract, accounts[0]);
    }
}
```

上面这个例子还展现了 deployer.deploy() 可以接受更多的参数作为智能合约的构造参数，例如：

```
deployer.deploy(Contract A, arg1, arg2, ...);
```

实际上 deployer 还支持更复杂的智能合约依赖关系。如果两个智能合约 ContractA、ContractB，它们的部署没有依赖关系，那么可以这么定义：

```
// 在实施部署 ContractB 之前实施部署 ContractA
deployer.deploy(ContractA);
deployer.deploy(ContractB);
```

也可以像这样：

```
deployer.deploy([
    [Contract A, arg1, arg2, ...],
    Contract B,
    [Contract C, arg1]
]);
```

如果 ContractB 的部署，需要等 ContractA 部署成功后再进行，那么可以将 ContractB 的部署命令作为 ContractA 部署命令的回调函数：

```
// 在 ContractA 部署成功后部署 ContractB，并将 ContractA 的地址作为 ContractB 的初始参数
deployer.deploy(ContractA).then(function() {
    return deployer.deploy(ContractB, ContractA.address);
});
```

如果智能合约之间有引用依赖关系，就需要通过 deployer.link 函数建立链接关系。

```
deployer.link(Library, Destinations);
```

下面这个例子展示了 ContractB 在代码中引用了 ContractA：

```
contract ContractA {
    // ...
```

```
function Multiply(uint a, uint b){
    return a*b;
}
}

contract ContractB {
    // ...
    function Do(uint number){
        return ContractA.Multiply(number, 5);
    }
}
```

那么在部署的时候需要先部署 ContractA，再通过 deployer.link 函数建立链接关系，最后执行部署 ContractB。

```
deployer.deploy(ContractA);
deployer.link(ContractA, ContractB);
deployer.deploy(ContractB);
```

如果有多个智能合约引用了 ContractA，还可以这样定义：

```
deployer.link(ContractA, [ContractB, ContractC, ContractD]);
```

5.3.5　测试

Truffle 支持两种类型的测试脚本：一种是 JavaScript 脚本，另一种是 Solidity 脚本。这两者针对的场景有所区别。

JavaScript 的测试脚本，一般是在应用层对智能合约和 DApp 进行测试，检测智能合约和外部交互的功能逻辑是否正确。Truffle 对 JavaScript 脚本自动化测试的支持是基于 Mocha（https://mochajs.org/）测试框架实现的，并基于 Chai（http://chaijs.com/）进行断言判断。Solidity 测试脚本对智能合约的测试，更像是裸机测试，通过测试合约脚本对项目中智能合约直接进行调用，测试项目本身是否存在漏洞。使用 truffle init 生成的示例项目中 test 目录下有两个示例：metacoin.js 和 TestMetacoin.sol，有 JavaScript 和 Solidity 开发基础的读者可以很轻松地理解这两个测试文件。关于如何编写这两种测试文件，本书不多做介绍。

使用 Truffle 命令行工具进行测试十分简单：

```
truffle test
```

这个命令默认读取当前目录下 ./test 文件夹里的所有测试脚本，根据这个文件夹里的 .js、.es、.es6、.jsx 和 .sol 文件执行各个测试脚本。Truffle 也可以根据开发者需要，执行某个特定的测试脚本：

```
truffle test <path>
```

5.3.6 配置文件

上文提到了 Truffle 的项目中的配置文件是一个 .js 文件。一个默认的 Truffle 项目配置文件内容为:

```
module.exports = {
    networks: {
        development: {
            host: "localhost",
            port: 8545,
            network_id: "*" // Match any network id
        }
    }
};
```

在这个默认配置文件里面,只定义了一个 networks 配置项的参数,用来指定执行部署时的网络信息。我们可以在 networks 里定义多个网络,这个默认文件中只给出了development 这个网络的配置参数,所以只能将合约部署到 localhost:8545 对应的区块链网络上。

Truffle 配置文件的格式如下。

```
module.exports = {
...  // json 格式的配置参数
}
```

下面我们解释一下 Truffle 支持的几个比较常用的配置参数。

(1) networks

如上文所述,networks 是 Truffle 执行部署时用来指定目标网络参数的配置项,在执行部署时,使用以下命令。

```
$ truffle migrate --network keyword
```

其中,keyword 代表 networks 中具体哪个网络。

以下是 networks 的具体配置方式:

```
networks: {
    keyword: {
        host: "localhost",       // 必填, 这个网络中某个客户端的 host
        port: 8545,              // 必填, 客户端的端口
        network_id: "*",         // 必填, 以太坊网络 Id, "*" 表示任意
        gas: 5000000 ,           // 选填, 部署的 tx 所消耗的 Gas 的上限, 默认 417388
        gasPrice: ...            // 选填, 部署的 Gas 价格, 默认 10^11
        from: ...                // 选填, 部署的 tx 的发起者。
        provider: ...            // 选填, 部署所需的 Web3 连接器。默认是根据
                                 // 用户指定 host 和 port 生成的 HttpProvider: new
```

```
                                    // Web3.providers.HttpProvider("http:// <host>:<port>")
        }
    }
```

这些参数中，需要注意的是 provider。如果指定了 provider，那么指定的 host 和 port 将不再生效。

（2）contracts_build_directory

此参数是用来配置编译结果的输出目录的，默认是在项目目录下的 "./build/contracts"。配置方式如下：

```
module.exports = {
    contracts_build_directory: "./output",
    networks: {
        ...
    }
};
```

（3）solc

此参数是用来配置 Truffle 使用的 Solc 编译器的优化参数。配置方式实例如下：

```
solc: {
    optimizer: {
        enabled: true,          // 使用 Solc 在编译过程中进行优化
        runs: 200               // 在激活优化功能时，编译器尝试执行的次数
    }
}
```

在上文对 Solidity 编译器的配置参数介绍中，也提到过这两个参数。

（4）build

使用 Truffle 开发一个 DApp 时，如果这个 DApp 项目中不仅是一些 Solidity 代码，还包括一些前端代码。那么在构建整个 DApp 项目时，除了编译这些智能合约，还要构建前端交互的工具。Truffle 支持使用外部脚本进行 build，只需要在配置文件中声明相关的执行命令。

```
module.exports = {
    build: "webpack"
}
```

5.4 如何保证智能合约的安全可靠

Solidity 作为一种图灵完备的高级语言，可以支持逻辑比较复杂的智能合约的编写。一般情况下，Solidity 开发者可以根据自己的意愿和预期开发一个智能合约项目。同时，我们

也不能保证，没有黑客的攻击行为的存在。因此，安全性的保证在 Solidity 开发中极为重要。一方面，由于我们将使用智能合约来持有"代币"（Token），甚至是一些更有价值的东西。另一方面，所有智能合约都被公开地执行，多数情况下这些智能合约的源代码也很容易获得，代码中隐藏的 Bug 和漏洞也更容易被恶意攻击者发现。

通常我们需要考虑这其中的利益因素。我们可以把区块链上的智能合约应用比作一个开放的 Web Service，任何人（包括恶意攻击者）都可以查看这些开放的（甚至是开源的）Web Service。如果你只在这个 Web Service 上维护一些不"值钱"的信息，那么你可能不需要过多地担心安全性问题。但如果你在其中管理一家银行的账户信息，那么你就不得不更加关注安全性的问题。

这一节将介绍一些安全上的陷阱和建议。这些安全陷阱大部分是 Solidity 官网重点强调的，开发者一定要重点关注。同时，安全不是一个绝对的概念，开发者也要注意，即使你的智能合约代码没有任何 Bug，编译器和运行平台本身也可能有 Bug。给出一个包含了较为普遍的编译器缺陷列表，详见 http://solidity.readthedocs.io/en/develop/bugs.html#known-bugs。

5.4.1　常见的安全陷阱

1. 私有状态

在 Solidity 编写的智能合约中，可以通过 private 定义私有变量，或者私有函数。但是开发者要意识到，区块链上智能合约的所有信息都是公开可见的，即使是这些被 private 标记的私有变量[⊖]。这是因为每个全节点都可以拿到智能合约创建和调用的字节码，它们都会将智能合约执行后的状态保存在本地以供验证，而所有的变量都可以通过 eth_getStorageAt() 这样的 API 探测到。

2. 随机

在智能合约中使用随机数是一件十分微妙的事情。因为所谓的随机是由创建当前区块的"矿机"决定的，"矿机"虽然不能篡改执行结果，但是它可以反复执行这个方法，直到产生一个它想要的结果。因此基于安全性考虑，尽可能避免使用随机数。但是，我们也不能武断地下定结论说区块链中不存在可信产生随机数的方法，有一些专门提供基于区块链的随机数发生器的项目，例如 RANDAO（http://randao.org/），但是这些项目机制很复杂，在此不做讨论。

3. 重入

在计算机程序中，重入（Re-Entrancy）是指一段程序在执行过程中被打断，并且在上

⊖　事实上，private 变量仅仅是不能被其他智能合约在执行时"直接"访问到而已。

一次调用还未完全结束之前再次被重新调用的现象。

任何从合约 A 到合约 B 的转账过程中，将控制权移交给合约 B 的行为都有可能造成合约 B 在转账完成之前再次调用合约 A。例如，以下代码片段包含一个 Bug：

```
// 以下代码包含 Bug，请勿使用
contract Fund {
    /// Mapping of ether shares of the contract.
    mapping(address => uint) shares;
    /// Withdraw your share.
    function withdraw() {
        if (this.balance < shares[msg.sender]){ throw; }
        if (msg.sender.call.value(shares[msg.sender])())
            shares[msg.sender] = 0;
    }
}
```

这是一个名为 Fund 的智能合约，这里只展示了一部分代码，并非整个智能合约代码。这段智能合约中，有一个 mapping 类型的变量 shares，和一个 withdraw 函数。shares 中记录着每个用户在 Fund 中拥有的"股权"，假定一份 Fund 的股权等价于一个以太币。当用户想将自己在 Fund 中的"股权"换回以太币时，可以通过调用 withdraw() 函数进行撤回操作。

在这个代码片段中的 withdraw() 函数里，Fund 先将以太币返还给用户，再将 shares 里记录的相应"股权"清零。当一个普通的用户账户调用 withdraw() 函数时，withdraw() 函数中的逻辑没有问题，用户可以顺利地执行退款。但是当另外一个智能合约来调用 Fund 的 withdraw() 函数时，会有严重的隐患存在。

由于 Gas 的限制，我们不需要担心死循环的问题。但是以太币转账总是会触发代码的执行，如果接收方是一个智能合约，即 msg.sender 是一个智能合约时，那么它将能够在接收过程中再次调用 withdraw() 函数。具体的做法是，接收方智能合约自己定义一个匿名函数，在这个匿名函数中再次调用 withdraw() 函数。由于在执行 msg.sender.call.. 时，接收方合约（msg.sender）的匿名函数是会自动执行的，这会导致接收方合约的匿名函数和 Fund 合约的匿名函数之间循环调用。从而使得 Fund 合约一直执行不到 shares[msg.sender]=0 这部分，而重复地执行 msg.sender.call.value(shares[msg.sender])()。这样一直执行下去，Fund 被重复提款，要么调用栈（callstack）达到最大深度，要么 Fund 合约中所剩的余额不够，才会使得程序的执行被终止。

为了避免重入问题，你可以像以下代码一样进行检测：

```
pragma solidity ^0.4.11;

contract Fund {
    /// Mapping of ether shares of the contract.0
    mapping(address => uint) shares;
```

```
    /// Withdraw your share.
    function withdraw() {
        var share = shares[msg.sender];
            if (this.balance < share ) { throw; }
        shares[msg.sender] = 0;
        msg.sender.transfer(share);
    }
}
```

上面这一段代码中，withdraw() 函数的逻辑发生了变化：先将用户的"股权"清零，再将对应的以太币返还给用户。这样，就避免了攻击者通过另一个智能合约递归调用 withdraw() 函数来窃取以太币的可能。

注意，不仅是以太币转账会带来重入问题，其他任何对其他合约的访问都会有一样的问题。此外，在使用多重组合的合约时，被调用的合约也可能修改调用合约所依赖的另一个合约的状态。

4. Gas 限制和循环

在以太坊智能合约中，每一步操作是要求用户以 Gas 的形式付出相应的代价。对于非固定次数的循环（例如依赖于一个存储的值）的使用，一定要格外注意。

由于每个区块的 Gas 限制（Gas Limit），Transaction 最多能消耗的 Gas 是有限的。固定次数的循环可以准确地计算出消耗的 Gas，从而可以避免执行智能合约消耗的 Gas 超出限制。而非固定次数的循环存在这样的隐患：当循环次数太多时，消耗的 Gas 超过了 Transaction 的 Gas 限制，导致整个智能合约的执行在某个确定点（Gas 消耗超过上限的位置）终止，这将会阻止一个函数无限地执行下去，防止攻击者对矿机进行攻击。

因此智能合约的设计者必须考虑到这一点，可以通过限制最大循环次数方式，来避免发生对智能合约的某次调用不能在 Gas 限制之内执行完毕的情况。

5. tx.origin 和 msg.sender

Solidity 提供了两个方法可以获取调用者身份：tx.origin 和 msg.sender。不过这两者还是有明显区别的。tx.origin 是用来获取发起 Transaction 的账户地址的，而 msg.sender 只能获取上一级调用者的地址。举个例子，有一个智能合约 A 调用了智能合约 B，有一个用户 P 给智能合约 A 发 Transaction，通过 A 调用了 B。那么，对于智能合约 A 来说，msg.sender 和 tx.origin 都是 P 的地址。而对于智能合约 B 来说，msg.sender 是 A 的地址，tx.origin 是 P 的地址。

按照 Solidity 官方的建议，不推荐使用 tx.origin 进行权限控制。让我们来看这样一个钱包合约的例子再来分析原因。

```
// 以下代码包含 Bug，请勿使用
contract TxUserWallet {
```

```
    address owner;

    function TxUserWallet() {
        owner = msg.sender;
    }

    function transferTo(address dest, uint amount) {
        require(tx.origin == owner);
        dest.transfer(amount);
    }
}
```

TxUserWallet 的 transferTo() 函数通过 tx.origin 来判断是否能和对方转钱。这样的操作也是有安全隐患的。黑客可以定义一个这样的智能合约：

```
pragma solidity ^0.4.11;

interface TxUserWallet {
    function transferTo(address dest, uint amount);
}

contract TxAttackWallet {
    address hacker;

    function TxAttackWallet() {
        hacker = msg.sender;
    }

    function() {
        TxUserWallet(msg.sender).transferTo(hacker, msg.sender.balance);
    }
}
```

在 TxAttackWallet 中定义了一个匿名函数，在这个函数中会调用 TxUserWallet 的 transferTo 函数。黑客会欺骗 TxUserWallet 合约的 owner，让他给 TxAttackWallet 这个智能合约地址转钱，甚至只是让他发起一个交易，to 字段为 TxAttackWallet 合约地址不需要附上以太币。这样都会触发 TxAttackWallet 的匿名函数。通过这个匿名函数判断 tx.origin 确实是 TxUserWallet 合约的 owner，虽然 owner 没有直接调用 transferTo 函数，但是 owner 在 TxUserWallet 中的钱都被转到了 hacker 账户上。

如果 TxUserWallet 的 transferTo 方法判断的是 msg.sender 的身份而非 tx.origin，那么通过刚才那种方法，TxAttackWallet 的匿名函数调用 transferTo 函数时，transferTo 只会得到 TxAttackWallet 的地址，而非 owner 的地址。因此在类似 TxUserWallet 这样的合约中，应该通过 msg.sender 进行权限控制，而非 tx.origin。

不过 msg.sender 和 tx.origin 的使用应该结合具体场景，开发者应该在充分理解两者的区别的基础上考虑合约的安全性。

6. 其他细节

（1）整型的溢出

在 Solidity 中，整型 uint 是用 256 位二进制数表示的，因此最大能表示 2^256-1 大小的数字，最小是 0。当整型算数结果超出这个范围时，会出现上溢出（大于等于 2^256 时）或者下溢出（小于 0 时），这时计算结果将与实际期望结果出现偏差。所以在对 uint 型进行算数操作需要考虑是否会导致溢出，特别是使用 uint 型变量存储余额相关的信息时一定要特别注意。对于 uint8、uint16 等长度更小的整型变量，更要注意有没有溢出的可能。

（2）var

在 Solidity 中，使用 var 来定义变量也要格外注意。例如：

```
 var i = 0;
```

这里 i 的类型将被编译器默认为 uint8，因为 uint8 是能表示 0 值的最小类型。此时 i 最大只能为 255（2^8-1）。对于：

```
for (var i = 0; i < length; i++) { ... }
```

实际上当变量 length 大于 255 时，i 增加到 255 后，再次加 1 会溢出，变成 0。这样这个循环将不会终止，除非 Gas 耗尽。

（3）msg.data

我们知道，在 Transaction 调用智能合约某个函数，声明 data 字段时，智能合约函数的各个参数都要被自动补齐为 32 字节（64 位十六进制数）。但是，如果这个函数的参数类型小于 32 字节，那么只会从低位取出参数。例如智能合约中有一个函数：

```
function set( uint8 x) { ... }
```

如果想传入的 x 值为 1，那么调用这个函数的 Transaction 的 data 字段，应该是函数的签名（0x24b8ba5f）和被补齐为 64 位十六进制数的 1：

```
0x24b8ba5f0000000000000000000000000000000000000000000000000000000000000001
```

而实际上 uint8 类型的变量只是 1 个字节（两位十六进制数），因此 set 函数只会取最后两位 0x01 作为传入的 x 参数。

那么，如果发送者手动生成的 data 字段写成：

```
0x24b8ba5f000000000000000000000000000000000000000000000000000000000000fff01
```

这时 x 参数的值依然会被当成 1。不过此时如果直接在合约中读取 msg.data，会发现这两者的区别。

5.4.2 智能合约开发建议

5.4.1 节中总结了以太坊智能合约开发时的安全陷阱，本节针对这些安全问题，结合软件工程的相关知识，给出了一些保证合约安全性的建议。

1. 使用 Checks-Effects-Interactions 模式

所谓的 Checks-Effects-Interactions（检查 – 生效 – 交互）模式，是指在智能合约中，如果涉及调用其他智能合约，那么应该严格按照 Checks-Effects-Interactions 这三步来编写自己的逻辑。

1）Checks：在执行之前，首先进行权限及安全性检查。检查的内容可能包括：判断 function 的调用者身份，判断是否有相关操作权限，调用的参数是否符合要求，调用 function 的 Transaction 是否附上了指定的以太币数量等。

2）Effects：当必要的检查都通过了之后，再对当前合约中的状态变量进行更改。

3）Interactions：在状态变量的更改生效之后，再进行和其他合约的交互。

以上的过程就是 Checks-Effects-Interactions 模式。实际上，很多开发者在意识到要按照这个模式编程之前，往往不会按照这个顺序，上文提到的重入的安全问题就没有遵照这个模式。

在重入的示例中：

1）Checks 对应 if（this.balance < shares[msg.sender]）{ throw; };

2）Effects 对应 shares[msg.sender] = 0;

3）Interactions 对应 msg.sender.call.value(shares[msg.sender])()。

在错误的示例中，Interactions 先于 Effects 执行，就导致了重入这样的安全漏洞。而上文中给出的正确示例就是先执行的 Effects 环节，再执行的 Interactions。

2. 充分的容错机制

如上文所述，无论是由于 Solidity 或 EVM 的漏洞，还是智能合约编写出现了 Bug，都会导致智能合约出现异常。因此你的代码必须能够正确地处理出现的 Bug 和漏洞。

（1）使用 Fail-Safe 模式

所谓 Fail-Safe（异常 – 安全），就是指在智能合约出现异常情况下，能尽可能保障合约中数据的安全。首先，开发者需要在智能合约中添加一个自检查的函数，在这个函数中对合约的状态进行检查，特别是和数字资产相关的内容一定要格外注意，例如，合约账户的以太币是否出现泄漏，智能合约中存储的代币总量和以太币余额是否一致，等等。对智能合约的自检查有助于及时发现安全隐患。一旦自检查函数执行出现异常，那么要能自动地触发 Fail-Safe 模式，这时可以将交易相关的函数禁用，只允许指定合约的创始人或一个可信的第三方进行控制。

（2）限制合约中数字资产的数量

如果在智能合约中存着大量的以太币或者其他代币，这个智能合约可能就是攻击者眼中的肥肉，被攻击的可能性就会高。虽然开发者可能对自己的代码逻辑特别自信，感觉智能合约代码中没有 Bug 存在，但是如果 Solidity 编译器存在着漏洞，或者以太坊平台出现漏洞，都有可能被攻击者利用。所以为了安全起见，最好不要在智能合约中储存大量的数字资产。毕竟以太坊社区本身还在不断发展，很多新的特性被不断地引入，很难保证每次升级都是稳定的。

3. 让代码轻巧且模块化

这一点建议其实适用于几乎所有的软件开发。智能合约本身就是一段代码。为了保证这段代码的安全性，清晰的代码结构，易于理解的代码逻辑都是很必要的。尽可能不要在一个函数里写太复杂的逻辑，可以将工具性的逻辑抽取出来，将一个复杂的函数拆成多个函数。Solidity 提供 library 这个特性，开发者也可以把一些工具性的逻辑封装成 library，以此实现模块化设计。另外，和其他软件开发类似，开发者最好有一份清晰详细的文档来介绍合约内容，以及各个函数的功能和逻辑。一份详细的文档有助于尽早发现代码中可能存在的问题，而且如果开发者想公开自己的智能合约，让大家都去调用，那么就需要让大家都能理解这份智能合约。

4. 充分的测试

在以太坊主网络上正式发布智能合约前，一定要做好充分的测试，任何漏洞都有可能让你损失惨重。强烈建议先在测试网络下充分测试自己的合约。同时，也可以使用安全性检查工具，通过软件分析的方法来辅助开发者发现潜在漏洞。

❏ Oyente（https://github.com/melonproject/oyente）：一个 Python 语言编写的工具，判断代码中有没有常见的安全漏洞，也会提示出可能有安全隐患的地方。

❏ solidity-coverage（https://github.com/sc-forks/solidity-coverage）：一个 Node.js 编写的 Solidity 代码覆盖率测试工具，需要结合测试网络一起使用。

❏ Solgraph（https://github.com/raineorshine/solgraph）：一个 Node.js 工具，可以将一个智能合约作为输入，输出一个 DOT 图文件⊖，能将智能合约的功能控制流程画成一个流程图，也可以标注出潜在的安全漏洞。

5.5 本章小结

本章主要介绍了使用 Solidity 语言开发智能合约的工具，包括编译工具 Solc、集成开发

⊖ 可以使用图可视化工具 Graphviz http://www.graphviz.org/ 进行显示。

环境 Remix、DApp 开发框架 Truffle，以及编写智能合约的安全性问题和建议。虽然以太坊和 Solidity 项目从诞生到现在只有三四年的时间，而且项目的鲁棒性和性能还有待提升，但是其相关的开发工具已经较为完善，通过学习这些工具的使用，用户能更高效地进行智能合约和 DApp 的开发。同时在编写智能合约过程中，开发者还应根据 Solidity 和 EVM 的特性，着重注意智能合约的安全性，防止可能漏洞发生。

第 6 章　*Chapter 6*

智能合约案例详解

在第 5 章中，我们介绍了智能合约的编译工具 Solc、开发框架 Truffle、集成开发环境 Remix，以及开发智能合约时需要注意的安全性问题。结合第 4 章中 Solidity 的基础知识，开发者已经学习如何开发、部署、调试一个以太坊智能合约了。前两章中我们也给出了一些智能合约的示例代码，但是这些示例都很简单，主要是用来介绍 Solidity 语法和基本功能的。在这一章中我们会介绍几个有具体应用场景的智能合约，这些智能合约部分来自于 Solidity 官网上的示例，十分有代表性，能体现出以太坊智能合约的主要特性。本章会对这些例子进行深入的剖析和解读，并且挖掘其中隐含的问题，提出针对性的建议和优化。通过分析和学习这些示例，开发者会对去中心化应用和以太坊智能合约有更深入的认识。

6.1　投票

在现实生活中，投票是一个最能体现公平民主的机制，而且有广泛的应用场景。但是以往的投票过程，都或多或少存在着人为干预的风险，而区块链提供了公开透明、不可篡改的技术保障，使得利用区块链技术进行投票有着天然的可靠性。

以太坊官方也给出了一个针对投票的智能合约示例 Ballot。Ballot 合约是一个十分完整的投票智能合约，这个合约不仅支持基本的投票功能，投票人还可以将自己的投票权委托给其他人。虽然投票人身份和提案名称是由合约发布者制定的，不过这不影响投票结果的可信度。这个合约相对比较复杂，也展示出了一个去中心智能合约运作的很多特性。

```
pragma solidity ^0.4.0;
```

```
contract Ballot {
    /// 投票者 Voter 的数据结构
    struct Voter {
        uint weight;                    // 该投票者的投票所占的权重
        bool voted;                     // 是否已经投过票
        uint vote;                      // 投票对应的提案编号 (Index)
        address delegate;               // 该投票者投票权的委托对象
    }
    /// 提案 Proposal 的数据结构
    struct Proposal {
        bytes32 name;                   // 提案的名称
        uint voteCount;                 // 该提案目前的票数
    }
    /// 投票的主持人
    address chairperson;
    /// 投票者地址和状态的对应关系
    mapping(address => Voter) voters;
    /// 提案的列表
    Proposal[] proposals;

    /// 在初始化合约时，给定一个提案名称的列表
    function Ballot(bytes32[] proposalNames) {
        chairperson = msg.sender;
        voters[chairperson].weight = 1;

        for (uint i = 0; i < proposalNames.length; i++) {
            proposals.push(Proposal({
                name: proposalNames[i],
                voteCount: 0
            }));
        }
    }

    /// 只有 chairperson 有给 voter 地址投票的权利
    function giveRightToVote(address voter) public {
        require((msg.sender == chairperson) && !voters[voter].voted &&
(voters[voter].weight == 0));
        voters[voter].weight = 1;
    }
    /// 投票者将自己的投票机会授权另外一个地址
    function delegate(address to) {
        Voter storage sender = voters[msg.sender];
        require(!sender.voted);
        require(to != msg.sender);

        while (voters[to].delegate != address(0)) {
            to = voters[to].delegate;
            require(to != msg.sender);
        }

        sender.voted = true;
```

```
        sender.delegate = to;
        Voter storage delegate = voters[to];
        if (delegate.voted) {
            proposals[delegate.vote].voteCount += sender.weight;
        } else {
            delegate.weight += sender.weight;
        }
    }

    /// 投票者根据提案列表编号(proposal)进行投票
    function vote(uint proposal) {
        Voter storage sender = voters[msg.sender];
        require(!sender.voted);
        sender.voted = true;
        sender.vote = proposal;

        proposals[proposal].voteCount += sender.weight;
    }

    /// 根据 proposals 里的票数统计(voteCount)计算出票数最多的提案编号
    function winningProposal() constant
            returns (uint winningProposal)
    {
        uint winningVoteCount = 0;
        for (uint p = 0; p < proposals.length; p++) {
            if (proposals[p].voteCount > winningVoteCount) {
                winningVoteCount = proposals[p].voteCount;
                winningProposal = p;
            }
        }
    }

    /// 获取票数最多的提案名称。其中调用了 winningProposal() 函数
    function winnerName() constant
            returns (bytes32 winnerName)
    {
        winnerName = proposals[winningProposal()].name;
    }
}
```

以上是 Ballot 合约完整的代码，下面我们来详细分析一下 Ballot 合约的实现。

1. Ballot 合约的创建

在 Ballot 合约中，首先使用 struct 定义了 Voter 和 Proposal 数据结构。Ballot 的全局变量有三个，分别是 chairperson(投票的主持人)，voters(投票者地址与其对应的 Voter 结构体)，以及提案列表 proposals。

在调用 Ballot 合约的构造函数时，需要传入一个 bytes32 列表，表示投票的发起者在本场投票中提供的各个提案的名称，当然也可以是提案的散列值。提案的具体内容没有必要

存储在智能合约中，发起人通过链下的途径告知大家投票的议题和提案的内容即可。在智能合约中，可以只存储提案的散列值，总之有固定的机制能将提案的内容和链上所声明的提案名称一一对应即可。在合约部署的过程中，Ballot 合约首先将合约的发布者地址记录在 chairperson 里，作为唯一有权限添加投票人的"主持人"，同时他也默认成为参加投票的一分子。

接下来，Ballot 合约将根据发布者提供的提案名称数组，使用 for 循环为每个提案名称创建一个 Proposal 类型的对象，并添加在 proposals 全局变量里。proposals 是一个非定长的数组，因此使用 proposals.push(..) 进行添加。

```
function Ballot(bytes32[] proposalNames) {
    chairperson = msg.sender;
    voters[chairperson].weight = 1;

    for (uint i = 0; i < proposalNames.length; i++) {
        proposals.push(Proposal({
            name: proposalNames[i],
            voteCount: 0
        }));
    }
}
```

部署完成后，Ballot 合约中的提案已经全部准备好了，但此时只有一个有投票权的 Voter，就是 chairperson。接下来，chairperson 需要添加其他账户作为 Voter，这时需要它调用 giveRightToVote 函数。

```
/// 只有 chairperson 有给 voter 地址投票的权利
function giveRightToVote(address voter) public {
    require((msg.sender == chairperson) && !voters[voter].voted && (voters[voter].
weight == 0));
    voters[voter].weight = 1;
}
```

这个函数的参数 voter 就是将被赋予投票权的地址。在执行开始，Ballot 合约会判断三个条件是否满足：

❏ 调用方是否是 chairperson；

❏ voter 地址是否未投过票，或者已授权别人；

❏ voter 地址的权重是否为 0。

这三个条件必须都满足，require 函数的参数才会是 true，其中第三个判断条件，是为了防止再次赋予投票权。当 require 参数为 true 时，giveRightToVote 函数继续执行，否则 require 函数将会中断智能合约的执行，并会将本次调用所修改的状态（包括转账导致以太币余额的变化）都恢复到本次调用执行之前，不过本次调用消耗的 Gas 对应的以太币还是会被扣除的。因此 require() 常常被用来检查非法调用，或者检测执行异常等情况。

对于 mapping 变量，并不需要新建一个键值对再添加到 mapping 变量中，直接对这个新出现的键值进行操作即可。因此 voters[voter].weight = 1 这一句同时完成两步操作：添加一个 address 为 voter 的 address-Voter 键值对，以及将 Voter 对象的 weight 属性设为 1。

调用 giveRightToVote 函数每次只能添加一个投票者，按照它的原理，开发者可以编写一个批量添加投票者的函数：

```
function giveRightToVoteByBatch(address[] batch) public {
    require( msg.sender == chairperson );
    for (uint i = 0; i < batch.length; i++) {
        address voter = batch[i];
        require( !voters[voter].voted && (voters[voter].weight == 0) );
        voters[voter].weight = 1;
    }
}
```

这里，我们注意到，Ballot 合约的投票者都只能由 chairperson 一个人添加，这是不是存在一种中心化的隐患呢。其实不然，这一点是 Ballot 合约的应用逻辑设计，虽然只有一个人有权添加，但是添加过程和添加的人选都是公开透明的，在应用层也不违背去中心化的准则。当然我们也可以设计一种所有人都可以主动参加的投票，但是如果是部署到公有链上，最好收取参加者部分以太币。如果允许任意人以极小代价就能参加投票，那么攻击者就可以生成很多账户去投票，这也许会导致投票的结果有失公正。

2. 投票函数

添加完各个投票者后，他们就可以调用 vote 函数发起投票，或者调用 delegate 将投票权授权给别人。我们先来看 vote 函数。

```
function vote(uint proposal) {
    Voter storage sender = voters[msg.sender];
    require(!sender.voted);
    sender.voted = true;
    sender.vote = proposal;

    proposals[proposal].voteCount += sender.weight;
}
```

首先，根据调用者身份，取出对应的 Voter 对象 sender。注意到 sender 变量使用了 storage 修饰词。这是因为之后会直接修改 sender 变量的属性（例如 sender.voted = true），在这里，我们希望这些赋值能直接修改合约中存储的状态，也就是全局变量 voters 中的值。如果不加 storage 修饰词，那么 sender 只是一个内存中的局部变量，对 sender 的修改并不会影响合约中的存储状态。接下来还要判断调用者是否已经投过票（require（!sender.voted)），如果是，那么本次调用终止，所有状态恢复到合约执行之前。如果没有投过票，对 sender 进行标记（sender.voted = true），记录下它投过票的提案编号（sender.vote = proposal），最后，将对应提案的得票数加上调用者的投票权重（proposals[proposal].voteCount += sender.weight）。

在描述完 vote 函数后，我们可以发现在这段代码中有两个隐含的问题。

第一个问题是调用者身份的问题：如果一个没有投票权的地址（假设为 A）调用了 vote 函数，那么这样的调用也能顺利地执行！首先 vote 函数第一句，msg.sender 没有被 chairperson 赋予过投票权，依然能获取一个 Voter 对象 sender，sender 各个属性的取值将会是对应类型的默认值，见表 6-1。那么由于 voted 属性为 false，函数可以继续执行：

表 6-1　无投票权地址对应的 Voter 对象中各个属性值

类型	属性	取值
uint	weight	0
bool	voted	false
uint	vote	0
address	delegate	0x0

投票者被人为投过票了（sender.voted = true）；权重（sender.weight）被累加在对应的提案票数上。这貌似没什么问题，毕竟 A 地址对应的权重为 0。但是由于 "A.voted = true"，当 chairperson 调用 giveRightToVote 函数，试图给 A 地址赋予投票权时，其中 require 函数的条件无法满足，这次调用会无法执行！当然，这个问题不会对投票本身产生影响，甚至可以声称这是合约设计者的意图：如果没有投票权的地址随便进行投票，那么就不能被赋予投票权。这要求地址 A 必须确定 chairperson 已经调用 giveRightToVote 函数赋予自己投票权，而且此次调用的交易（Transaction）已经被大多数节点接受，才能进行投票。不过在一个公有链网络中，软分叉随时可能发生，各个账户发起的交易进链的先后顺序不确定，使得一笔交易的确定要等待较长的时间。地址 A 投票的交易一旦在 chairperson 赋予投票权之前执行，就会导致地址 A 再也不能投票。这种限制似乎过于强硬。

第二个问题，vote 函数最后这句（proposals[proposal].voteCount += sender.weight）也有一个隐含的问题，如果该投票者对一个并不存在的提案进行投票，例如被投票的提案编号超出提案列表的长度（proposal>=proposals.length），造成数组越界，那么会不会影响合约的安全性呢？答案是不会有影响。当 proposal 是一个非法值时，确实会造成调用执行失败，这时本次调用就不会影响合约的状态，该调用者可以修正 proposal 取值重新调用 vote 函数。当然，proposal<proposals.length 这样的限制也可以显式地声明在 require 条件中。

这两个问题本身不属于安全性问题，尤其是最后一个，执行逻辑也没有任何问题。而第一个属于用户操作友好性的问题，可以进一步完善投票智能合约。我们可以在 Voter 对象中新增一个 bool 型属性，用来判断这个用户是否有投票权；也可以通过判断 Voter 对象的 weight 属性，如果为 0，直接终止投票。在本节最后，会有一个优化后的 BallotPro 合约。

3. 委托函数

接下来，我们来解读一下委托投票权函数 delegate（address to）。

```
/// 投票者将自己的投票机会授权另外一个地址
function delegate(address to) {

    Voter storage sender = voters[msg.sender];
    require(!sender.voted);
    require(to != msg.sender);

    while (voters[to].delegate != address(0)) {
        to = voters[to].delegate;
        require(to != msg.sender);
    }

    sender.voted = true;
    sender.delegate = to;
    Voter storage delegate = voters[to];
    if (delegate.voted) {
        proposals[delegate.vote].voteCount += sender.weight;
    } else {

        delegate.weight += sender.weight;
    }
}
```

在 Ballot 合约中，一个投票者可以将自己的投票权委托给其他人，而且这种委托关系是传递性的。如果 A 委托了 B，B 又委托了 C，那么 C 一个人的投票相当于这三个人的票。而且如果 B 先委托了 C，A 再委托 B，那么无论 C 投票的动作发生在其他两个人委托之前或者之后，C 投的票都代表了这三个人的票。在 delegate 函数执行之初，先获取调用者对应的 Voter 对象，接下来的执行要求调用者没有投过票，并且不能委托自己。然后，根据委托的传递性，如果 delegate 属性不等于 address(0)，意味着被委托的投票者已经委托了其他人，递归判断，直至查找到最终被委托的投票者身份（设为 D）。而且这个过程中，如果各个投票者之间的委托关系形成了闭环，那么此次 delegate 调用也是不合法的。找到 D 的地址之后，再把调用者的属性进行更新。在取得 D 对应的 Voter 对象之后，delegate 函数需要判断 D 是否已经投过票了：如果投过了，那么直接在 D 投过的提案的票数上，加上调用者的权重；如果没投过，将 D 的投票权重加上调用者的权重。在 delegate 函数中，我们也可以发现刚才在 vote 函数中提出的两个问题，这里不再讨论。

4. 计票函数

以上介绍了赋权、投票和委托这三个核心功能。最后我们来看 Ballot 合约如何计票。Ballot 合约中有两个计票函数：winningProposal() 和 winningName()，这两个函数都是被

constant 标记的，意味着这两个函数没有更改合约状态，可以通过 eth_call 来调用。其中，winningProposal() 返回得票最多的提案编号；winningName() 调用了 winningProposal()，返回得票最多的提案名称。winningProposal() 的逻辑十分清晰，遍历公共数组变量 proposals 里的所有 Proposal 对象的票数（voteCount），记录票数最多的提案编号。这里依然存在着一个问题，如果有两个提案的票数一样多，而且票数多于其他所有的提案，那么只会返回编号靠前的提案编号。虽然这不构成安全问题，不影响投票结果的公平性，但似乎不太符合大部分投票的场景。对这个问题，读者可以自己思考一下如何编写，在后文中本书提供的优化版 Ballot 合约对此进行了修正，提供读者参考。

5. 优化后的投票合约

上文中我们提到了 Ballot 合约一些小问题，针对这些问题，这一节给出一个升级版的 Ballot 合约：BallotPro。

```
pragma solidity ^0.4.0;
contract BallotPro {

    /// 投票者 Voter 的数据结构

    struct Voter {
        uint weight;              // 该投票者的投票所占的权重
        bool voted;               // 是否已经投过票
        uint vote;                // 投票对应的提案编号（Index）
        address delegate;         // 该投票者投票权的委托对象
    }
    /// 提案 Proposal 的数据结构
    struct Proposal {
        bytes32 name;             // 提案的名称
        uint voteCount;           // 该提案目前的票数
    }
    /// 投票的主持人
    address chairperson;
    /// 投票者地址和状态的对应关系
    mapping(address => Voter) voters;
    /// 提案的列表
    Proposal[] proposals;

    /// 在初始化合约时，给定一个提案名称的列表
    function BallotPro(bytes32[] proposalNames) {
        chairperson = msg.sender;
        voters[chairperson].weight = 1;

        for (uint i = 0; i < proposalNames.length; i++) {
            proposals.push(Proposal({
                name: proposalNames[i],
                voteCount: 0
```

```
            }));
        }
    }

    /// 只有 chairperson 有给 toVoter 地址投票的权利
    function giveRightToVote(address voter) public {
        require((msg.sender == chairperson) && !voters[voter].voted &&
(voters[voter].weight == 0));
        voters[voter].weight = 1;
    }

    /// 批量授予投票权
    function giveRightToVoteByBatch(address[] batch) public {
        require( msg.sender == chairperson );
        for (uint i = 0; i < batch.length; i++) {
            address voter = batch[i];
                require( !voters[voter].voted && (voters[voter].weight == 0) );
                voters[voter].weight = 1;
        }
    }

    /// 投票者将自己的投票机会授权另外一个地址
    function delegate(address to) {

        Voter storage sender = voters[msg.sender];
        require((!sender.voted) &&  (sender.weight !=0 ));

        require(to != msg.sender);

        while (voters[to].delegate != address(0)) {
            to = voters[to].delegate;
            require(to != msg.sender);
        }

        sender.voted = true;
        sender.delegate = to;
        Voter storage delegate = voters[to];
        if (delegate.voted) {
            proposals[delegate.vote].voteCount += sender.weight;
        } else {
            delegate.weight += sender.weight;
        }
    }

    /// 投票者根据提案编号 proposal 进行投票
    function vote(uint proposal) {
        require(proposal < proposals.length);

        Voter storage sender = voters[msg.sender];
        require((!sender.voted) &&  (sender.weight !=0 ));
```

```
        sender.voted = true;
        sender.vote = proposal;

        proposals[proposal].voteCount += sender.weight;
    }

    /// 根据 proposals 里的票数统计 voteCount 计算出票数最多的提案编号
    function winningProposal()
        constant returns(uint[] winningProposals)
    {
        uint[] memory tempWinner = new uint[](proposals.length);
        uint winningCount = 0;

        uint winningVoteCount = 0;

        for ( uint p = 0; p < proposals.length; p++) {
            if (proposals[p].voteCount > winningVoteCount) {
                winningVoteCount = proposals[p].voteCount;

                tempWinner[0] = p;
                winningCount = 1;

            }else if (proposals[p].voteCount == winningVoteCount) {
                tempWinner[winningCount] = p;
                winningCount ++;
            }
        }

        winningProposals = new uint[](winningCount);

        for ( uint q = 0; q < winningCount; q++){
            winningProposals[q] = tempWinner[q];
        }

        return winningProposals;
    }

    // 获取票数最多的提案名称。其中调用了 winningProposal() 函数
    function winnerName()
        constant returns (bytes32[] winnerNames)
    {
        uint[] memory winningProposals = winningProposal();
        winnerNames = new bytes32[](winningProposals.length);

        for (uint p = 0; p < winningProposals.length; p++){
            winnerNames[p] = proposals[winningProposals[p]].name ;
        }
        return winnerNames;
    }
}
```

升级版在 delegate 和 vote 函数里增加了一些判定条件，无权时（weight 为 0）不能投票、授权和被授权，避免了"无权时投票导致永无投票权"的问题。另外 winningProposal 和 winningName 返回值都变成了数组。虽然逻辑很简单，但是由于 Solidity 对数组的支持有一些限制，开发者一定要注意区分 memory 和 storage 修饰的数组，定长和非定长数组。

6.2 拍卖和盲拍

以太坊智能合约中还有一个经典的案例：盲拍（Blind Auction）。这个案例来自 Solidity 官方文档。大家应该比较熟悉常见的拍卖流程：在一个公开的场合下，参与者纷纷叫价，出价一次比一次高，在一段时间内出价最高者获胜。所谓盲拍，就是参与者在不知道其他人出价的情况下进行出价。我们先从一个简单的公开拍卖智能合约开始，介绍如何在区块链上进行拍卖活动。

6.2.1 公开拍卖

公开买卖合约 SimpleAuction 是一个完全公开的拍卖合约：合约创建后任何人都可以参与竞拍。因此这合约中并不需要像 Ballot 合约存在一个 chairperson 这样的身份。通过区块链上的智能合约进行拍卖，需要竞拍者在出价时直接把"钱"（以太币）发送给智能合约进行托管，否则只出价不付款，在拍卖结束后无法保证最高出价者能及时地按照拍卖价进行付款。SimpleAuction 合约只用来管理拍卖的过程，负责拍卖的款项交割，而实际拍卖的物品并不在合约管理范围之内，SimpleAuction 合约的执行结果可以作为拍卖品所有权转移的依据，而不是保障。

另外，在 SimpleAuction 合约中出现了"时间戳"的概念，在以太坊中，一次函数执行中的时间戳并不是调用者调用时的时间戳，而是将此次调用（交易）打包进链的矿工节点执行此次调用时的时间。对此开发者一定要特别留意，由于矿工节点执行交易的时间无法由调用者控制，因此在以太坊智能合约中，很难实现十分精确的时间控制。

```solidity
pragma solidity ^0.4.11;

contract SimpleAuction {
    // 最终受益者
    address public beneficiary;
    // 拍卖结束的时间戳（精确到秒）
    uint public auctionEnd;

    // 当前出价最高者
    address public highestBidder;
    // 当前最高的出价
```

```
uint public highestBid;

// 需要退回竞拍者和其出价
mapping(address => uint) pendingReturns;

// 竞拍是否结束的标识符
bool ended;

// 出现更高出价时引发的事件（Event）
event HighestBidIncreased(address bidder, uint amount);
// 竞拍结束时引发的事件
event AuctionEnded(address winner, uint amount);

/// 初始化竞拍合约，指定竞拍期时间和最终受益者
function SimpleAuction(
    uint _biddingTime,
    address _beneficiary
) {
    beneficiary = _beneficiary;
    auctionEnd = now + _biddingTime;
}

/// 竞拍者出价
function bid() payable {
    require(now <= auctionEnd);

    require(msg.value > highestBid);

    if (highestBidder != 0) {
        pendingReturns[highestBidder] += highestBid;
    }
    highestBidder = msg.sender;
    highestBid = msg.value;
    HighestBidIncreased(msg.sender, msg.value);
}

/// 出价被别人超过后竞拍者可以执行撤销
function withdraw() returns (bool) {
    uint amount = pendingReturns[msg.sender];
    if (amount > 0) {
        pendingReturns[msg.sender] = 0;

        if (!msg.sender.send(amount)) {
            pendingReturns[msg.sender] = amount;
            return false;
        }
    }
    return true;
}

/// 竞拍结束后执行，将最高的出价支付给受益者
```

```
function auctionEnd() {

    require(now >= auctionEnd );
    require(!ended);

    ended = true;
    AuctionEnded(highestBidder, highestBid);

    beneficiary.transfer(highestBid);
    }
}
```

下面我们详细分析各个函数。

（1）SimpleAuction 合约的创建

在 SimpleAuction 合约部署时，需要指定合约受益者（beneficiary）和竞拍时长（bidingTime），而拍卖结束的时间（auctionTime）即为合约部署的时间（now 函数的返回值）加上竞拍时长。

（2）出价函数

SimpleAuction 合约创建结束之后，所有人都可以调用合约的 bid() 函数进行出价。函数没有参数，只有一个 payable 的修饰词，意味着调用该函数时可以附上以太币，也就是执行调用的交易（Transaction）的 value 字段可以大于 0。如果一个函数没有 payable 修饰词，使用者却在调用时付了以太币，那么这样的调用会被退回。bid() 函数会首先根据当前的时间戳判断是否本次调用还在竞拍期内，接着会根据 msg.value 判断此次出价是否高于之前的最高出价。以上两个条件有任一不满足都会导致本次调用被终止。然后，之前最高出价以及出价者会被记录在公共变量 pendingReturns 中，留作退款依据。接下来，就用本次的出价 msg.value 和出价者 msg.sender 更新当前的最高出价 highestBid 和出价者 highestBidder。最后调用 HighestBidIncreased 记录下本次竞拍价格新高的事件。

（3）退款函数

当一个用户 A 的出价被别人的出价超过，A 可以通过调用 withdraw() 函数让 SimpleAuction 合约进行退款。这里的 withdraw() 函数的逻辑完全遵从第 5 章提到的退款逻辑，避免了重入的问题。读者可以参考之前的介绍，这里不再做解析。

（4）竞拍结束函数

最后的 auctionEnd() 函数是用来在竞拍结束后向受益者移交最高的出价。这个函数的逻辑也涉及以太币的转移，是按照第 5 章所述的 Checks-Effects-Interactions 模式执行的。

1）Checks 对应两个 require 条件：require（now >= auctionEnd）；与 require（!ended）；。首先判断竞拍期是否已经结束了，再判断竞拍本身已经结束。第一个判断条件是该函数执行的必要条件，第二个判断条件是为了防止该函数被重复执行。

2）Effects 对应 ended = true；。将 ended 标记为 true，意味着整个竞拍过程即将结束。

3）Interactions 对应 beneficiary.transfer（highestBid）；。在 Effects 之后再执行转账，防止攻击者通过智能合约迭代调用，重复执行转账操作。

以上就是 SimpleAuction 合约的执行逻辑。在以太坊区块链上做公开的拍卖似乎不是一件困难的事情，参与者的出价公开透明，有助于保障拍卖的公平性。但是在一个公开的区块链系统上进行盲拍就没那么简单了。所谓盲拍，就是在一段时间内，所有参与者都可以出价，但是并不知道其他人出价的情况，在出价期结束后，揭晓所有人的出价，出价高者获胜。盲拍的关键是既要允许任何人都可以参加出价，而且出价必须同时付钱，又要让每个人的出价都只对自己可见，而其他人无法看到自己的出价。如果只是通过"叫价"（声明出多少钱而不付以太币）的形式进行出价，可以通过对出价进行加密，但这样的方式对出价者没有约束力，出价者完全可以在获胜之后拒绝付钱。但是以付钱的形式出价，转账的金额（Transaction 的 value 字段）本身是公开的，无法禁止别人查看自己的出价。

6.2.2　盲拍

为了解决这一难题，下文的 BlindAuction 合约引用了一种"混淆竞价"的方式：出价者可以在竞拍期提交假的出价，那么其他人虽然能看到此人每次的出价（转账的金额），但是不知道这次出价是真还是假，只有"真"出价会在最后生效，而"假"出价所付的金额在最后会被退回。而出价的"真"与"假"可以在出价时进行加密，在竞拍期结束后引入一个"揭晓期"，要求所有出价者揭晓每次出价的真假。我们通过 BlindAuction 合约代码进一步分析其实现原理。

```solidity
pragma solidity ^0.4.11;

contract BlindAuction {

    // 出价的数据结构
    struct Bid {
        bytes32 blindedBid;     // 加密后的出价的 "真伪"
        uint deposit;           // 出价时所付的金额
    }

    // 拍卖的受益者，将获取拍卖所得的以太币
    address public beneficiary;
    // 竞拍期结束的时间戳
    uint public biddingEnd;
    // 揭晓期结束的时间戳
    uint public revealEnd;
    // 合约是否完全执行结束
    bool public ended;
```

```solidity
// 各个出价者和其屡次出价的映射
mapping(address => Bid[]) public bids;

// 在揭晓每次出价后，当前出价最高者
address public highestBidder;
// 在揭晓每次出价后，当前的最高出价
uint public highestBid;

// 需要退回竞拍者的地址和钱款
mapping(address => uint) pendingReturns;

event AuctionEnded(address winner, uint highestBid);

// 函数修改器，用来限制函数的执行时间在 _time 时间戳之前
modifier onlyBefore(uint _time) { require(now < _time); _; }
// 函数修改器，用来限制函数的执行时间在 _time 时间戳之后
modifier onlyAfter(uint _time) { require(now > _time); _; }

/// 合约构造函数
function BlindAuction(
    uint _biddingTime,
    uint _revealTime,
    address _beneficiary
) public {
    beneficiary = _beneficiary;
    biddingEnd = now + _biddingTime;
    revealEnd = biddingEnd + _revealTime;
}

/// 出价函数，需要加密后的盲拍出价作为参数。只能在竞拍期结束之前调用
function bid(bytes32 _blindedBid)
    public
    payable
    onlyBefore(biddingEnd)
{
    bids[msg.sender].push(Bid({
        blindedBid: _blindedBid,
        deposit: msg.value
    }));
}

/// 揭晓函数，用来揭晓每次出价的 " 真伪 "。只能在竞拍期结束后，揭晓期结束前
function reveal(
    uint[] _values,
    bool[] _fake,
    bytes32[] _secret
)
    public
    onlyAfter(biddingEnd)
    onlyBefore(revealEnd)
{
```

```
        uint length = bids[msg.sender].length;
        require(_values.length == length);
        require(_fake.length == length);
        require(_secret.length == length);

        uint refund;
        for (uint i = 0; i < length; i++) {
            var bid = bids[msg.sender][i];
            var (value, fake, secret) =
                (_values[i], _fake[i], _secret[i]);
            if (bid.blindedBid != keccak256(value, fake, secret)) {
                continue;
            }
            refund += bid.deposit;
            if (!fake && bid.deposit >= value) {
                if (placeBid(msg.sender, value))
                    refund -= value;
            }
            bid.blindedBid = bytes32(0);
        }
        msg.sender.transfer(refund);
    }

    /// 更新当前的最高出价。内置函数，被 reveal 函数调用
    function placeBid(address bidder, uint value) internal
            returns (bool success)
    {
        if (value <= highestBid) {
            return false;
        }
        if (highestBidder != 0) {
            pendingReturns[highestBidder] += highestBid;
        }
        highestBid = value;
        highestBidder = bidder;
        return true;
    }

    /// 退款函数
    function withdraw() public {
        uint amount = pendingReturns[msg.sender];
        if (amount > 0) {
            pendingReturns[msg.sender] = 0;
            msg.sender.transfer(amount);
        }
    }

    /// 竞拍结束后执行，将最高的出价支付给受益者
    function auctionEnd()
        public
        onlyAfter(revealEnd)
```

```
    {
        require(!ended);
        AuctionEnded(highestBidder, highestBid);
        ended = true;
        beneficiary.transfer(highestBid);
    }
}
```

1. BlindAuction 合约的构造

首先，在 BlindAuction 合约构造时，需要指定三个参数：本次拍卖所得的受益者 _beneficiary，竞拍期的时长 _biddingTime（以秒为单位）以及竞拍期之后的揭晓期的时长 _revealTime（以秒为单位）。

2. 出价函数

在出价函数 bid(..) 中，需要指定一个 bytes32 类型的参数 _blindedBid，并付一定数目的以太币，被记做 deposit，两者被组合成 Bid 结构类型。_blindedBid 参数是由

❏ 实际出价金额；

❏ 本次出价的"真伪"；

❏ 出价者生成的一个密钥。

三者取散列生成的。这个参数有两个作用：一是隐含本次出价真伪的信息；二是用以在揭晓期验证用户所揭晓的实际出价信息是否可信。在 bid 函数中有两点需要注意：一是所有的出价直接被记录到公共变量 bids 中，而不像 SimpleAuction 合约那样即时更新最高出价，这一点很容易理解。二是 Bid 结构中记录的 desposit，也就是出价者此次调用所付的以太币数量（msg.value），可以理解为此次出价的押金。无论本次出价行为是"真"还是"假"，desposit 并不代表实际出价的价格数值，理论上只要大于实际出价数值即可。

3. 揭晓函数

BlindAuction 合约的重点是 reveal 函数。在竞拍结束后，每个出价者都需要在揭晓期执行 reveal 函数，揭晓自己每次出价的详细信息。出价者调用时需要指定三个数组：

❏ 每次出价的实际金额；

❏ 出价行为的"真伪"；

❏ 对应的密钥。

每个数组元素按照对应的出价顺序进行排序。在 reveal 函数执行伊始，需要判断用户指定的数组参数的长度，和记录在 bids 中的出价次数是否一致。之后按照出价的先后顺序，依次揭晓每次出价。对于每次出价 bid，根据用户指定的三个参数求散列值：keccak256（value，fake，secret），判断这个散列值是否和被记录在合约中的 bid.blindedBid 相等。如果相等，就意味着用户所揭晓的 value（实际出价数值）和 fake（出价的"真伪"）是正确的。

接下来，reveal 函数先把这次出价时所付的金额（bid.deposit）先叠加到 refund 中，等待函数执行结束前退款。对于"伪"出价，直接等待退款即可；对于"真"出价，还要先判断该次出价的所付钱（bid.deposit）是否大于用户的真实出价（value）：如果否，意味着付的钱不够出价的金额，这次出价的钱还是会被退回；如果是，那么用户付的钱足够支付出价的金额，此次出价成功。当判断出价成功（"if（!fake && bid.deposit >= value）…"）后，调用内置函数 placeBid，查看该出价是否是最高出价，只有 placeBid 返回 true，才认为此次出价是最高出价，出价得以生效。这时需要在应退金额 refund 中去除该次出价的真实金额（"refund -= value;"）。也就是说，当竞拍者实际付的金额（deposit）大于其声称的实际出价（value），多余的金额也会被退回给竞拍者，合约只会收取声称的实际出价（value）。虽然竞拍者在揭晓期才公布自己的出价，由于 blindedBid 的校验功能，竞拍者也不能篡改自己当时的出价数值。

```
function reveal(
    uint[] _values,
    bool[] _fake,
    bytes32[] _secret
)
    public
    onlyAfter(biddingEnd)
    onlyBefore(revealEnd)
{
    uint length = bids[msg.sender].length;
    require(_values.length == length);
    require(_fake.length == length);
    require(_secret.length == length);

    uint refund;
    for (uint i = 0; i < length; i++) {
        var bid = bids[msg.sender][i];
        var (value, fake, secret) =
                (_values[i], _fake[i], _secret[i]);
        if (bid.blindedBid != keccak256(value, fake, secret)) {
            continue;
        }
        refund += bid.deposit;
        if (!fake && bid.deposit >= value) {
            if (placeBid(msg.sender, value))
                refund -= value;
        }
        bid.blindedBid = bytes32(0);
    }
    msg.sender.transfer(refund);
}
```

揭晓完该次出价后，还应将合约中所存的 bid.blindedBid 置为 0（bytes32 类型默认值）。以此来证明此次出价已被揭晓过，否则一次出价可以被多次揭晓，每次都可以得到退款，这会存在严重漏洞。依次揭晓各个出价后，竞拍者可以退回记录在 refund 中的金额（"msg. sender.transfer（refund）"）。但这不意味着竞拍者已经退回了所有该退的钱。当一个竞拍者的出价成为最高出价后，又被自己后来的出价或者别人的出价超过时，这笔金额会被记录在 pendingReturns 中。因此在竞拍全部结束后，每个竞拍者还应该再次调用 withdraw 函数撤回自己应退的金额。这里的 withdraw 函数的逻辑与之前 SimpleAuction 合约中的 withdraw 函数相同，不再做介绍。

auctionEnd() 函数和 SimpleAuction 合约中的相同，在揭晓期过后任何人都可以调用，用以给盲拍受益者发送最高的出价金额。这个函数任何人都可以调用，但只能完整地执行一次。

以上就是 BlindAuction 合约的工作流程。简单来说，BlindAuction 合约通过引入"伪"出价，在竞拍期内，使得真实出价被混淆在众多"真伪"出价中。在竞拍期结束后，竞拍者揭晓真实出价信息，并通过 blindedBid 校验，防止竞拍者篡改自己的出价记录。以此，BlindAuction 合约可以在一个公开透明的区块链网络中实现"盲拍"。

6.3 状态机

在上一个案例中，我们介绍了盲拍的实现原理。BlindAuction 合约中可以分为 4 个阶段——竞拍期、揭晓期、受益者收款期和竞拍结束。这 4 个阶段依次进行。以太坊智能合约也经常扮演状态机（State Machine）的角色：合约的生命周期被明确地划分为几个固定的阶段，合约根据时间或者其他条件在这几个阶段中进行切换。在上文的例子中，BlindAuction 合约所处的阶段是由函数修改器（modifier）限制的，在某个阶段只能调用固定的函数。其实开发者可以显式地声明这些状态，并通过 modifier 自动地进行状态的切换。下文是一个简单的例子。

```
contract AuctionStateMachine {
    /// 状态枚举类
    enum Stages {
        AcceptingBlindedBids,
        RevealBids,
        PayBeneficiary,
        Finished
    }
    /// 当前状态, 初始为 Stages.AcceptingBlindedBids
    Stages public stage = Stages.AcceptingBlindedBids;
    /// 合约创建的时间戳
    uint public creationTime = now;
    /// 拍卖的受益者
    address public beneficiary = address(...);
    /// 函数修改器, 要求该函数在指定的状态(_stage)才能执行
```

```
    modifier atStage(Stages _stage) {
        require(stage == _stage);
        _;
    }

    /// 函数修改器，在函数执行结束后，将合约状态修改到下一个状态
    modifier transitionNext()
    {
        _;
        nextStage();
    }

    /// 内置函数，用来更新合约的状态到下个状态
    function nextStage() internal {
        stage = Stages(uint(stage) + 1);
    }

    /// 函数修改器，在函数执行前，根据当前时间戳升级合约状态
    modifier timedTransitions() {
        if (stage == Stages.AcceptingBlindedBids &&
                    now >= creationTime + 10 days)
            nextStage();
        if (stage == Stages.RevealBids &&
                now >= creationTime + 12 days)
            nextStage();
        _;
    }

    /// 出价函数，只能在 AcceptingBlindedBids 状态时才能执行
    function bid()
        public
        payable
        timedTransitions
        atStage(Stages.AcceptingBlindedBids)
    {   …     }

    /// 揭晓函数，只能在 RevealBids 状态时才能执行
    function reveal()
        public
        timedTransitions
        atStage(Stages.RevealBids)
    {   …     }

    /// 竞拍结束函数，在 Finished 状态时才能执行
    function auctionEnd()
        public
        timedTransitions
        atStage(Stages.PayBeneficiary)
        transitionNext
    {   …     }
}
```

这里的示例代码省去了原本拍卖合约的执行逻辑，重点突出了合约状态的转移，以及通过函数修改器实现状态控制。对于合约状态，在代码中声明了枚举类型（enum）Stages，用 4 个枚举项：AcceptingBlindedBids、RevealBids、PayBeneficiary 和 Finished 代表 4 个状态。这些枚举项可以用 uint 类型进行转换，按照定义顺序对应 uint 类型的 0，1，2，3。正因为如此，可以通过加 1 的操作将状态进行更新：

```
stage = Stages(uint(stage) + 1);
```

在 AuctionStateMachine 合约中有三种函数修改器。

❏ atStage：用来限制函数执行所处的合约状态；

❏ timedTransitions：在函数执行之前，根据当前的时间戳升级合约状态；

❏ transitionNext：在函数执行之后立即更新合约状态，适用于只能执行一次的函数（acutionEnd）。

其中 timedTransacitons 修改器适用于所有的公共函数，这样可以使得合约每次被调用，都可以及时地升级合约状态。另外，多个函数修改器被同时引用时，需要注意它们之间的先后顺序，先被引用的修改器优先级高。例如 AuctionStateMachine 合约中的各个函数都是先引用 timedTransitions 修改器，再引用 atStage 修改器，两者都是在原函数之前插入了执行逻辑，由于 timedTransitions 修改器在先，因此会先执行 timedTransitions 修改器中根据时间戳升级合约状态的逻辑，再执行 atStage 修改器，判断当前合约所处的状态。

当然，即使不使用函数修改器也可以实现状态机，只不过代码的可读性和模块化可能不如使用函数修改器好。

6.4　权限控制

在公开的区块链系统上部署智能合约，相当于将合约暴露给所有人，因此为了保证合约的执行限制在可控范围之内，可以对合约的调用进行权限控制。6.1 节已经给读者一个权限控制的示例，先来回顾一下。Ballot 合约的 giveRightToVote 函数只能被 chairperson 调用，vote 函数只能被 chairperson 指定的 voters 调用。这一节我们通过下面的例子集中介绍在智能合约中的权限控制。

```
pragma solidity ^0.4.0;

contract AccessControl
{
    /// 合约中存储的一个映射，对它的访问进行了权限控制
    mapping (bytes32 => string) secretsMap;

    /// 管理员账户数组，可以添加管理员、Readers 和 Writers
```

```
address[] admins;
/// 可以读 secretsMap 的账户白名单
address[] allowedReaders;
/// 可以写 secretsMap 的账户白名单
address[] allowedWriters;

/// 构造函数。合约部署时需要指定一个初始的管理账户数组
function AccessControl(address[] initialAdmins)
{
    admins = initialAdmins;
}

/// 判定函数，用来判断账户数组 allowedUsers 是否包含账户 user
function isAllowed(address user, address[] allowedUsers)
    private
    returns (bool)
{
    for (uint i = 0; i < allowedUsers.length; i++)
    {
        if (allowedUsers[i] == user)
        {   return true; }
    }
    return false;
}

/// 函数修改器，根据传入的签名（v,r,s）判断是否有读权限
modifier onlyAllowedReaders(uint8 v, bytes32 r, bytes32 s)
{
    bytes32 hash = msg.sig;
    address reader = ecrecover(hash, v, r, s);
    require(isAllowed(reader, allowedReaders));
    _;
}


/// 函数修改器，判断调用者（msg.sender）是否有写权限
modifier onlyAllowedWriters
{
    require(isAllowed(msg.sender, allowedWriters));
    _;
}

/// 函数修改器，判断调用者 (msg.sender) 是否是管理员账户
modifier onlyAdmins
{
    require(isAllowed(msg.sender, admins));
    _;
}
```

/// 读函数，返回指定 key 对应的字符串。
/// 同时需要传入对 " 函数名 "（msg.sig）的签名（v,s,r）

```
    function read(uint8 v, bytes32 r, bytes32 s, bytes24 key)
        onlyAllowedReaders(v, r, s)
        constant returns(string)
    {
        return secretsMap[key];
    }

    /// 写函数
    function write(bytes32 key, string value) onlyAllowedWriters
    {
        secretsMap[key] = value;
    }

    /// 添加可读用户, 只有管理员可以操作
    function addAuthorizedReader(address a) onlyAdmins
    {
        allowedReaders.push(a);
    }
    /// 添加可写用户, 只有管理员可以操作
    function addAuthorizedWriter(address a) onlyAdmins
    {
        allowedWriters.push(a);
    }
    /// 添加可读用户, 只有管理员可以操作
    function addAdmin(address a) onlyAdmins
    {
        admins.push(a);
    }
}
```

在 AccessControl 合约中，存储着一个映射对象 secretsMap，并记录着三种身份的账户：管理员、可读账户、可写账户。管理员有权添加可读账户和可写账户，可读账户可以指定 key 值读取 secretsMap 中对应的 value，可写账户可以修改、添加 secretsMap 中的键值对。各个可执行的函数分别由 onlyAdmins、onlyAllowedWriters 和 onlyAllowedReaders 三个函数修改器进行修饰，以此来限制每个函数只能由拥有相应身份的账户执行。其中 onlyAdmins 和 onlyAllowedWriters 两者的原理比较简单，上文中也多次出现。这里重点介绍一下函数修改器 onlyAllowedReaders 和 read 函数。

之所以 read 函数的权限管理不同于其他，是由于 read 函数是一个 constant 函数，只读取合约状态而不改变合约状态。对于 constant 函数，使用者通过 eth_call 调用同样能得到结果，然而 eth_call 调用时不需要调用者的签名，调用者可以使用任意的 msg.sender，如果通过判断 msg.sender 的方式进行权限控制，显然是形同虚设的。而 addAdmin 和 write 函数的执行改变了合约状态，必须通过 eth_sendTransaction 进行调用，对交易签名的验证保证了 msg.sender 不可伪造。既然 eth_call 可以直接调用 read 函数，那么就需要在智能合约内部

使用签名来验证调用者身份。

调用者在调用 read 函数前，需要用自己的私钥对 read 函数的"函数名"进行签名。所谓"函数名"就是被调用函数的 calldata 的前 4 个字节（bytes），即 msg.sig，计算方式是对函数定义部分取散列值：keccak256（"read（uint8，bytes32，bytes32，bytes24）"，再截取前 4 个字节。这里的 read 函数的"函数名"用十六进制表示为 0xbcbb0181。在私钥签名前，还需要将其补齐为 32 字节（64 位十六进制数）：

```
0xbcbb018100000000000000000000000000000000000000000000000000000000
```

这是因为验证签名的函数 ecrecover 接受的散列值是 32 字节的。调用者用自己的以太坊地址对应的私钥，通过以太坊的 secp256k1 签名算法，对这个散列值进行签名，得到（r，v，s）三元组。

调用者在调用 read 函数时，除了要指定 key 值，还要把（r，v，s）当做参数传入。在 read 函数引用的 onlyAllowedReaders 函数修改器中会读取 msg.sig，将其补齐为 32 字节并和（r，v，s）一起进行解签名：

```
address reader = ecrecover(hash, v, r, s);
```

ecrecover 是 Solidity 的内置函数，可以根据签名（v，r，s）和签名对象（hash）得到签名者的地址（reader）。因为是 reader 使用私钥生成的签名，所以我们可以认为 reader 的身份是真实的，不是别人冒充的。之后验证 reader 有读权限即可。

以上就是使用主动传入签名的方式验证只读（constant）函数执行权限的方法。这里读者需要注意，在以太坊公有链上所有的数据都是公开的，任何节点都可以同步，原理上 AccessControl 合约中的 secretsMap 中的数据也是公开的，但是获取 secretsMap 中的数据并不容易，只能通过调用底层 API（eth_getStorageAt）来试着获取。AccessControl 合约中提供的签名验证方案，虽然无法在底层完全屏蔽对数据的获取，但是可以在应用层限制合约函数的访问，这起到了一定的权限控制作用。

6.5 本章小结

本章介绍了 4 个经典的以太坊智能合约案例。这些案例从不同层面体现了以太坊公开、透明、去中心化的特性，也体现了 Solidity 开发的相关知识。经过对这 4 个案例的详细分析，读者应该对智能合约的开发有更深入的认识了吧。在阅读本章的过程中，读者可以结合之前章节中介绍的 Solidity 语法以及智能合约调试方法，在 Remix 上动手调试一下这些合约，也可以试着根据自己的设想和需求改写一下它们，以此来深入地学习、领悟以太坊智能合约的开发。

以太坊上数字资产的发行和流通

7.1 以太坊上的数字资产定义

以太坊设计目标就是让各种数字资产以智能合约的形式运行在以太坊虚拟机上。目前，在以太坊上的众多智能合约之中，应用最为广泛的是代币合约（Token Contract）。代币合约是在以太坊上管理账户及其拥有的代币的智能合约，实质上可以理解为一张账户地址和对应账户代币余额的映射表。

从某种意义上讲，以太坊上的代币可以被称为数字资产，记录资产数据的代币合约就是一份账本。代币既可以表示某一虚拟货币的价值，又可以象征某些实际的物理量，甚至可用于记录账户持有者的信誉值。但归根结底，以太坊上的数字资产就是指以太坊上代币合约中记录的账户代币余额数据。

与以往搭建由区块链直接记录的加密货币（Cryptocurrency）不同，以太坊上的数字资产（Digital Asset on Ethereum）是记录在以太坊之上的代币合约中。一般意义上的加密货币，如比特币、以太币和莱特币等，是记录在账户状态中，直接存储在区块内的数据，伴随"挖矿"等机制发行，并通过交易的方式流通。**而数字资产则是以以太坊区块链为平台，记录在更高一层的代币合约中，具体来讲是存储在以太坊交易消息数据字段的可执行代码中。** 数字资产的发行无须经过复杂的"挖矿"程序，代币合约的创建者可以通过智能合约定义自己的代币发行标准，直接在合约代码中实现"铸币"功能。并且，代币的流通是通过在以太坊交易中调用智能合约的函数接口进行转账，代币合约创建者同样可以在这一过程中添加一些自定义的操作。相比之下，以太坊上的数字资产较加密货币拥有更高的灵活性，并且其安全性也由以太坊区块链机制和智能合约代码保证。

7.2 发行和流通

以太坊上的代币作为一种数字资产，需要有它的发行和流通机制。相较于以太币等加密货币基于 PoW 和 PoS 共识算法的发行机制以及基于发送交易进行转账的流通机制，以太坊上数字资产的发行和流通更加简便灵活，相关的操作一般由代币合约创建者在代币合约中实现。常见的代币合约在记录账户及代币余额的基础上，还包含一些基本的数字资产管理操作，如铸造代币、销毁代币以及代币转账等。代币转账是代币合约的一项基本功能，也是数字资产流通功能的具体实现。例如，账户 Alice 调用合约的转账功能函数，向账户 Bob 转入 50 个代币，此时合约中记录的 Alice 账户余额减少了 50，而 Bob 账户余额增加了 50。代币合约通过铸造代币和销毁代币来增加或减少代币供应总量，这两者是数字资产发行和回收功能的具体实现。当其他账户通过向合约转入以太币或其他方式调用合约铸造功能时，该代币合约向账户对应的余额值增加相应数量的代币，代币的总供应量也相应增加，完成铸币。例如，账户 Charlie 调用代币合约的铸币功能函数，合约经验证后在将其余额增加 50 个代币，同时代币总供应量也增加 50 个代币。与之类似，账户通过调用合约的销毁功能函数，销毁其账户余额中的代币，代币总供应量也相应地减少。但是，通常代币合约的代币销毁功能是通过向特殊的零地址 0x000...0000 中转入相应数量的代币来完成，此时代币总供应量不会减少，选择这一操作的原因将在 7.3.2 节中详细介绍。

除了以上的转账、铸币、销毁等基本功能，代币合约还可以加入数字资产的查询、权限控制，甚至经济学公式计算等功能。那么，功能繁多的代币智能合约是否有共同点，或者对代币合约的基本功能进行一些规范呢？以太坊开发人员在以太坊改进计划（Ethereum Improvement Proposal，EIP）中提出了 ERC 20 代币合约标准，为以太坊代币合约制定了一套标准的接口。

7.3 ERC 20 代币合约标准

ERC 20 代币合约标准规定了一个以太坊代币合约所需实现的函数功能和事件记录。该标准满足了代币作为数字资产所必须具备的一些基本功能和要求，如注明代币名称、代币转账、本账户中允许链上第三方使用的代币限额等。ERC 20 的出现为以太坊上的代币合约提供了一个标准化的方案，也对以太坊上数字资产的实现进行了一定的规范。ERC 20 标准使得种类繁多的代币能够被更多的去中心化应用（DApp）、交易所等兼容。

7.3.1 标准定义

ERC 20 标准接口如下。我们将在下一节对各个接口做详细的介绍。

```
contract ERC20 {
    string public constant name = "Token Name";
    string public constant symbol = "SYM";
    uint8 public constant decimals = 18;

    function totalSupply() constant returns (uint supply);
    function balanceOf( address who ) constant returns (uint value);
    function allowance( address owner, address spender ) constant returns (uint
_allowance);

    function transfer( address to, uint value) returns (bool ok);
     function transferFrom( address from, address to, uint value) returns (bool
ok);
    function approve( address spender, uint value ) returns (bool ok);

    event Transfer( address indexed from, address indexed to, uint value);
    event Approval( address indexed owner, address indexed spender, uint value);
}
```

7.3.2 ERC 20 标准接口

自 2015 年提出以来，ERC 20 代币合约标准在以太坊开发社区的协商下逐步确定为 7.3.1 节所展示的 11 个标准接口。这一标准的出现为 2017 年以太坊合约代币井喷式发展打下了基础。ERC 20 标准接口总共可分为三类：常量、功能函数以及事件，本节将按照分类对各个接口进行逐一介绍。

1. 常量

常量类接口包含代币名称、代币符号和小数点位三个常量，分别定义了合约代币的名称、符号等基本信息。

（1）代币名称

代币名称（name）是由代币合约创建者指定的完整名称，是一串公开的字符串常量，如 CarToken。尽管在以太坊上，代币名称是由各代币合约各自指定，无法保证一个代币名称唯一标识一种特定的合约代币。但在代币交易所中，符合 ERC 20 标准的代币可以向交易所提供代币名称进行注册，交易所通过注册机制可以检查并保证代币名称与代币合约一一对应，实现类似于 ENS 的效果。

（2）代币符号

代币符号（symbol）是由代币合约创建者指定的代币简称，是一串公开的字符串常量，一般由 3 ～ 4 个大写字母组成，便于标识该代币，如 EXT。与代币名称相同，符合 ERC 20

标准的代币可以通过在各交易所中注册，使其代币符号能够唯一标识该代币合约。

（3）小数点位

小数点位（decimals）是由代币合约创建者指定的一个公开的无符号整数常量，用于指定代币的最小精度值，一般为 18。小数点位的数值表示该代币在交易中最小单位在小数点后的位数，比如 18 表示该代币在交易中的最小单位为 1×10^{-18} 个代币。实际上，之所以要引入这一常量，是因为以太坊虚拟机不支持小数计算，智能合约代码中涉及小数的数值只能先转换为整数后再进行计算。代币合约中设置最小精度值后，合约代码中的数值计算便可以先乘 10 的小数点位次乘方转换为整数，再送入 EVM 进行计算，最终结果还原为小数，确保了合约中数值计算的精确性。

另外，需要指出的是，由于以太币本身的小数点位设置为 18，因此符合 ERC 20 标准的代币一般将小数点位设置为 18。尽管如此，小数点位仍可以根据实际需求进行调整。当代币的数额计算中要求更高精确度时，小数点位可以设置得更高。当数字资产用于表示一些无法分割的实际物品，如软件证书时，代币的最小单位应为 1，此时小数点位应设为 0。

2. 函数功能

函数功能包含总供应量、余额、转账、从他人处转账、允许量值以及限额 6 个功能函数，分别规定了实现代币合约所必需的查询、转账、权限控制等基本功能的函数接口。

（1）总供应量

总供应量 totalSupply( ) 函数用于查看代币当前的总供应量，即当前合约账本中所有账户余额的总和。该函数没有输入参数，返回值为无符号整数常量。

（2）余额

余额 balanceOf( ) 函数用于查看当前合约中指定账户的代币余额。该函数的输入参数为账户地址，返回值为账户代币余额，为无符号整数常量。

（3）转账

转账 transfer( ) 函数用于从当前账户向其他账户进行代币转账。该函数的输入参数为目标账户地址和转账的代币数额，返回值为布尔型变量。当账户满足当前有足够的余额、转账数额为正数以及合约编写者指定的其他条件时，转账成功，则合约中当前账户的余额减少，目标账户中的余额增加，函数返回值为真；否则转账失败，函数返回值为假。

（4）从他人处转账

从他人处转账 transferFrom( ) 函数用于从他人账户向其他账户进行代币转账。在有些情况下，用户不仅可以使用 transfer( ) 函数自己发起转账，还可以授权他人在一定限额下调用 transferFrom( ) 函数从自己账户中转出代币，而无须自己介入。例如，在一个银行合约中，由于合约无法控制用户的行为，不能命令用户使用 transfer( ) 发起转账，但可以由用户提前授权，并通过 transferFrom( ) 从用户账户中转出钱款，自动完成转账过程，而无须通知用户参与。该函数的输入参数为转账的发起地址、目标地址以及转账数额。与 transfer( ) 函数一样，当转账成功时返回值为真，转账失败则返回值为假。

（5）允许量值

允许量值 approve( ) 函数用于设定当前账户对指定账户的允许转账量值（allowed）。该函数的输入参数为代币使用方地址和允许使用的额度，返回值为设置是否成功的布尔型变量。ERC 20 标准为了满足更广泛的需求，提供了 transferFrom( ) 接口。为了账户更方便地管理自己的账户余额，必须对其他人从本账户中转走的代币数额进行限制，于是 ERC 20 标准引入了允许量值 allowed。allowed 是一个二元组，allowed[A][B] 记录的是用户 A 对本账户中允许账户 B 转走的代币额度。用户 A 通过调用 approve( ) 函数并指定账户 B 和允许额度，对 allowed[A][B] 进行设置；当账户 B 调用 transferFrom( ) 函数从账户 A 中转出代币时，需先通过检查，确保转出的数额不超过账户 A 设置的 allowed[A][B] 值，并且转账之后 allowed[A][B] 值会减少相应的数额。

（6）限额

限额 allowance( ) 函数用于查看当前的 allowed 值。该函数的输入参数为代币持有方 A 的地址和代币使用方 B 的地址，返回值为当前在账户 A 中允许账户 B 转出的代币数额 allowed[A][B]，为无符号整型常量。

3. 事件

智能合约中还包括了记录事件的 event 类型接口，ERC 20 合约标准也对代币合约基本的事件接口进行了规范。ERC 20 标准要求代币合约包含至少两个事件：转账（Transfer）和允许（Approval）。

（1）转账

Transfer( ) 事件用于记录代币合约最基本的功能——转账。事件的输入参数为转账的发起方、接收方以及转账的代币金额，一般位于 transfer( ) 函数和 transferFrom( ) 函数中转账成功之后触发。用户可以从交易收据（receipt）中查看每一笔代币转账的相关信息。

（2）允许

Approval( ) 事件用于记录代币合约的进阶功能——允许他人从本账户中转出代币。事件的输入是代币的持有者、使用者以及所设置的允许金额，一般位于 approve( ) 函数中，设置允许限额成功之后触发。用户可以从交易收据（receipt）中查看代币持有者对他人设置的允许转账限额等相关信息。

7.3.3　现有 ERC 20 标准代币

随着智能合约和代币的兴起，以及 ERC 20 代币合约标准的提出，以太坊上涌现出了大量符合 ERC 20 标准的代币，如 EOS、BAT 和 REP 等。目前以太坊上市场份额较大的代币主要是由 DApp 发行的代币或者开发其他种类区块链之前众筹而发行的代币。

（1）EOS 代币

EOS 代币是由 Daniel Larime 等人开发的 EOS.IO 项目所发行的一种代币。EOS.IO 是一款新一代的区块链项目，针对以太坊现有的一些问题作出改进。EOS.IO 采用股权委托证明（DPoS）的共识算法，提高吞吐量和用户数量，计划可支持每秒百万级别的交易量；将交易延迟降低至数秒，并且拥有冻结功能，更便于项目升级和问题修复。自 2017 年 6 月公布白皮书并开放众筹以来，EOS.IO 项目受到广泛关注，人们将其视为以太坊有力的竞争者。该项目于 2017 年 9 月发布了 EOS.IO Dawn 1.0 版本，于 12 月发布了 Dawn 2.0 版本，截至笔者撰稿时，已完成了 P2P 网络的搭建、导入创世区块的测试等开发步骤。此外，该项目通过在以太坊上发行 ERC 20 标准代币 EOS，目前仍处于众筹阶段，众筹将于 2018 年 6 月结束。此后，在 EOS.IO 区块链开发完成正式上线后，以太坊上的 EOS 代币会通过创世区块转移至 EOS 链上，以太坊用户的 EOS 代币可由此转换为 EOS 链上的数字货币。

（2）BAT 代币

BAT 代币（Basic Attention Token）是以太坊上一款数字广告平台 DApp 在 2017 年 5 月所发行的一种 ERC 20 代币。该 DApp 将前端浏览器上统计的用户网页广告停留时间换算成用户的"注意力"（attention），依此转换成 BAT 代币的价值，并让广告主由此向广告发行商支付相应的 BAT 代币。目前该 DApp 支持在 Brave 浏览器上实现广告统计功能，利用以太坊上的 ERC 20 代币实现了广告对用户的吸引力和广告价值之间的转化以及广告实际价值的流通，略去了广告主、发行商和用户之间的众多中间商，以更加透明高效的方式实现数字广告的升级。

REP 代币是由 Augur DApp 项目 2017 年 7 月发行的一种代币。Augur 是一个用于预测未来事件的、基于以太坊区块链的市场预测平台，用户可以通过该平台对未来的事件进行预测并押注，若预测正确则可以获得奖励，否则会有一定的损失。Augur 平台的智能合约中包括了一套 ERC 20 标准代币合约，其代币 REP 可用于预测过程中的交易。相比于一般的市场预测平台，Augur 将平台搭建于以太坊区块链之上，使用智能合约进行管理，实现了去中心化，更加安全可靠，并且使用符合 ERC 20 标准的 REP 代币，提高市场交易效率，增强了流通性。

下面以 EOS 代币为例，简要介绍 ERC 20 标准在 EOS 代币合约中的具体实现。

在 EOS 代币的合约中，ERC 20 标准接口的具体实现位于合约 DSTokenBase 中。其中，ERC 20 标准中的基本功能——transfer（转账）函数如下。transfer 函数的输入参数为转账接收方地址 dst 和转账金额 wad。函数首先判断转账发送方，即转账消息的发起方 msg.sender 的余额是否足够；然后发送方 msg.sender 余额减少，接收方 dst 余额增加；再触发 Transfer 事件记录转账的 msg.sender、dst 和 wad；最后，转账成功，返回真值。

```
function transfer(address dst, uint wad) returns (bool) {
    assert(_balances[msg.sender] >= wad);

    _balances[msg.sender] = sub(_balances[msg.sender], wad);
    _balances[dst] = add(_balances[dst], wad);

    Transfer(msg.sender, dst, wad);

    return true;
}
```

ERC 20 中更进一步的转账功能——transferFrom 函数。函数的输入参数为转账的发送方 src、接收方 dst 和金额 wad。transferFrom 函数转账的流程如下：

1）除了判断发送方余额是否足够之外，还需判断发送方 src 对转账发起者 msg.sender 的允许限额 _approvals 是否足够；

2）转账过程中，除了发送方、接收方的余额变更之外，还需将发送方对转账发起者的允许限额 _approvals[src][msg.sender] 扣除相应的转账数额；

3）同样触发 Transfer 事件进行记录；

4）转账成功，返回真值。

```
function transferFrom(address src, address dst, uint wad) returns (bool) {
        assert(_balances[src] >= wad);
        assert(_approvals[src][msg.sender] >= wad);

        _approvals[src][msg.sender] = sub(_approvals[src][msg.sender], wad);
        _balances[src] = sub(_balances[src], wad);
        _balances[dst] = add(_balances[dst], wad);

        Transfer(src, dst, wad);

        return true;
    }
```

此外，ERC 20 中还有一个重要的功能——设置允许限额（_approvals）。函数除了将调用者 msg.sender 对被授权方 guy 的允许值 _approvals 进行更改之外，还触发了 Approval 事件来记录授权方 msg.sender、被授权方 guy 和允许限额 wad，并返回真值。approve 函数的实现如下。

```
function approve(address guy, uint256 wad) returns (bool) {
    _approvals[msg.sender][guy] = wad;

    Approval(msg.sender, guy, wad);

    return true;
}
```

除了 ERC 20 标准核心函数的实现外，在合约 DSToken 中也包括了代币基本的发行功能——铸币（mint）和销毁（burn），具体函数实现如下。

```
function mint(uint128 wad) auth stoppable note {
    _balances[msg.sender] = add(_balances[msg.sender], wad);
    _supply = add(_supply, wad);
}
function burn(uint128 wad) auth stoppable note {
    _balances[msg.sender] = sub(_balances[msg.sender], wad);
    _supply = sub(_supply, wad);
}
```

两个函数均带有 auth 函数修改器，限定了只能由合约创建者、合约所有者或由创建者授权过的账户调用。铸币 mint 函数根据输入的铸币金额 wad，在消息发送方 msg.sender 的账户余额以及代币总供应量 _supply 的数额上直接增加 wad 数额的代币。与之相反，销毁 burn 函数则是在账户余额以及代币总供应量中减少相应数额的代币。

7.4 ERC 721 代币合约标准

除了最为通用的 ERC 20 标准，目前有许多人在此基础上不断提出功能更为全面、内容更为细致的合约标准，如 ERC 721、ERC 223、ERC 644 以及 ERC 677 等。本节主要介绍 ERC 721 合约标准。

7.4.1 标准定义

ERC 721 合约标准规定了一种不可替代的代币（Non-fungible Token，NFT）的合约接口。此类代币的最小单位为个，即在 ERC 20 标准中对应小数点位的 decimal 值为零。此类代币最重要的特点为每一个代币都是独一无二的。每一个代币拥有各自的 _tokenId 标号，并且可以附上一些各不相同的特征值，这样使得每个代币都是"不可替代"的。ERC 721 代币合约标准的接口如下。

```
contract ERC721 {
    // Required method
    function totalSupply() constant returns (uint256 totalSupply);
    function balanceOf(address _owner) constant returns (uint256 balance);
    function ownerOf(uint256 _tokenId) constant returns (address owner);
    function approve(address _to, uint256 _tokenId);
    function takeOwnership(uint256 _tokenId);
    function transfer(address _to, uint256 _tokenId);

    // Optional method
    function name() constant returns (string name);
```

```
        function symbol() constant returns (string symbol);
        function tokenOfOwnerByIndex(address _owner, uint256 _index) constant returns
(uint tokenId);
        function tokenMetadata(uint256 _tokenId) constant returns (string infoUrl);

        // Events
        event Transfer(address indexed _from, address indexed _to, uint256 _tokenId);
        event Approval(address indexed _owner, address indexed _approved, uint256 _
tokenId);
    }
```

ERC 721 标准继承了 ERC 20 标准的一些基本功能接口，如 name( )、symbol( )、totalSupply( )、balanceOf()，以及事件 Transfer( )、Approval( ) 等，并在一些函数，如 transfer( )、approve( ) 中加入了 _tokenId 用以指定特定的代币。

除此之外，ERC 721 相比于 ERC 20 还新增了一些功能函数。其中，ownerOf( ) 和 tokenOfOwnerByIndex( ) 分别为根据代币 ID 查询该代币的持有者，以及根据持有者及其索引查询所持有的代币 ID；ERC 20 中的 transferFrom( ) 方法被更改为 takeOwnership( )，在限额 approve 允许的条件下，交易发起方 msg.sender 调用该函数可以将指定 _tokenId 的代币从他人处转至自己的账户中；tokenMetadata( ) 函数用于查看代币的元数据等，根据代币的 ID 查询到一个 URL 格式字符串，其中包含这一代币的名称、图像和描述等相关信息。

7.4.2 CryptoKitties DApp

近来一款养猫游戏 CryptoKitties 的 DApp 在以太坊上引起一阵热潮，上线仅两周，这款 DApp 便吸引了超过 150 000 名用户，买卖小猫的交易数额将近 15 000 000 美元，其中用户所发出的交易数量占到了以太坊网络中所有交易的 1/4，甚至一度造成了网络堵塞。

在这款 DApp 中，用户可以饲养、交易一只只可爱的小猫，如图 7-1 所示。每一只小猫都拥有独一无二的基因，并且外表也是各不相同。在游戏中，用户还可以让小猫进行繁殖，由不同父母繁育出的后代会产生出全新的基因和外表，这一有趣的特征吸引了许多以太坊用户纷纷饲养繁育自己的小猫。实际上，每只小猫形态各异的特点正是由 ERC 721 合约标准中的"不可替代的代币" NFT 所实现。

CryptoKitties DApp 是一套以太坊上的智能合约，其中一只只各不相同的小猫正是合约中的一个个 NFT 代币。CryptoKitties 合约应用了 ERC 721 标准定义了小猫代币，每个小猫代币拥有独一无二的 _tokenId，并且包含基因 genes、出生时间 birthTime、父亲 matronId、母亲 sireId 等信息。合约根据 ERC 721 标准实现了 transfer( )、approve( )、ownerOf( ) 和 tokenOfOwner( ) 等函数功能。但该合约中仍保留了加上 _tokenId 后的 transferFrom( ) 函数，相比 takeOwnership( ) 函数还能够实现（如向第三方转账等）更多的功能。以下是 CryptoKitties 合约中 ERC 721 接口部分的代码。

CryptoKitties   Sign in   Marketplace

Collectible.
Breedable.
Adorable.

Collect and breed digital cats.

图 7-1　CryptoKeiites 养猫 DApp

```
/// @title Interface for contracts conforming to ERC-721: Non-Fungible Tokens
/// @author Dieter Shirley <dete@axiomzen.co> (https://github.com/dete)
contract ERC721 {
    // Required methods
    function totalSupply() public view returns (uint256 total);
    function balanceOf(address _owner) public view returns (uint256 balance);
    function ownerOf(uint256 _tokenId) external view returns (address owner);
    function approve(address _to, uint256 _tokenId) external;
    function transfer(address _to, uint256 _tokenId) external;
    function transferFrom(address _from, address _to, uint256 _tokenId) external;

    // Events
    event Transfer(address from, address to, uint256 tokenId);
    event Approval(address owner, address approved, uint256 tokenId);

    // Optional
    // function name() public view returns (string name);
    // function symbol() public view returns (string symbol);
    // function tokensOfOwner(address _owner) external view returns (uint256[]
tokenIds);
    // function tokenMetadata(uint256 _tokenId, string _preferredTransport)
public view returns (string infoUrl);

    // ERC-165 Compatibility (https://github.com/ethereum/EIPs/issues/165)
    function supportsInterface(bytes4 _interfaceID) external view returns (bool);
}
```

7.5　本章小结

　　相比于普通的数字加密货币，以太坊上的数字资产利用了以太坊智能合约的灵活性，既保持了去中心化和安全等特性，又具有轻量化以及更强的流通性等特点。本章首先从数字资产的定义及其发行和流通的角度介绍了其概念和基本功能；然后深入 ERC 20 代币合约标准，详细介绍了代币合约的基本功能和对应的标准接口；最后结合 CryptoKitties 养猫 DApp 介绍了目前较为小众的 ERC 721 合约标准，展现了以太坊智能合约的灵活性以及以太坊上数字资产更多的可能性。

以太坊数据查询与分析工具

搭建好以太坊应用后，下一个很重要的任务是监控和分析应用的运行状况。因此，自然离不开对区块链状态的查询和数据分析。

第 8 章介绍以太坊公有链浏览器 Etherscan 的用途、API 和使用案例，以及如何编写自己的区块链分析工具和平台。

8.1　以太坊浏览器 Etherscan

Etherscan（https://etherscan.io）是一个在以太坊以及去中心化智能合约上的区块浏览器（Block Explorer）和分析平台，功能强大，操作简便。换句话说，区块浏览器就相当于一个面向所有人的区块搜索引擎，在其中我们可以很方便地查找、认证和检验以太坊区块链上发生的所有交易，包括智能合约的创建、调用、代币交易等。除此之外，Etherscan 还提供账户查询、区块查询、智能合约查询验证、代币查询、ENS 域名查询、以太坊 API 接口查询，甚至以太坊测试网络信息查询等功能。总而言之，通过 Etherscan，我们可以方便地浏览到以太坊上大多数常见的公开信息。

尽管 Etherscan 面向用户提供了以太坊上绝大多数的查询验证功能，但它并不是一个以太坊客户端，最大的区别在于 Etherscan 不提供以太坊钱包服务。也就是说，Etherscan 不储存用户私钥，也不提供向以太坊网络中发送交易的接口，不会控制管理以太坊中的交易。

Etherscan 由一个非营利性的以太坊爱好者团队开发，独立于以太坊创始团队（Ethereum Foundation），旨在辅助以太坊增强区块链的透明性，通过整合账户、交易、区块、智能合约等查询接口，使用户可以通过最简便的方式搜索获取到以太坊链上的众多公开信息。这一章将详细介绍 Etherscan 的功能。

8.1.1 Etherscan 的基本功能

打开 Etherscan 首页 https://etherscan.io，网页主界面如图 8-1 所示。主页面右上角为搜索栏，提供 Etherscan 大多数查询功能的接口。用户可以在搜索栏中通过地址查询账户信息，通过散列值查询相应的交易或区块信息，通过代币名称或合约地址查询智能合约信息、通过 ENS 域名查询域名对应的账户信息。

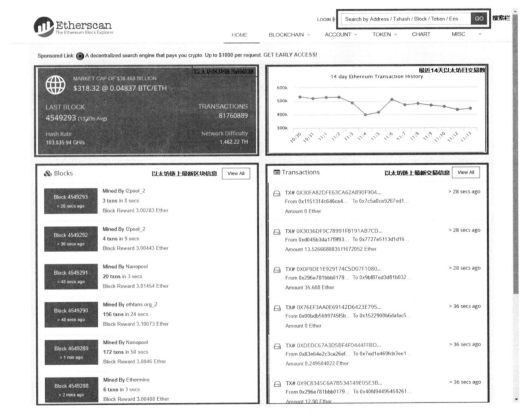

图 8-1　Etherscan 主页面

主页面左上方为以太坊链上的最新信息，包括以太币（ETH）对美元（USD）和比特币（BTC）的当前价格、以太坊当前总市值、当前最新区块和出块间隔、总交易数、总散列率（全网挖矿算力）和网络挖矿难度等。右上方为最近两周以太坊链上每天交易数量的趋势图。

主页面左下方为链上当前最新 10 个区块的信息，包括区块高度、出块时间及间隔、挖出该区块的矿工（矿池）、区块包含的交易数以及区块奖励等。页面右下方为链上最近的 10

条交易的信息，包括交易散列值、进链时间、交易的发送方、接收方和交易转账的以太币数额等。下面详细介绍其功能。

1.交易查询

打开 Etherscan 主页面区块链（BLOCKCHAIN）一栏，如图 8-2 所示。前三项为交易信息查询，分别是查看交易、查看待定交易、查看合约内部交易。查看交易界面如下，交易列表中包括了交易散列值、所在区块、产生时间、发送方和接收方、转账以太币数额以及交易费用等信息。

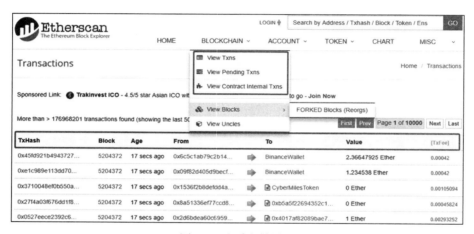

图 8-2　查看交易界面

点击交易散列值，如图 8-3 所示，可以查看该交易的详细信息。详细信息包括交易散列值、所属区块的高度、交易发送的时间戳、发送方地址、接收方地址、转账以太币数额、Gas 限制、交易所用 Gas、Gas 价格、实际交易费用、累计消耗 Gas、交易收据状态、该交易在发送方的序列数（Nonce）、交易输入数据等。其中：

❏ 实际交易开销为交易所用 Gas 与 Gas 价格的乘积。

❏ 交易收据状态表示了交易是否执行成功。

❏ 交易输入数据为交易的数据字段，当交易涉及智能合约的创建、调用等操作时，这一栏会显示交易数据的字节码，若所调用的智能合约经过了 Etherscan 验证，则可以显示所调用的函数以及具体的操作码，而对一般的转账交易，该字段仅显示为 0x。

此外，用户还可以对某一笔交易进行评论。

智能合约的相关交易信息如图 8-4 所示，可以通过上方的事件日志选项查看交易收据中的地址、话题以及数据等日志内容。除此以外，在交易信息的右上角，Etherscan 还为开发人员提供了 Remix、Geth、Parity 等调试工具以及交易可视化工具的选项。用户可以使用调试工具对交易所涉及的智能合约 Solidity 代码进行调试，查看数据字段操作码在以太坊虚拟机（EVM）上进行的每一步操作。

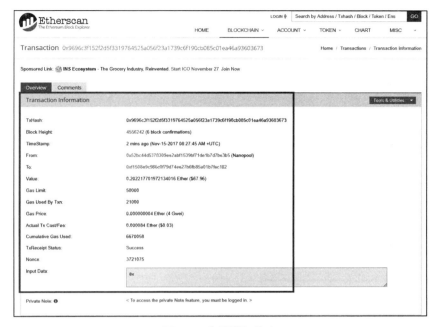

图 8-3 交易详细信息

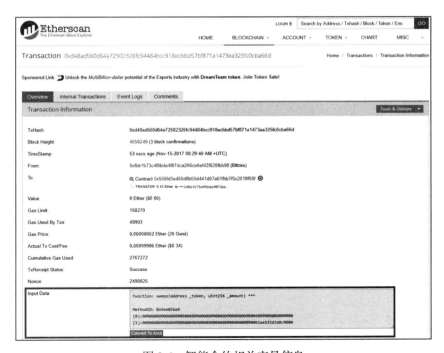

图 8-4 智能合约相关交易信息

待定交易一般指网络中未完成的交易或所在区块尚未被确认的交易，此类交易的详细信息界面如图 8-5 所示。相比已完成的交易，信息栏中的区块高度、交易所用 Gas、实际交易费用、累计消耗 Gas 等均为待定（Pending），并且也没有交易收据状态、事件日志等选项。

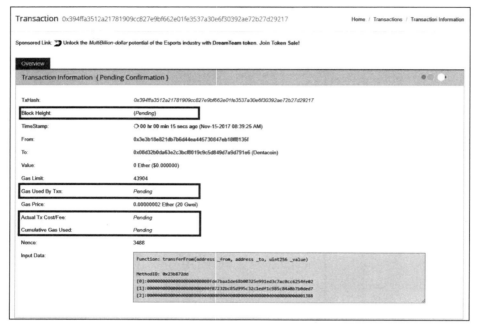

图 8-5　待定交易信息

合约内部交易是指智能合约中转移资产，或者调用其他合约产生的结果，一般情况下是调用了状态码 call 产生的。相比于一般的交易，此类交易的详细信息界面中有内部交易选项（Internal Transcations），可以查看该交易涉及的合约对其他合约调用的过程，内部交易选项界面如图 8-6 所示。

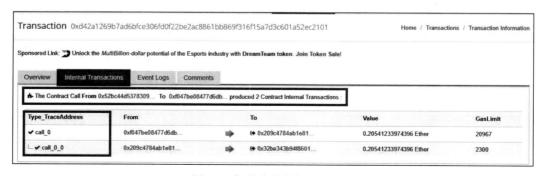

图 8-6　智能合约内部调用交易

2. 区块查询

Etherscan 主页面区块链（BLOCKCHAIN）一栏的后两个选项为区块查询功能，分别包含了查看区块、分叉区块、查看叔区块。

区块列表中包含了区块高度、区块年龄（产生时间）、所含交易数量、叔区块数量、挖出该区块的矿工、消耗总 Gas、Gas 限制、平均 Gas 价格、挖矿奖励等信息。查看区块的界面如图 8-7 所示。

Showing Block (#5205107 to #5205083) out of 5205108 total blocks | First | Prev | Page 1 of **208205** | Next | Last

Height	Age	txn	Uncles	Miner	GasUsed	GasLimit	Avg.GasPrice	Reward
5205107	31 secs ago	216	0	miningpoolhub_1	7993713 (99.92%)	8000029	14.27 Gwei	3.11409 Ether
5205106	40 secs ago	105	0	bitclubpool	3517867 (44.01%)	7993665	40.48 Gwei	3.14239 Ether
5205105	1 min ago	264	1	f2pool_2	7986743 (99.82%)	8001468	28.82 Gwei	3.32394 Ether
5205104	1 min ago	273	0	Nanopool	7980516 (99.79%)	7997587	21.50 Gwei	3.17161 Ether
5205103	2 mins ago	30	0	bitclubpool	1303228 (16.31%)	7989817	35.30 Gwei	3.046 Ether
5205102	2 mins ago	308	0	f2pool_2	7996780 (99.99%)	7997618	19.99 Gwei	3.15982 Ether
5205101	2 mins ago	106	1	Ethermine	7896576 (98.83%)	7989817	10.34 Gwei	3.17539 Ether
5205100	2 mins ago	130	0	SparkPool	7970192 (99.85%)	7982047	8.11 Gwei	3.06464 Ether
5205099	2 mins ago	29	0	0x84990f5d2e09f56...	1005560 (12.59%)	7989822	48.13 Gwei	3.04839 Ether
5205098	2 mins ago	152	0	SparkPool	7978464 (99.91%)	7985932	15.69 Gwei	3.1252 Ether
5205097	3 mins ago	22	0	waterhole	474705 (5.94%)	7993721	53.05 Gwei	3.02518 Ether
5205096	3 mins ago	23	1	Ethermine	1051715 (13.15%)	7999992	28.15 Gwei	3.12335 Ether
5205095	3 mins ago	110	0	SparkPool	7400246 (92.59%)	7992222	8.67 Gwei	3.06417 Ether
5205094	3 mins ago	50	1	Ethermine	1714859 (21.44%)	8000029	18.60 Gwei	3.12565 Ether
5205093	3 mins ago	103	1	miningpoolhub_1	7993230 (99.92%)	8000029	4.18 Gwei	3.12719 Ether
5205092	3 mins ago	159	1	Nanopool	7914224 (98.93%)	8000029	17.23 Gwei	3.23007 Ether

图 8-7　查看区块的界面

点击区块号（区块高度），进入区块详细信息界面，区块详细信息包括区块号、产生时间戳、该区块中的交易、区块散列值、父区块散列值、矿工及挖矿用时、挖矿难度、全网总挖矿难度、区块大小、所用 Gas、Gas 限制、区块序列数、区块奖励、附加数据等。其中，区块中的交易包含了普通交易和内部交易；如果该区块存在叔区块，则信息中还会给出叔区块的奖励以及叔区块的位置；本区块的奖励包含固定奖励、区块中的交易费用和叔区块奖励（若该区块存在叔区块）。此外，与交易信息界面相同，用户也可以对某一区块进行评论。详细信息界面如图 8-8 所示。

查看分叉区块的界面列表中包含了分叉区块的高度、年龄、交易数、叔区块数、矿工、Gas 限制、挖矿难度、散列率（矿工算力）以及挖矿奖励等。分叉区块的详细信息界面与普通区块信息相同。查看分叉区块的界面如图 8-9 所示。

Block #4556297 Home / Blocks / Block Information

Overview Comments

Block Information

Height:	< Prev 4556297 Next >
TimeStamp:	3 mins ago (Nov-15-2017 08:39:53 AM +UTC)
Transactions:	166 transactions and 13 contract internal transactions in this block
Hash:	0x46e5fea995eb70744c1b577f4e711e990b7595b5db920ed85b4def3efe8ffa70
Parent Hash:	0x46a44cb36ff0df55d18701ea47e1d8d3afffc84e389e8be5da7d2bc61b4a82a1
Sha3Uncles:	0x624d5b3552e678d941324413116a8854dd04a67f48152c17f0fd623a7dfa7451
Mined By:	0xea674fdde714fd979de3edf0f56aa9716b898ec8 (Ethermine) in 44 secs
Difficulty:	1,467,608,496,870,410
Total Difficulty:	1,468,037,124,634,564,213,931
Size:	30154 bytes
Gas Used:	6,714,659 (99.84%)
Gas Limit:	6,725,157
Nonce:	0x88ee1e07a8106c8e78
Block Reward:	3.178321011 Ether (3 + 0.084571011 + 0.09375)
Uncles Reward:	2.625 Ether (1 Uncle at Position 0)
Extra Data:	ethermine-asia7 (Hex:0x65746865726d696e652d6173696137)

图 8-8 区块详细信息

FORKED Blocks Home / FORKED Blocks

Excluded blocks as a result of "Chain Reorganizations"

Found a total 21636 forked blocks First Prev Page 1 of 866 Next Last

Height	Age	txn	Uncles	Miner	GasLimit	Difficulty	HashRate	Reward
4556300	2 mins ago	156	0	Nanopool	6718941	1,464.027 TH	96,393.66 GH/s	3.05569 Ether
4556261	11 mins ago	78	0	Ethermine	6693522	1,463.325 TH	113,102.87 GH/s	3.03791 Ether
4556166	32 mins ago	12	0	f2pool_2	6700301	1,459.792 TH	132,143.76 GH/s	3.01115 Ether
4556123	41 mins ago	53	0	miningpoolhub_1	6721235	1,456.242 TH	121,040.78 GH/s	3.00994 Ether
4556057	54 mins ago	135	0	Ethermine	6712392	1,447.046 TH	102,329.80 GH/s	3.07116 Ether
4555939	1 hr 23 mins ago	85	0	f2pool_2	6732056	1,454.178 TH	102,162.26 GH/s	3.02505 Ether
4555804	1 hr 54 mins ago	69	0	0xb75d1e62b10e4b...	6699331	1,454.228 TH	117,665.47 GH/s	3.06082 Ether
4555761	2 hrs 4 mins ago	105	0	bitclubpool	6701921	1,454.950 TH	129,871.47 GH/s	3.07311 Ether
4555624	2 hrs 36 mins ago	67	0	f2pool_2	6705872	1,453.572 TH	108,678.25 GH/s	3.01371 Ether
4555553	2 hrs 51 mins ago	140	0	f2pool_2	6732797	1,443.699 TH	103,818.41 GH/s	3.08728 Ether
4555520	2 hrs 59 mins ago	94	0	f2pool_2	6714909	1,444.412 TH	107,743.70 GH/s	3.04931 Ether
4555500	3 hrs 4 mins ago	50	0	miningpoolhub_1	6700034	1,445.834 TH	110,681.59 GH/s	3.02954 Ether
4555490	3 hrs 6 mins ago	130	0	0xc5625ae31faad01...	6698028	1,443.015 TH	106,033.87 GH/s	3.0508 Ether
4555383	3 hrs 29 mins ago	130	0	f2pool_2	6701507	1,436.006 TH	108,377.84 GH/s	3.03454 Ether
4555286	3 hrs 51 mins ago	53	0	f2pool_2	6700057	1,437.444 TH	113,157.87 GH/s	3.01874 Ether
4555191	4 hrs 14 mins ago	35	0	f2pool_2	6700687	1,438.882 TH	104,055.72 GH/s	3.0142 Ether
4555112	4 hrs 32 mins ago	35	0	f2pool_2	6732030	1,442.423 TH	125,942.80 GH/s	3.0043 Ether
4555101	4 hrs 34 mins ago	44	0	Nanopool	6728709	1,437.503 TH	125,513.23 GH/s	3.02657 Ether

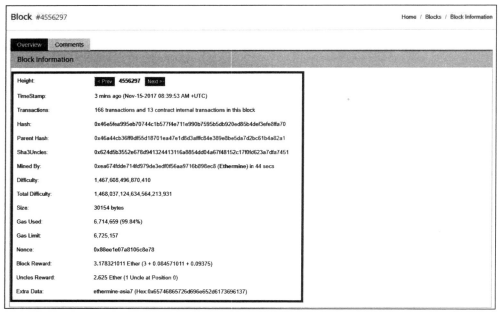

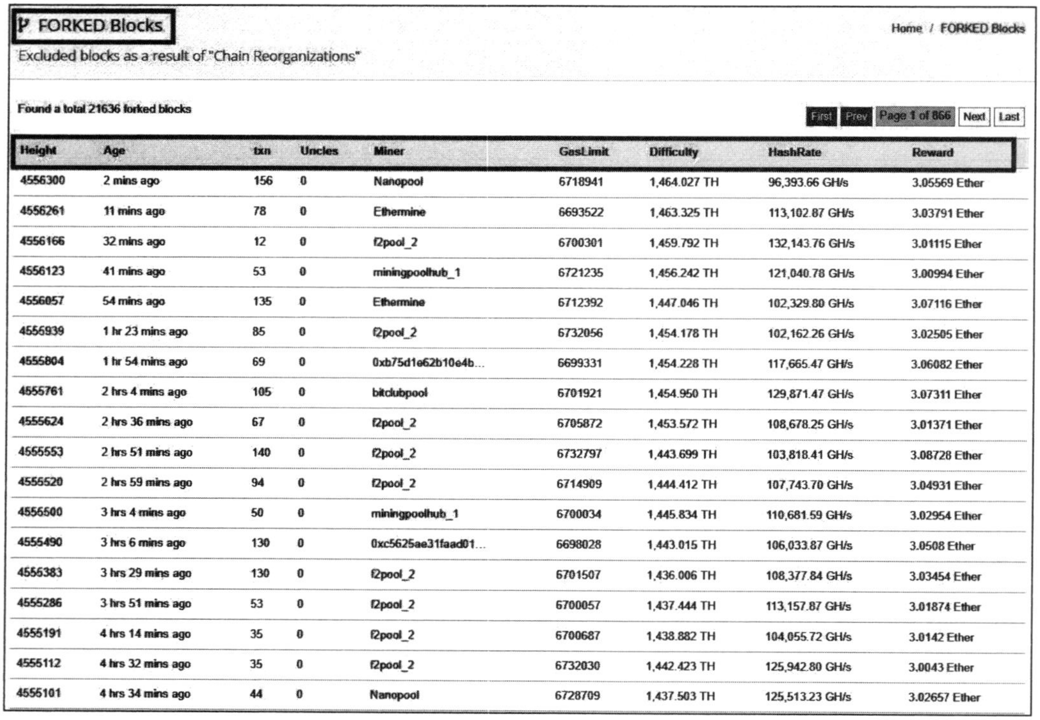

图 8-9 分叉区块的界面

叔区块是以太坊中对特定分叉区块的一种新的定义，有特定的奖励算法。叔区块列表中包含了子区块高度、叔区块高度、区块年龄、挖出叔区块的矿工、对叔区块的奖励等信息。点击子区块号和叔区块号可分别查看区块信息，界面如图 8-10 所示。

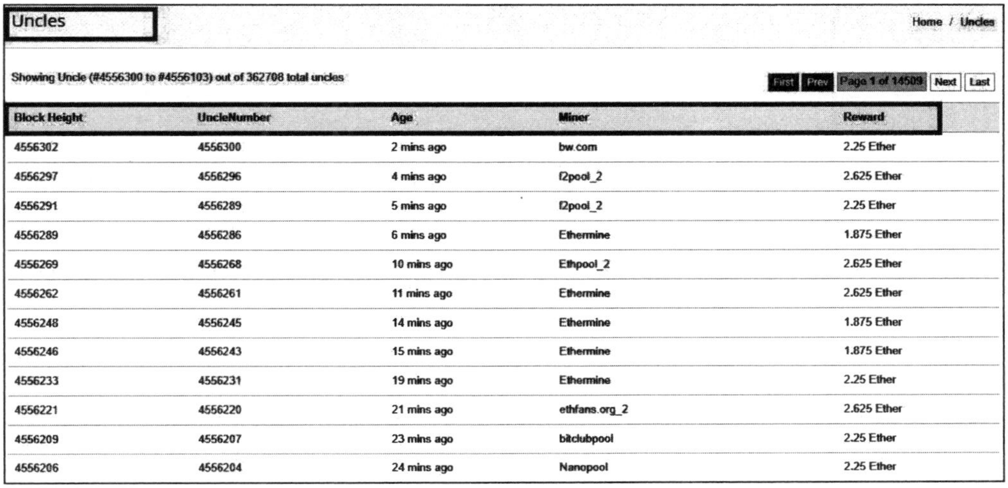
Uncles

Home / Uncles

Showing Uncle (#4556300 to #4556103) out of 362708 total uncles

First Prev Page 1 of 14509 Next Last

Block Height	UncleNumber	Age	Miner	Reward
4556302	4556300	2 mins ago	bw.com	2.25 Ether
4556297	4556296	4 mins ago	f2pool_2	2.625 Ether
4556291	4556289	5 mins ago	f2pool_2	2.25 Ether
4556289	4556286	6 mins ago	Ethermine	1.875 Ether
4556269	4556268	10 mins ago	Ethpool_2	2.625 Ether
4556262	4556261	11 mins ago	Ethermine	2.625 Ether
4556248	4556245	14 mins ago	Ethermine	1.875 Ether
4556246	4556243	15 mins ago	Ethermine	1.875 Ether
4556233	4556231	19 mins ago	Ethermine	2.25 Ether
4556221	4556220	21 mins ago	ethfans.org_2	2.625 Ether
4556209	4556207	23 mins ago	bitclubpool	2.25 Ether
4556206	4556204	24 mins ago	Nanopool	2.25 Ether

图 8-10 叔区块的界面

3. 账户查询

Etherscan 主界面的账户（ACCOUNT）一栏有 4 个选项，分别为查看所有账户、普通账户、合约账户以及已验证合约。以太坊账户分为普通账户和合约账户两种类型，前者的交易行为由用户通过持有的私钥进行控制，后者的行为则由智能合约代码进行控制。账户查询界面的账户列表中包括了账户地址、排名（按以太币余额排序）、账户以太币余额、账户所持以太币对以太币总量的占比、账户涉及的交易数量等信息，如图 8-11 所示。

点击账户地址进入账户详细信息界面。界面上方为账户基本信息，包括账户以太币余额、当前余额价值（USD）、账户涉及的交易数量、账户二维码、查询账户历史余额、账户持有的代币数额等。界面下方为账户最近的交易列表、代币交易列表、对该账户的评论等。相比于交易和区块，账户界面的评论区显得更为热闹，在一些大型账户的评论区中可以发现各种有趣的留言。普通账户的详细信息界面如图 8-12 所示。

合约账户的详细信息界面如图 8-13 所示。相比于普通账户，合约账户的基本信息中增加了合约的创建信息，包括创建者地址和创建该合约的交易散列值；界面下方除了交易信息、代币交易信息、评论之外，还增加了合约间调用的内部交易信息、智能合约函数调用列表等功能。

已验证合约列表中包含了合约地址、合约名称、Solidity 编译器版本、合约账户余额、合约交易数、验证日期等信息，如图 8-14 所示。

All Accounts

Home / Accounts

A total of more than > 1999999 accounts found (95,737,555.999 Ether)
Displaying the last 10000 records only

First Prev Page 1 of 400 Next Last

Rank	Address	Balance	Percentage	TxCount
1	0xb794f5ea0ba39494ce839613fffba74279579268 (Poloniex ColdWallet)	2,624,999.912284604787792424 Ether	2.74187061%	432
2	0xe853c56864a2ebe4576a807d26fdc4a0ada51919 (Kraken_3)	2,148,759.210634876560465 Ether	2.24442664%	110
3	0x281055afc982d96fab65b3a49cac8b878184cb16	1,538,421.036498856062345648 Ether	1.60691488%	475
4	0x6f46cf5569aefa1acc1009290c8e043747172d89	1,510,065.465636533766762795 Ether	1.57729686%	475
5	0x90e63c3d53e0ea496845b7a03ec7548b70014a91	1,507,810.416648365151596003 Ether	1.57494141%	441
6	0xab7c74abc0c4d48d1bdad5dcb26153fc8780f83e	1,500,000.00134197094280789 Ether	1.56678326%	223
7	0x53d284357ec70ce289d6d64134dfac8e511c8a3d	1,378,754.093041281477994073 Ether	1.44013922%	14987
8	0xf4b51b14b9ee30dc37ec970b50a486f37686e2a8	1,239,270.058476511028024731 Ether	1.29444505%	2112
9	0xde0b295669a9fd93d5f28d9ec85e40f4cb697bae (EthDev)	737,021.591319750779479303 Ether	0.76983539%	391
10	0xf27daff52c38b2c373ad2b9392652ddf433303c4	672,784.621152328644707614 Ether	0.70273845%	92
11	0x3d2e397f94e415d7773e72e44d5b5338a99e77d9	672,524.354287598456761386 Ether	0.70246660%	80
12	0xb8487eed31cf5c559bf3f4edd166b949553d0d11	670,941.344216715138320524 Ether	0.70081311%	99
13	0xfbb1b73c4f0bda4f67dca266ce6ef42f520fbb98 (Bittrex)	653,566.067571837530880267 Ether	0.68266425%	2725724
14	0x00a651d43b6e209f5ada45a35f92efc0de3a5184 (200M_Trader)	588,153.485435862886997504 Ether	0.61433936%	37
15	0x61edcdf5bb737adffe5043706e7c5bb1f1a56eea	580,000 Ether	0.60582286%	75

图 8-11 账户查询列表

Address 0xb794F5eA0ba39494cE839613fffBA74279579268

Home / Normal Accounts / Address

Sponsored Link: Buy your 1st Ethereum in 5 minutes. Trusted by more than 100k buyers.

Overview | Poloniex ColdWallet

ETH Balance:	2,624,999.912284604787792424 Ether
ETH USD Value:	$883,837,470.47 (@ $336.70/ETH)
No Of Transactions:	432 txns

Misc

More Options

Address Watch	Add To Watch List
Token Tracker	View Tokens ($2,585,449.59) 26

Transactions Token Transfers Comments

Latest 25 txns from a total Of 432 transactions

View All

TxHash	Block	Age	From		To	Value	[TxFee]
0x3c8ca1cd3a7dcfe...	4526839	4 days 17 hrs ago	0x58b94b362f73b58...	IN	Poloniex ColdWallet	0.0015 Ether	0.00042
0x714cfd31179ae70...	4512665	7 days 4 mins ago	Poloniex ColdWallet	OUT	Poloniex_2	150,000 Ether	0.00182496
0x0d20e950d83e39...	4384670	27 days 14 hrs ago	0x55ce0f42564249c...	IN	Poloniex ColdWallet	0.0001 Ether	0.000441
0x4a012847224eaf6...	4375845	29 days 59 mins ago	Poloniex ColdWallet	OUT	Poloniex_2	150,000 Ether	0.00182496
0x395c0a8fb2218cd...	4305104	52 days 16 hrs ago	0x177aaf962f4d86df...	IN	Poloniex ColdWallet	0.001 Ether	0.00126
0x4a243b5b9fecaf9...	4283423	58 days 23 hrs ago	0x6482f8fe0185760...	IN	Poloniex ColdWallet	0.001 Ether	0.0010395
0x7e5a3984b78eef8...	4272357	62 days 59 mins ago	Poloniex ColdWallet	OUT	Poloniex_2	150,000 Ether	0.00182496
0x44aa82cd30d597f...	4222471	76 days 2 hrs ago	Poloniex ColdWallet	OUT	Poloniex_2	150,000 Ether	0.00182496
0x5d2376695e7218...	4189650	84 days 22 hrs ago	0x007b9d404583d1...	IN	Poloniex ColdWallet	0 Ether	0.000570725673
0x206c4a357af0419...	4187489	85 days 11 hrs ago	0x8f461fb9f75cc9fb...	IN	Poloniex ColdWallet	0.026 Ether	0.000021
0x5461548390b43e...	4173444	88 days 19 hrs ago	0xa4fa279350d88a9...	IN	Poloniex ColdWallet	0.001 Ether	0.000819
0x863d7542b92fab0...	4166471	90 days 11 hrs ago	0xa2bde774ee5838...	IN	Poloniex ColdWallet	0.0005 Ether	0.000588638
0xa941f0cd569f8ee...	4163788	91 days 3 hrs ago	Poloniex ColdWallet	OUT	Poloniex_2	150,000 Ether	0.00182496
0x84cc17d9837a2d...	4143514	96 days 1 hr ago	Poloniex ColdWallet	OUT	Poloniex_2	150,000 Ether	0.00182496

图 8-12 普通账户详细信息

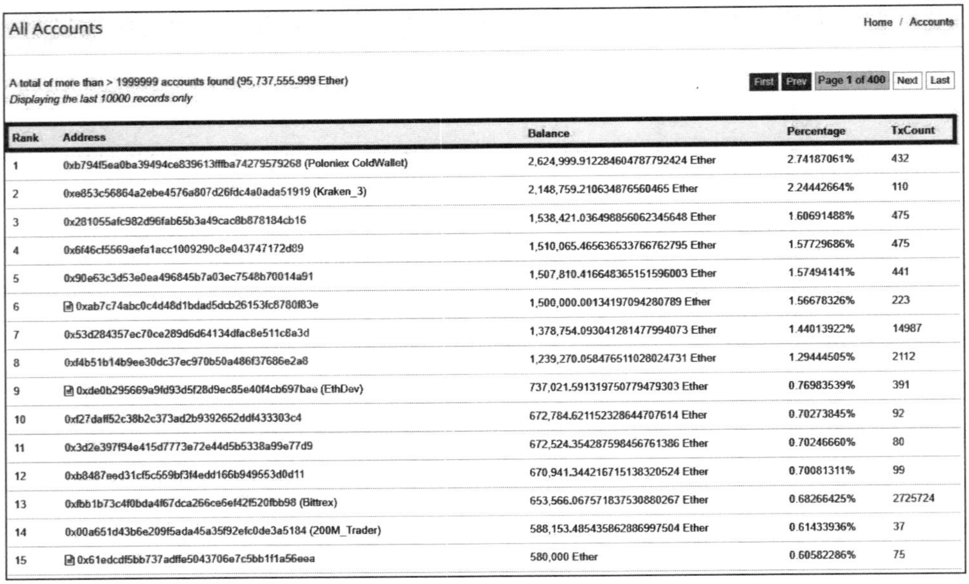

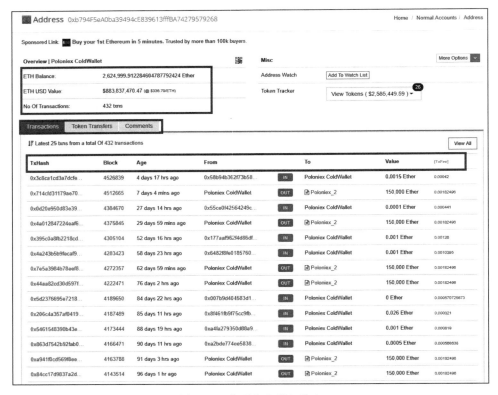

图 8-13　合约账户详细信息

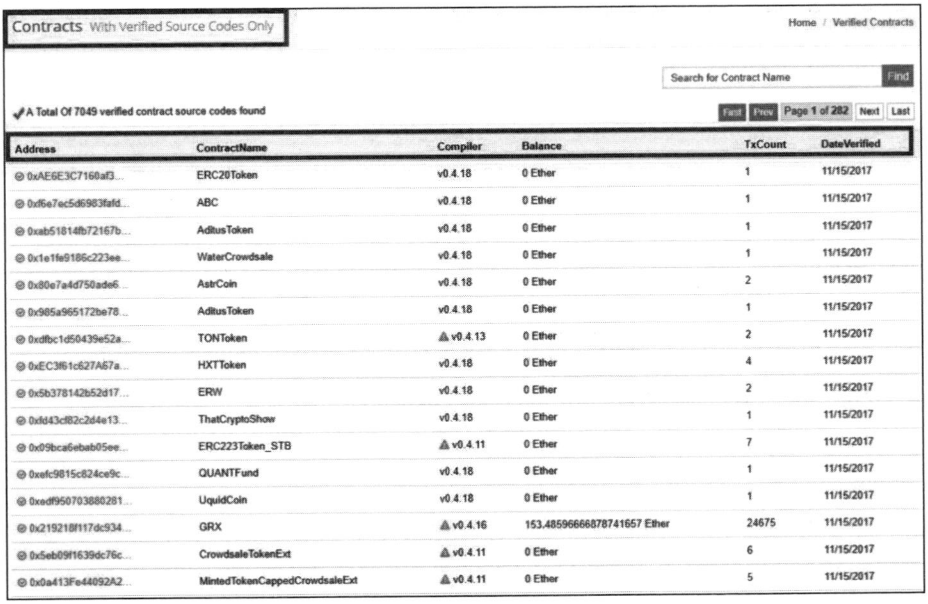

图 8-14　已验证合约列表

对于已验证的合约，账户详细信息中会提供查看合约源码的功能选项，其中为用户提供了智能合约源码、搜索相似合约、合约调用二进制接口（ABI）、合约创建操作码等功能，如图 8-15 所示。

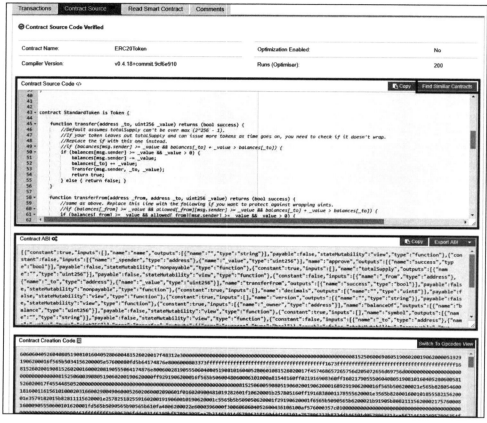

图 8-15　已验证合约源码查看

4. 代币查询

以太坊强大的智能合约功能使各种基于以太坊的代币层出不穷。Etherscan 目前对以太坊上基于 ERC 20 标准的代币合约的基本信息和代币交易提供查询支持。Etherscan 主界面的代币（TOKEN）一栏中有查看代币和查看代币交易两个选项。图 8-16 展示了 Etherscan 代币查询列表的界面。列表中包含了代币名称、简介、图标、当前价格（USD、BTC、ETH）、涨跌幅度、总市值等内容。

点击代币名称进入代币详细信息界面，与合约账户信息界面类似，不同的是增加了代币价格、代币精确位数、持有者数量、官方链接等信息。在页面下方可以查询到代币交易列表、持有者地址等信息，还有该代币所有购买者所持比例的饼状图。图 8-17 展示了 EOS

代币的详细信息界面。

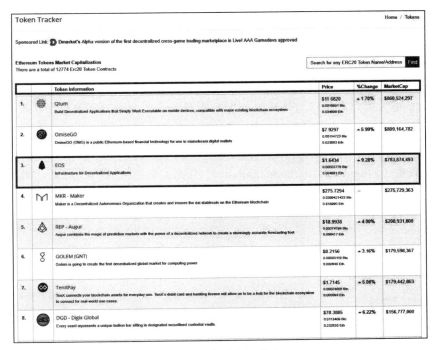

图 8-16　代币查询列表

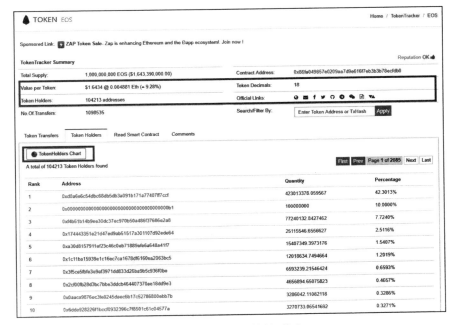

图 8-17　EOS 代币详细信息

关于代币交易的信息，其界面内容与涉及合约调用的一般交易基本相同，详见本节开始处的"交易查询"内容。

8.1.2　其他功能

1. 以太坊相关图表数据

Etherscan 还为用户提供以太坊相关图表的查看和下载功能，其中记录了自以太坊创建（2015 年 7 月 30 日）以来的各种数据，主要分为六大类信息：基本信息、货币、网络、区块链、以太坊域名服务（ENS）、挖矿等内容。点击主界面上的图表（CHART）选项，进入以太坊图表数据（Ethereum Charts & Statistics）页面，如图 8-18 所示（限于篇幅，仅展示部分图表）。

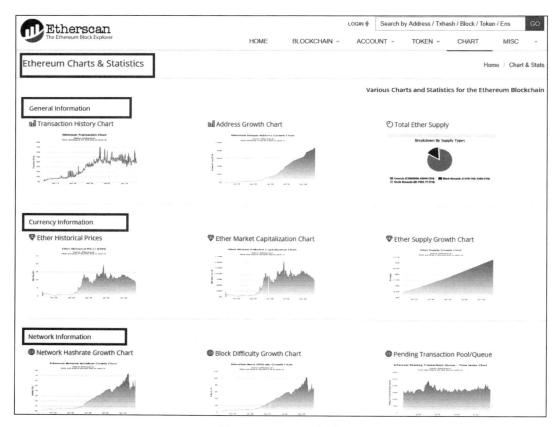

图 8-18　Etherscan 图表

1）基本信息包括三个图表：

❑ 交易历史折线图，记录以太坊的每日交易的数量；

❑ 地址增长折线图，记录以太坊账户地址的总量；

❑ 以太币总量饼状图，记录以太币当前的总额、价值及来源。

2）货币信息包括三个图表：

❑ 以太币历史价格折线图，记录以太币每日的价格（USD）；以太币总市值折线图，记录以太币每日的市场资本总额（USD）；

❑ 以太币供应量增长折线图，记录以太币当前的总数量。

图 8-19 为以太币历史价格折线图，图表标题下方标注有数据来源：Etherscan.io，右上角提供图表下载，右下角提供 CSV 格式的数据下载。

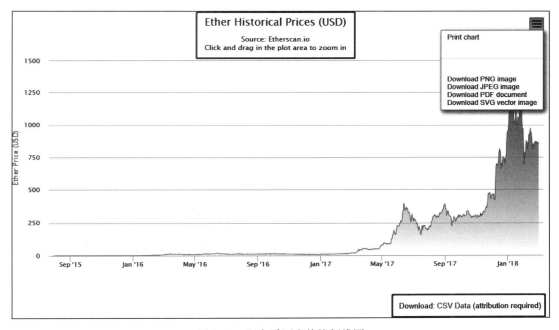

图 8-19　以太币历史价格折线图

3）网络信息包括 4 个图表：

❑ 网络散列率增长折线图，记录以太坊每日的全网总散列率（GH/s），即全网挖矿总算力；

❑ 区块难度增长折线图，记录以太坊每日区块挖矿的计算难度（TH）；

❑ 待定交易队列折线图，记录以太坊网络中每分钟在队列中未处理的待定交易数；

❑ 交易费用柱状图，记录以太坊每日的总交易费用。

4）区块链信息包括 10 个图表：

❑ 区块数量和奖励柱状图，记录以太坊每日挖出的总区块数和挖矿奖励；

❑ 叔区块数量和奖励柱状图，记录以太坊每日挖出的叔区块数量和挖矿奖励；

❑ 区块平均大小柱状图，记录每日所有区块的平均大小（Bytes）；

❑ 平均出块时间柱状图；

❑ 平均 Gas 价格柱状图；

❑ 平均 Gas 限制柱状图；

❑ 日总 Gas 消耗柱状图；

❑ 日区块奖励柱状图；

❑ Geth 全节点同步数据总量增长柱状图，记录 Geth 客户端全节点（full 模式）同步所需下载的以太坊区块链数据总量（GB）；

❑ Geth 轻节点同步数据总量增长柱状图，记录 Geth 客户端轻节点（fast 模式）同步所需下载的以太坊区块链数据总量（GB）。

5）以太坊域名服务（ENS）信息包括一个图表：域名注册数量折线图，记录自 ENS 服务上线（2017 年 5 月 3 日）以来以太坊每日的域名注册数量。

6）挖矿信息包括两个图表：矿工出块数量占比饼状图和矿工挖出叔区块数量占比饼状图。图 8-20 为出块数量占比饼状图，记录了过去 7 天中出块最多的 25 个矿工（矿池）所产区块数量占比的饼状图。从图中可以看出，产量较多的基本上为大型矿池，如 f2pool_2、Ethermine、Nanopool 等。

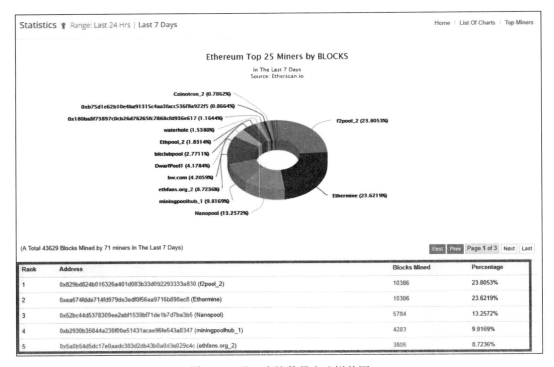

图 8-20　矿工出块数量占比饼状图

2. 挖矿计算器

Etherscan 还向用户提供个人挖矿收益相关的简单计算功能，对应主界面的杂项（MISC）一栏中的挖矿计算器（Mining Calculator）选项。挖矿计算器界面如图 8-21 所示，用户可输入个人矿机的散列率（矿机算力，MH/s）、矿机功耗（Watts）、电价（KW/h）以及网络的总散列率（全网总算力，GH/s）、平均出块时间（s）、以太币价格（USD）。计算器即可输出每小时、每天、每周及每月的平均挖矿收益、电费支出以及总利润。

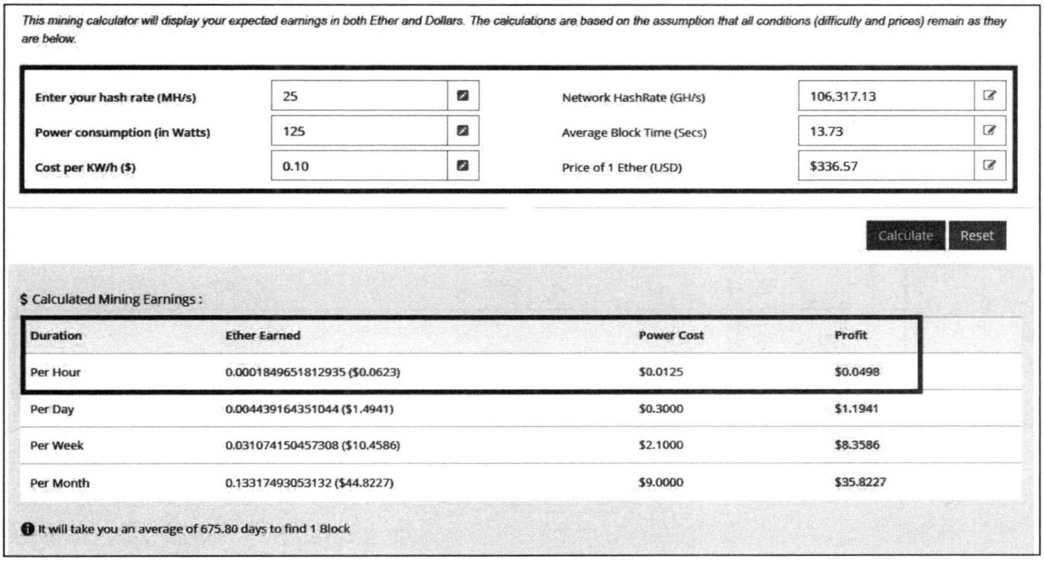

图 8-21　Etherscan 挖矿收益计算器

3. 测试网络查询

除了主网络（MainNet），以太坊还运行在许多用于测试等功能的子网络上，但测试网络上的以太币没有实际价值，不能与现金（USD）进行兑换。Etherscan 目前支持 Ropsten、Kovan、Rinkeby 三个测试网络的查询服务，网址分别为：https://ropsten.etherscan.io、https://kovan.etherscan.io、https://rinkeby.etherscan.io，其中的各项功能与主网络网页上的类似。

8.1.3　API

Etherscan 为注册用户提供了开发者社区式的以太坊 API 接口服务，该服务目前可支持查询和发布类的请求，但发送速率仅限制在每秒不超过 5 个请求。用户可在客户端口创建自己的 API 密钥令牌，并以此发送相关的 API 请求。目前的 API 接口包括账户查询、交易查询、合约查询、区块查询等。图 8-22 展示了 Etherscan 上 API 接口的界面。

要使用 Etherscan 所提供的 API 接口，首先要在 Etherscan 上注册账号并登录，然后在"我的账号"→"API-KEYs"中创建 API 密钥令牌（API-Key Token），最后在自己的 App 应用中直接调用 Etherscan 上的 API 接口即可获得 jsonRPC 格式的以太坊网络查询结果。以下示例为查询用户余额和查询用户相关交易的 API 接口及其相应的返回消息，其中 <AddressToInquire> 和 <YourApiKeyToken> 需要换成所查询的以太坊账户地址和用户在 Etherscan 上所创建的 API 密钥令牌。

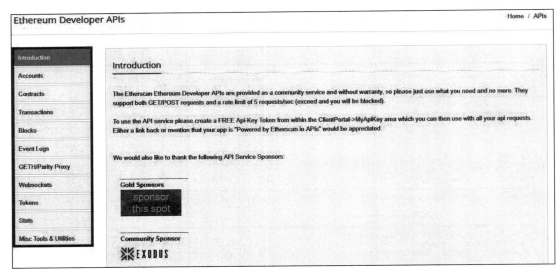

图 8-22　Etherscan API 接口

```
https://api.etherscan.io/api?module=account&action=balance&address=<AddressToInq
uire>&tag=latest&apikey=<YourApiKeyToken>
    {"status":"1","message":"OK","result":"40807168564070000000000"}
    http://api.etherscan.io/api?module=account&action=txlist&address=0x2b241f037337e
B4acc61849bd272ac133f7Cdf4b&startblock=0&endblock=99999999&sort=asc
    {"status":"1","message":"OK","result":[{"blockNumber":"0","timeStamp":"143826
9973","hash":"GENESIS_2b241f037337eb4acc61849bd272ac133f7cdf4b","nonce":"","blockH
ash":"","transactionIndex":"0","from":"GENESIS","to":"0x2b241f037337eb4acc61849bd2
72ac133f7cdf4b","value":"3780000000000000000000000","gas":"0","gasPrice":"0","isErr
or":"0","txreceipt_status":"","input":"","contractAddress":"","cumulativeGasUsed":
"0","gasUsed":"0","confirmations":"4922577"},{"blockNumber":"1945455","timeStamp":
"1469386988","hash":"0x40818c5cc843790adbaec562ccb4c9cdff0221a4628a1e5dd62133ad6f2d4
837","nonce":"6","blockHash":"0x2222159cd97398846038e29d5197ce107ac35fe7f5b69034884
168dace523787","transactionIndex":"7","from":"0x77777777777c868ba9b9772b1da1128d820a
3cc0","to":"0x2b241f037337eb4acc61849bd272ac133f7cdf4b","value":"0","gas":"100000","
gasPrice":"21000000000","isError":"0","txreceipt_status":"","input":"0x77616b652075
70","contractAddress":"","cumulativeGasUsed":"168952","gasUsed":"21476","confirmatio
ns":"2977122"}]}
```

8.1.4　ENS 域名查询

为了解决以太坊账户地址冗长难记的问题，以太坊在 2017 年 5 月推出了以太坊域名服务（ENS）。类似于互联网中的 DNS 域名服务，ENS 服务使用户能以一串可读、便于记忆的".eth"域名代表原来的 40 位十六进制账户地址。不同的是，ENS 域名的拍卖、注册、管理等行为都由一个智能合约（ENS-Registrar）控制。

Etherscan 通过对该智能合约的查询可获取到 ENS 域名拍卖、注册的交易情况，用户可在主界面的杂项（MISC）一栏的 ENS 查找选项或在主界面右上角的搜索栏中输入要查找的 ENS 域名，例如如图 8-23 所示的 vitalik.eth，即可搜索到该 ENS 域名的相关信息。信息包括域名状态（Open 开放注册、Auction 拍卖中、Owned 已注册）、拍卖开始时间、竞价结束时间、公开竞价时间、域名实际价格、最高出价、域名拥有者、与拍卖相关的交易记录等。

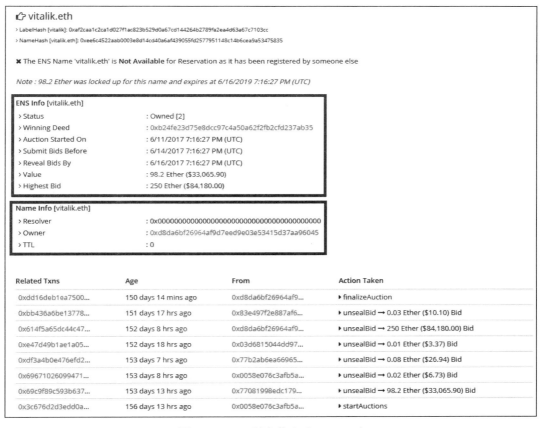

图 8-23　ENS 域名信息（vitalik.eth）

8.2　ETHERQL

以太坊将区块数据存储在一个简单的键值对数据库中，大部分的客户端实现方案中都使用了 LevelDB。LevelDB 是一个拥有极佳写入性能的进程内数据库，它具有处理大量数据的能力，使得以太坊客户端具体实现不依赖于任何第三方的商用数据库。数据在持久化到文件系统之前会被自动压缩，这使得 LevelDB 可以节省很多空间。

但是 LevelDB 也有自身的局限性，首先其支持的查询接口极为有限，只能通过关键词（随机的散列值）对相关记录进行简单检索。此外，由于 LevelDB 在磁盘上按关键词的字典顺序索引，而关键词本身是随机的散列值，因此所有的范围查询，均无法利用这种索引来优化查询效率。一些更加复杂的查询，如涉及排序操作的查询，因为无法在数据库层面完成，所以唯一的办法是取出所有的数据，然后进行外部排序。但是这种查询方式的性能是非常差的。因此基于 LevelDB 的以太坊，不能很好地满足区块链数据可视化或者分析查询的需求。

针对此问题，EtherQL 提出在区块链数据层之上，构建一层高效的查询层来解决区块链数据查询的效率问题，它支持一系列常用的分析查询操作，如分页查询和 top-k 查询。

EtherQL 架构如图 8-24 所示。EtherQL 可以实时地从以太坊网络自动同步区块链数据，并为开发人员和数据分析师提供现成的数据查询层，以便他们访问整个区块链数据。查询层包括 4 个模块：同步管理器、处理程序链、持久化框架和开发者接口。

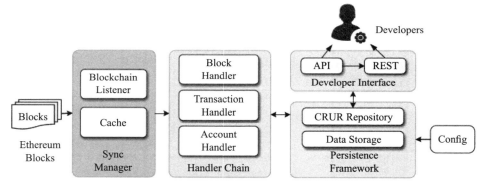

图 8-24　EtherQL 结构框架

为了同步最新的区块链数据，EtherQL 设置一个区块链监听器来持续监听最新的区块数据变化。接收到区块链数据后，区块链监听器将其放入缓存中，目的是解决区块链网络中的分叉问题。处理程序链不断地尝试从缓存中获取区块链数据并使用不同的处理程序，将数据解析为三种数据结构：区块、交易与账户。8.2.2 节中描述了处理程序链的细节。持久层框架中定义数据的增删改查操作（CRUD），并将数据存储到支持 SQL 查询的数据库中。底层数据库和持久层框架可以通过配置模块进行配置。开发者接口建立在持久层框架之上，隐藏了数据操作的复杂性并提供简单易用的查询接口。8.2.4 节描述了开发者接口的详细设计。

8.2.1 同步管理器

由于分布式网络存在延迟问题，在某个时间点，可能存在多位矿工同时向网络中广播自己挖到的区块的情况，此时分叉现象出现了。这意味着从某个节点同步的最新数据可能并不在主链上。以太坊客户端利用默克尔树来维护状态和缓存最近的更改，这使得其可以快速地从分叉的状态切换到主链上。但是，在关系数据库中回滚操作将会带来明显的额外开销，也容易出现潜在的错误。为了处理这种状态不一致的问题且不降低系统的性能，同步管理器（Sync Manager）在区块链数据进入处理程序链之前先将其放入缓存中。因此，可以提前识别潜在的分叉情况，降低陷入分叉支链的几率。

8.2.2 处理程序链

处理程序链模块可以视作以太坊客户端的一个插件，分解和转换原始的区块链数据使得其可以存入关系型数据库。以太坊更新 Merkle 树来更新最新的状态，而处理程序链（Handler Chain）则是更新数据库。不同之处在于，处理程序链会首先根据以太坊协议从交易执行结果中提取相应信息。图 8-25 展示了以太坊区块链的数据结构。

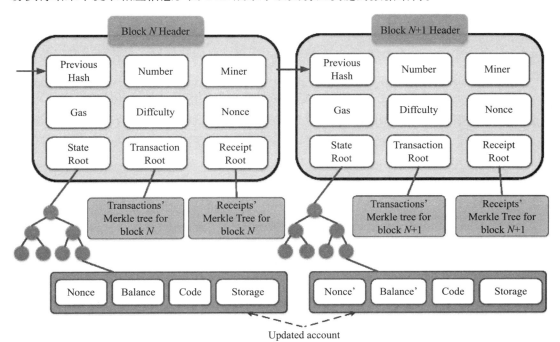

图 8-25　以太坊区块链逻辑数据结构

❏ 区块链是数据的载体，其本身也包含大量有用的信息。

❏ 交易记录类似于银行的转账记录，是推动区块链数据演进的基础。

❑ 而账户信息是区块链价值的体现，是整个区块链协议设计的出发点。

根据图 8-25，可以自然地将区块链数据分为三种类型：区块、交易以及账户，分别对应三种不同的处理程序：

1）将传入的区块链数据作为一个整体，保存区块结构的区块处理器；

2）跟踪包含在当前区块数据中的交易列表，并保存列表中交易信息的交易处理器；

3）更新账户状态的账户处理器。

每个处理器承担相应的处理责任并将控制传递给下一个处理器，直至区块链数据被正确处理。这样设计的主要好处在于它将不同逻辑结构的数据处理任务交给不同的处理器，使得数据和处理逻辑解耦，以便未来在不影响客户端接口的前提下动态地增加其他处理器。

8.2.3　持久化框架

EtherQL 设计的初衷是为区块链构建一个中间件以提供高效的查询，因此，提供结构化查询支持的数据持久化框架（Persistance Framework）至关重要。

一方面，持久化框架必须提供合适的存储机制，保证数据存储的可靠性和可扩展性。

另一方面，查询的性能需要能够支持企业级应用。

为了实现查询操作的灵活性和可扩展性，目前 EtherQL 底层使用了 MongoDB。MongoDB 是一个开源跨平台的 NoSQL 数据库，支持灵活的数据模式，并且可以方便地进行扩展。

EtherQL 在底层数据库之上提供了一层抽象接口，以便未来增加对其他数据库的支持。数据持续化框架的中心是一组数据增删改查模板。查询模板将接口调用转换成实际的底层数据库操作。例如，账户模板可用于创建一个账户，验证账户的存在，更新账户余额以及删除现有账户。

8.2.4　开发者接口

为了满足开发人员不同的需求，EtherQL 提供两种类型的接口（Developer Interface），API 和 REST。API 是查询接口的本地实现，而 REST 则提供 RESTful 服务的封装。API 模块为以太坊账户、交易和区块数据提供查询接口。具体来说，每个模块公开 4 种类型的查询接口：

1）以太坊支持的基础查询；

2）以太坊客户端不支持的扩展查询（例如，根据指定账户检索交易）；

3）范围查询（例如，给定时间段列出交易）；

4）top-k 查询（例如，根据余额查找前 k 个账户）。

应用程序开发人员可以使用这些封装好的接口，而不需要知道底层实现细节。

对前端开发人员来说，知道所有底层技术并学习如何在开发用户界面前准备数据是一件痛苦的事。基于以上考虑，EtherQL 将所有的 API 封装成 RESTful 服务。将 RESTful 服务集成到 EtherQL 开发者接口的另一个目的，是以太坊区块链数据持有者可以将自己的数据作为一种服务，提供给其他应用使用。

8.2.5　实现

连接到以太坊区块链网络需要和现有以太坊客户端一样，实现节点发现协议以及区块同步的逻辑，为此，EtherQL 内置了一个纯 Java 实现的以太坊客户端 EthereumJ。

如图 8-26 所示，最左边的区块监听器（Blockchain Listener）利用 EthereumJ 自动地同步区块数据，并将下载的数据放入缓存器（Block Cache）中。缓存器中维护了最新的 N 个区块并自动鉴别潜在的分叉风险。当分叉发生时，缓存器会重构主链。考虑到区块链数据的不可篡改性和可能的时间延迟，N 被设置成 5，该设置和最受欢迎的以太坊客户端 Go-ethereum 保持一致。

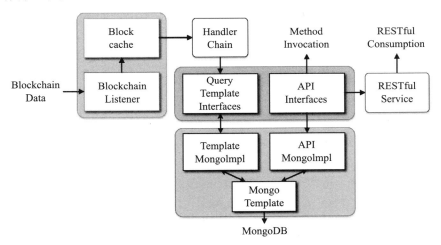

图 8-26　EtherQL 实现技术

处理程序链由三个不同的处理程序组成，在每个处理程序中，都包含查询模板接口。查询模板接口封装了大量有用的区块链查询接口。当 EtherQL 被作为第三方 Jar 包添加到应用中时，该应用便立即拥有了查询区块链数据的能力。RESTful 服务可以方便地用于类似 Etherscan 之类的区块链数据可视化项目中。EtherQL 的开源版本可以从 Github 获取。

8.3　本章小结

搭建好以太坊应用后，自然而然地需要对应用的运行情况进行监控和分析，其中一项比较重要的工作就是对区块链状态的查询和数据分析。本章首先介绍了以太坊浏览器 Etherscan，作为以太坊上的区块浏览器和分析平台，Etherscan 提供账户查询、区块查询、智能合约查询验证、代币查询、ENS 域名查询、以太坊 API 接口查询、测试网络信息查询等服务。通过 Etherscan，用户可以很方便地查找、认证和检验以太坊区块链上发生的所有交易，以及浏览到以太坊上大多数常见的公开信息。除此之外，本章还介绍了能够提高区块链数据查询效率的 EtherQL 技术，EtherQL 可以实时地从以太坊网络自动同步区块链数据，并为开发人员和数据分析师提供现成的数据查询层，以便他们能访问整个区块链数据。

以太坊性能优化

以太坊自诞生以来，其执行交易的性能就一直成为整个系统的瓶颈。为了使以太坊能够在更多数据驱动的业务场景中得到应用，一些新的技术和架构被设计出来以改善目前以太坊的效率、吞吐率和并发性等问题。本章将为读者介绍三种代表性技术，它们分别是分片技术、雷电网络和下一代以太坊共识技术——Casper。

9.1 分片技术

在以太坊的发展过程中，有两个至关重要的节点：一个是 PoW 到 PoS 的成功转换；另一个是分片（sharding），此技术是为了解决所有区块链面临的扩展性问题，将在以太坊 2.0 实现（预计等到 2020 年以后）。在现阶段的以太坊中，所有的共识节点都存储着一个完整的区块链，即存储所有的交易状态（账户余额、智能合约、数据等）和处理所有的交易，但是分片之后，每个节点只需要存储、处理一部分交易，从而解决区块链面临的扩展性问题。

存储完整的区块链虽然极大地保证了以太坊的安全，但是这样也限制了区块链的可扩展性，而且其庞大的存储数据可能会让绝大多数的普通用户望而止步。总体来说，分片的作用是让以太坊从网络上的每个节点都要验证每一笔交易的模式，转型到只需要小部分的节点来验证每一笔交易的模式，只要验证每笔交易的节点足够多，那么整个系统仍是高度安全的。

以太坊要想继续发展，就必须考虑区块链的存储问题和海量交易数据的处理问题。为了解决这两大难题，目前已经有人提出了一些解决方案，但是这些解决方案或多或少都存在着一些问题。比如，放弃扩展单个区块链的机制，让用户同时选择使用多个不同的区块链，以"区块树"的形式来提高交易数据的处理速度。这种情况下，虽然吞吐量提高了，但是以太坊的安全性却降低了，可以这么说，每扩展 N 倍的分支，安全性就降低了 N 倍。再比如，直接增加区块的大小限制。这种情况下，虽然可以一定程度上缓解现有的数据处理速度较慢的问题，但是长此以往，等到区块链达到了一定的规模，普通用户必然会因为它海量的存储数据和信息处理而望而止步，最后只会剩下极少量的超级计算机节点，这样无疑增大了中心化的风险。

在了解以太坊分片技术之前，我们要回顾一些概念性的知识。

① 状态：系统当前状态的信息集合。在以太坊中，状态数据包括账户余额、随机数、合约代码、存储数据。

② 历史：自创世区块发布以来，按顺序记录在区块链中的所有交易记录。

③ 交易：用户发起的合理交易请求（也可以理解为用户想要执行的操作），最终会记录到区块中。

④ 状态转换方程：获取状态和交易并输出一个新状态的方程。涉及的计算包括减少和增加相关转账用户的账户余额、验证发起人的数字签名以及运行智能合约代码。

⑤ 收据：是交易的产物，它不存储到状态里，而是存储在 Merkle 树中，最终被提交到区块，在分片模型中，收据用来实现分片之间的异步通信。

⑥ 轻型客户端：一种对算力资源要求低的、与区块链互动的方法，轻型客户端默认只跟踪区块链的区块头，只在需要的情况下获取有关交易、状态或者收据的相关信息，并通过 Merkle 树加以验证。

⑦ 状态根：代表状态的 Merkle 树的散列根。

一般来说，所谓的分片是把状态分成 K 份。例如，一种分片方式是将所有以 0x00 开头的地址分到同一分片，所有以 0x01 开头的地址分到另一个分片，以此类推。很多分片的提议尝试都是在不对另一边做出改动的情况下单独对交易过程进行分片，或者单独对状态进行分片。这些方式可以一定程度缓解扩展性的问题，但是它还是无法实现在不迫使每个节点变成超级计算机的情况下实现每秒一万次以上的交易处理。

在以太坊基金会给出的分片建议中，将所有的分片进行编号——0 到 NUM_SHARDS – 1，其中分片 0 简单地作为常规股权证明区块链，但分片 1 到 NUM_SHARDS – 1 的工作机制有所不同。每个分片并行执行，分片 i 上的客户端只需要验证分片 i 上的交易。在每个时期[⊖]的开始，随机挑选 m 名验证者（共识节点），这些验证者将在下一时期为分片交易进行验证（例如，n+1 时期的验证者在 n 时期被分配）。

⊖ 以区块产生时间为单位的时间段，若值为 5，表示每个时期产生 5 个区块。

验证者的典型工作流程是维持分片 0 的一个"全节点",并且保持追踪被分配给他们的未来分片,如果验证者被分配给了一个分片,他们将利用 Merkle 树验证下载状态,并且确保,当他们开始验证时,他们已经下载了相应的状态。对于该时期,他们作为该分片的验证者并且创建区块,同时,他们通过观测:① 每个分片上的最长链;② 其他验证者的下注情况;③ 在片区内试图达到 51% 成功攻击的各种二次启动方法和机制(如欺诈证明)从而在所有分片上下注。需要注意的是,验证者被分配到任何给定分片的概率与其累计的以太币呈正比。

关于以太坊区块链分片的基础设计,以太坊基金会提出了一个简单的方法:定义一些称为整理器(collators)的节点,它们接收分片 k 上的交易(整理器根据协议选择哪个分片作为 k 或者随机指定一些 k)并创建归类(collations)。一个归类由归类头和交易列表组成,其中归类头包含分片 ID、该分片的上一个状态根、归类中交易的 Merkle 树根、处理这些交易后的状态根以及签名该归类的整理器列表等信息。

分片模式下的区块链中,一个区块必须包含每一个分片的归类头,当具有如下情形时,该块才有效:

1)每个归类中给出的前一状态根必须与相关联分片的当前状态根匹配;

2)归类中所有的交易都是有效的;

3)归类中的后状态根与给定前一状态的归类中交易的执行结果相匹配;

4)归类至少由在此分片中注册的整理器的 2/3 签名才有效。

分片的简单方案模型可以这样定义:共同网络中的,相互通信的,半独立的,可以并行处理的区块链组。在此情况下,每个用户维护一个拥有所有分片的轻型客户端,验证者完全下载并且追踪某个时间段分配给他们的几个分片。

在较简单的分片方式中,每个分片都包含它自己的交易历史,某个分片中的交易认证结果由该分片的状态决定。然而,一个交易的结果可能会受到发生在其他分片中的交易的影响,一个简单的例子是多资产区块链,其中有 k 个分片,每个分片存储余额并处理一个与特定资产相关联的交易,这样的话,交易结果不再受限于交易所在的分片,还与其他分片上的交易息息相关。在更复杂的分片模型中,包括某种形式的跨片段通信能力,比如其中一个分片上的交易可以触发其他分片上的事件。最简单的例子是可以满足那些单独情况下没有特别多用户,但是偶尔会相互通信的应用。在这种情况下,应用可以在不同的分片中存在,通过跨分片收据进行分片间沟通。假如,分片 M 上的用户 A 向分片 N 上的用户 B 进行转账交易,转账金额为 100 以太币。具体过程如图 9-1 所示。

步骤如下所示。

1)在分片 M 上发起一笔交易,从 A 的账户上扣除 100 以太币并且创建一个收据。

2)等待第一个交易被打包(有时需要等待,这取决于网络的处理能力)。

3）在分片 N 上发起一笔交易，交易包含从步骤 1 收到的 Merkle 树证明。该笔交易还检查分片 N 的状态，以确保此收据为未用，如果是，则将用户 B 的账户余额增加 100 以太币，并且保存在收据的消费状态中。

4）(可选步骤) 步骤 3 中的交易还保存着收据，该收据接下来可以用于执行分片 M 上的进一步动作，这些动作取决于随后的原始操作。

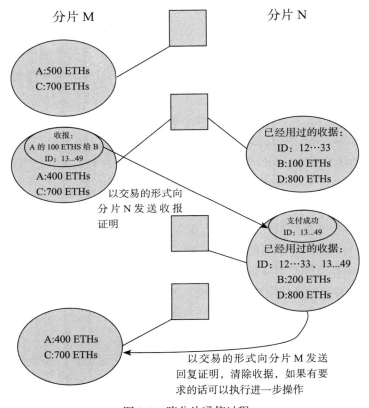

图 9-1 跨分片通信过程

若不同类型的应用程序需要跨分片通信，可以用异步交互的方式来实现。比如，在分片 A 上的应用生成一个收据，分片 B 上的交易"使用"这个收据并执行一些相应的操作，也可能会向分片 A 返回一个"回调信息"。有一个简单的飞机酒店问题的例子可以用来描述跨分片交互。游客想订一张本周末飞往旅游景点的机票，并且希望在当天预定一间酒店，毫无疑问，预约要求要么同时成功要么同时失败，游客才会满意。可以把这两件事看成一个原子事务（不可分割）。如果机票预订和酒店预订的应用程序在同一分片中，可以创建一个同时实现这两个预约的交易，并且设定除非两个预约同时成功，否则交易失败，返回到原来状态。如果两个应用程序在不同的分片，通过异步通信机制，预约机票，然后预订酒店，等到两个预约都成功，再对两个预约进行确认。预定系统需要在一定的时间内防止其他任何人进行预订（或者至少需要确保有足够的空位置使所有预订都可以被确认）。然而，这意味着该模型依赖于额外的安全性假设：来自一个分片的跨分片通信信息能够被另一个分片在一定的时间内接收到。

9.2　雷电网络

雷电网络（Raiden Network）是一个基于以太坊的链下交易方案，用以解决以太坊中转账交易的速度、费用和隐私的问题。雷电网络的设计源于比特币的闪电网络[⊖]（Lightning Network），利用密码学方法实现可证明的安全链下支付网络。不同于分片等致力于解决以太坊中所有交易的效率问题，雷电网络所解决的是用户账户之间的以太币（或任意 ERC 20 Token，下同）的转账问题。下面我们介绍几个雷电网络的基本概念，来理解其工作原理。

（1）通道

雷电网路中的通道是一个智能合约。对于经常需要相互转账的 A 和 B 来说，A 可以在链上部署一个智能合约，然后 A 和 B 向合约中转入一定数额的以太币，相当于网络中有该数量的 ETH 锁定在该合约通道中，A 和 B 也就可以在他们的通道中流通这些数量的以太币。当 A 向 B 转账时，该交易无须全网广播，而是双方保留彼此签名的转账消息，无法伪造和抵赖。A 和 B 可以通过此方法频繁交易。当交易结束，想写入以太坊主链的时候，A 或 B 只需把签名的转账消息提交到合约中，最终的以太币余额会按照线下转账记录来分配。如图 9-2 所示，具体来说，首先，A 和 B 建立通道时在合约中锁定 6 个 Token（A: 2 个，B: 4 个）。这样 A 和 B 之间就有 6 个 Token 可以互相转账。当 B 转账给 A 3 个 Token 的时候，B 将这个新的对该通道中的资金的余额分配方案（A: 5 个，B: 1 个）用自己的私钥签名，并将签名后的消息（称为余额证明，英文是 Balance Proof）发送给对方 A。当 A 确认收到这条消息后，这笔转账就完成了。同理，当 A 需要向 B 转账时，只要把自己签名的余额证明发送给 B 就可以了。

不难发现，在任意时刻，A 和 B 都会持有一份由对方签名的，对方最后一次转账后的余额分配情况。假设 B 想要关闭这个通道时，他需要在以太坊网络中调用智能合约并附上自己所持有的最后一份余额证明以关闭通道。在之后的一定时间内，A 也可以在以太坊网络中调用智能合约并上传自己所持有的最后一份余额证明来更新余额分配状态。当关闭通道的请求被触发一定时间后，以太坊网络中的任何人都可以最终触发一个交易，将通道中的余额发还给 A 和 B。

⊖　https://lightning.network/。

　　雷电网络的安全性保障在于通道中的任意一方所持有的余额证明都是由对方签名的，在假定密码学加密方法不能在合理的时间内被破解的前提下（这是所有区块链系统的基本假设），任何一方都无法伪造出一份对自己更有利的余额证明。

　　由于雷电网络通道中的转账全部发生在链下，在整个通道的生命周期中，只有常数次交易（创建智能合约、双方注入资金、一方请求关闭通道、一方在关闭前更新余额信息、任意用户确认通道关闭）被广播到以太坊网络中，因此雷电网络通道中的转账无需等待以太坊的区块确认延迟也不会给以太坊网络造成任何的负担，转账时不需要支付以太坊网络中的Gas，网络上的其他用户也无法看到每次转账的细节而只能看到通道撤销时最后的资金分配情况。从而解决了双方转账的场景中的大部分速度、费用和隐私的问题。

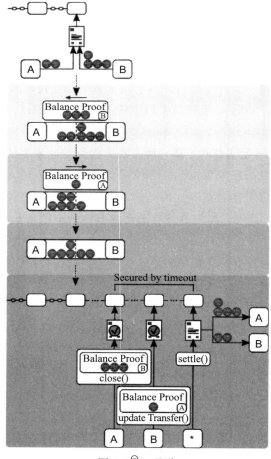

图 9-2[⊖]　通道

　　⊖　源自 https://raiden.network/101.html。

（2）网络

在更多的场景下，一笔转账交易的双方不一定经常进行交易往来。在这种情况下，每两人之间建立一个雷电网络通道肯定是不合适的。雷电网络通过散列锁的机制使得两个用户之间可以通过中间节点进行转账。

如图9-3所示，当A需要向D（和自己没有直接的雷电通道连接）转账时，D需要生成一个密钥，并且将这个密钥的散列值发送给A。之后，A和D之间找到一条雷电通道的连接路径 A→B→C→D。路径中的每一级节点通过雷电通道向下一级节点发送一个带有散列锁的转账。这种转账的含义是，当且仅当在一定时间内从下一级节点收到了散列值正确的

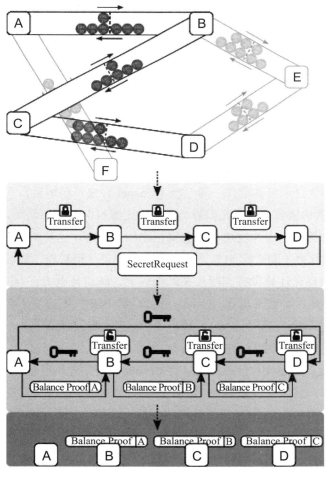

图9-3 ⊖ 网络

⊖ 源自 https://raiden.network/101.html。

密钥，这笔转账才会生效。当 D 收到 C 发来的带有散列锁的转账时，将自己的密钥发送给 C 以获得这一笔转账资金。同理，C 将这个密钥发送给 B 以获得 B 的转账资金，B 接着把密钥发送给 A 以获得 A 的转账资金。当 A 收到从 B 处发来的密钥时，这一笔转账就在雷电网络中完成了。注意，在这一场景下，每一级节点发送的金额和收到的金额不需要是相同的，而差额就成为了中间节点的"手续费"（假如有某个中间节点发送的金额大于收到的金额，也可以理解成是"返利"）。

在这样的应用下，未来的雷电网络会有两种可能的形态：由熟人之间建立的通道连接的网络或是由一级或多级专门的中间节点连接的网络。后一种情况下的中间节点在资金流动中具有接近银行或交易所的职能。和现有的中心化的线下银行和交易所或是数字货币交易所不同的是，尽管雷电网络中的交易不具有区块链上交易可追溯历史的特性，但雷电网络中的交易是不可伪造的，因此雷电网络的使用者不需要信任任何一个中间节点就可以通过安全的链下交易机制进行低成本的转账。

9.3　Casper——下一代以太坊共识协议

工作量证明（PoW）由于消耗大量算力和电力，已经广为诟病。因此以太坊基金会一直在积极地推进使用"股权证明"（PoS）替代 PoW 作为共识协议。以太坊官方将它的 PoS 共识协议称为 Casper，这个名称取自一部电影《Casper》（鬼马小精灵）。

传统的 PoW 共识协议，本质是以算力作为"记账权"的背书，所以各个矿工节点都想尽办法增强自己的算力，以此增加自己获得记账权的概率。这样的目的一方面在于使得攻击者要付出巨大的算力才能造成 51% 攻击，二是能保证"记账权"能够公平、公正地分配。但是大量的算力消耗在计算没有实际意义的散列上，既消耗电力，也对提高系统本身的性能没有帮助，既不环保，也不高效。Casper 作为一种 PoS 共识协议，希望能摒弃 PoW 以算力做背书的弊端，采用"权益"（Stake，即以太币）为记账权背书。

以太坊的 Casper 最初的设想作为《以太坊紫皮书》的一部分，发布在 2016 年的 Devcon 2 大会。这份设想大致的思路是，将 Casper 的应用逻辑通过智能合约来实现，在这个合约中，记账权归属于"验证者"。任何拥有以太币的账户都可以在 Casper 合约中成为验证者，前提是必须要在 Casper 智能合约中抵押一定的以太币（抵押的以太币越多，被选中作为验证者的概率就越高）。之后 Casper 合约通过一种随机方式，选出一个验证者集合。被选中的验证者集合按照一定顺序依次验证区块（当然也可以选择放弃），如果区块没有问题，就将其添加到区块链中，同时相应的验证者将会获得一笔与他们的抵押成比例的奖励。如果验证者不遵守合约规定的规则，合约就会没收他抵押的以太币作为惩罚。

因此，Casper 作为 PoS 协议的一种实现方式，具有去中心化、高能效、经济安全等

PoS 协议的优点，除此之外，它还增强了以太坊的可扩展性，是从 PoW 到 PoS 的可靠过渡。接下来详细介绍一下 Casper 的这些特性。

❑ **去中心化**：相比于 PoW 机制下可能因为矿池集中所形成的算力集中，从而导致"富者愈富"的情况。在 Casper 协议下，任何人的一美元的价值都是相同的，这样的好处是，你不能通过将资金汇集在一起，使得一美元值更多。

❑ **高性能**：Casper 协议通过让挖矿完全虚拟化的方式解决了 Ethash PoW 协议下电力挖矿的资源消耗问题，极大地节省了电力资源。

❑ **经济安全**："验证者不会自己杀死自己的钱"，正如以太坊创始人 Vitalik Buterin 所说的那样："在 PoS 协议中，每个人都是矿工。因此，除非他们选择通过放弃使用以太币（Ether）来违反规则，否则他们每个人都必须承担确认和验证交易的责任"。假设你是一个验证者，并且你将你自己的钱作为保证金存入网络，以最大化网络利益的方式行事也就是在保护自己的利益，在这种约束下，以太坊的网络经济安全性被极大地保证。

❑ **扩展性好**：Casper 协议可以提高以太坊扩展性的最显而易见的方式是允许分片，通过分片，以太坊的扩展性相比于 PoW 机制得到了很大的提高。

实际上，《以太坊紫皮书》中的 Casper 是一个初步的设想。在以太坊的升级计划中，为了完成从 PoW(工作量证明) 协议到 PoS 协议的过渡，以太坊团队正在研究两种不同的方式，它们都能够实现 Casper 协议：一种是 Casper FFG（Casper the Friendly Finality Gadget），也叫 Vitalik's Casper，另一种是 Casper CBC（Casper Construction by Correction），也叫 Vlad's Casper。尽管是两种不同且独立的实现方式，但是它们的目的是一样的：将以太坊的共识机制转换成 PoS 协议。下面将分别来介绍这两种不同的 Casper 协议。

（1）Casper FFG

Casper FFG 是一种 PoW/PoS 混合的共识机制，是第一个被提出的实现以太坊 PoS 协议的候选方法。简单来说，使用 Casper FFG 共识机制的同时，区块的产生依然依靠 Ethash PoW 算法，但是每隔 50 个区块就会有一个"检查点"（checkpoint）。这个检查点是基于 PoS 产生的，以太坊中的验证者会通过投票来评估"检查点"的最终确定性。在这里，每 50 个块片段就称之为周期（epoch），一周期结尾的检查点，需要在下个周期才能完成"敲定"（finalized），也就是需要两轮投票。例如，当大多数的验证者（超过 2/3）投票给了检查点 a，那么就说这个检查点已经被"审判"（justified）了。在下一个周期内，给检查点 b 投票，而且检查点 b 是接在检查点 a 之后的，那么对检查点 b 的投票，就意味着对检查点 a 的确定。如果检查点 b 收到了大多数验证者的投票，检查点 a 就被"敲定"了，如图 9-4 所示。对于投票的验证者，如果他所投的检查点被敲定，那么就可以获得奖励。FFG 的混合设计让原本基于 PoW 的以太坊的更新变得相对容易，毕竟相对于直接用 PoS 取代 PoW 的做法，它是一种更保守的方法，更易于被接受。

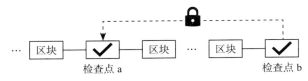

图 9-4　Casper FFG 对检查点的敲定

（2）Casper CBC

Casper CBC 与传统的协议设计方法不同，传统的协议设计方法是：① 正式指定协议；② 定义该协议必须满足的属性；③ 证明该协议可以满足给定的属性。而 CBC 协议设计方法是：① 在开始时部分地指定协议；② 协议的剩余部分由能满足所需或必需属性的创建方式导出。简而言之，CBC 是动态地推导出来的。在这种情况下，能够导出完整协议的一种方法是去实现一个可能安全的数据库，这种方法要么能指出一个合理估计的漏洞，要么能列举未来可能出现的错误估计。更具体来说，CBC 的工作侧重于协议设计，它能够更全面地完成对某个节点的安全性估计，以此来保证共识机制的安全性。目前 CBC 协议家族中包含多种一致性协议，其中和以太坊区块链直接相关的就是 Casper the Friendly Ghost Protocol（TFG）。

总体来说，FFG 更侧重于通过一种多步过渡的方式在以太坊中实施 PoS，随着时间的增加和技术的完善，可以通过缩短周期的方式（最初是 50 个区块一个周期），慢慢地增加 PoS 协议在以太坊共识机制中所占比重（PoW/PoS 混合共识机制初始时，PoS 协议下发行的奖励很少），比较保守。相比之下，CBC 着重于通过构造的方式，导出来自第一原则的安全性证明的方法。两种方式谁优谁劣，短期内不好评价，但是可以看到的是，以太坊开发者团队一直在努力地开发这两个 Casper 项目。很明显，这不会是最终版本，但不管最终版本是什么，它肯定会受到 FFG 和 CBC 的影响。

9.4　本章小结

本章为读者介绍了三种代表性的优化性能的技术：分片技术、雷电网络和下一代以太坊共识技术 Casper 的特性与大致的原理，扩展读者视野。以太坊的性能问题关系到应用场景，也是值得读者深入研究的话题。

第 10 章 *Chapter 10*

隐私保护和数据安全

区块链本质上是一个类 BFT 的系统，需要不同的节点对交易以及状态进行验证重算来达成共识，所以这要求链上数据都是非加密且共享的。虽然数据透明度增加了，却带来了数据的隐私问题。区块链中部分数据提供方可能并不希望自己的数据全部公开，比如交易身份、金额、合约等比较敏感的数据。这不仅包括个人交易隐私，还包括金融或者供应链系统中的各种数据。因此，为了在更广阔的领域使用区块链技术，需要解决链上数据的隐私保护问题。

针对这个目标，近年来有不少成果：在公有链中有达世币（Dash）[⊖]、门罗币（Monero）[⊜]、零钞（Zcash）[⊜]等，它们都因为一定程度上解决了数据隐私保护问题受到追捧；而 Hawk^⑭能解决合约中部分数据的隐私保护问题；Quorum^⑤从实际商业场景出发将数据划分为隐私数据和公开数据两部分进行操作来保护隐私（参考第 2 章）；Coco 框架^⑥则利用可信执行环境（Trusted Execution Environment）对整个区块链数据进行加密并保留了区块链的一些重要特性。以上很多工作都与以太坊有着千丝万缕的联系，后面会对它们的原理及其和以太

⊖ 参见 Dash, https://www.dash.org/。

⊜ 参见 Monero, https://getmonero.org/。

⊜ 参见 Zcash, https://z.cash/。

⑭ Kosba, Ahmed, Andrew Miller, Elaine Shi, Zikai Wen, and Charalampos Papamanthou. Hawk: The blockchain model of cryptography and privacy-preserving smart contracts. In Security and Privacy (SP), 2016 IEEE Symposium on, 2016. 839-858。

⑤ 参见 Quorum, https://github.com/jpmorganchase/quorum。

⑥ 参见 Coco framework, https://github.com/Azure/coco-framework。

坊的关系进行详细介绍[⊖]。

10.1 区块链的隐私问题

10.1.1 "化名"与"匿名"

众所周知，比特币和以太坊等密码学货币的交易并不需要现实身份，然而它们并不是匿名系统。严格来讲，它们是**化名**系统——所谓化名，就是我们在网络中使用的一个与真实身份无关的身份。例如在比特币或者以太坊系统的交易中，使用者不用使用真名，而是采用公钥散列值作为交易地址。公钥散列值就可以代表使用者的身份，因此区块链中的交易具备化名性。

但**匿名**和化名是不同的。在计算机科学中，匿名指的是具备无关联性（unlinkability）的化名。所谓无关联性，就是指网络中其他人无法将用户与系统之间的任意两次交互（发送交易、查询等）进行关联。在比特币或者以太坊中，由于用户反复使用公钥散列值作为交易标识，交易之间显然能建立关联。因此比特币或者以太坊并不具备匿名性。

10.1.2 去匿名攻击：交易表分析

若使用单个地址进行交易不能确保匿名性，那么同时使用多个地址呢？答案依然是否定的。如图 10-1 所示，用户 X 利用多个账户在一定时间内向用户 Y 进行转账，攻击者可以很大概率地猜测这几个地址属于同一个用户，而将这几个地址都归为一个**地址簇**。对于以太坊来说，情况是类似的，甚至账户余额、合约状态也是以明文形式存储，这显然会泄露大量的用户隐私。

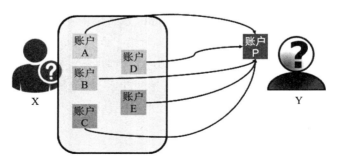

图 10-1　账户多地址会被关联到同一地址簇

⊖ 本章部分内容参考了 2017 年 3 月版《信息安全研究》杂志第 11 页，由张宪，蒋钰钊，闫莺编写的《区块链隐私技术综述》，并做了大量的补充和修改。

　　在将用户多个地址归并为地址簇后，再结合现实中直接发生交易来给地址簇加上标签，就可以画出一个标签簇图，从而开展**交易图分析**来对大部分的区块链交易进行去匿名化。2013 年，Sarah 等人针对比特币在论文⊖中列出了一个包含服务提供商、交易所、矿池标签的标签簇图，来表明可以查询任意交易地址与这些标签的交易时间、数额等。如图 10-2 所示，图中标出了一些中心地址的名称，比如 satoshi（赌博应用）、mtgox（曾经最大的交易所）以及矿池等，一个线条就代表一次交易，而中心地址的圆圈大小代表了交易数额。结合另外一些信息，显然能推断出任意地址和这些中心地址之间的交易。

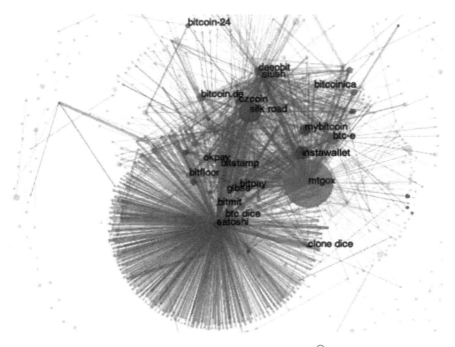

图 10-2　针对比特币的交易图分析⊖

　　为了获取这些标签，Sarah 等人与这些实体进行了一些实际的交易（小于两百笔）。结合服务提供商的地址信息及公开账本，如果可以获取个人用户现实生活中的身份信息（例如用户去实体店用比特币支付并被摄像头拍下影像），那么个人用户的历史消费记录将暴露无遗，这将带来严重的数据安全问题。虽然 Sarah 等人的工作是针对比特币的，但是这个问题

⊖　Meiklejohn S, Pomarole M, Jordan G, Levchenko K, McCoy D, Voelker GM, Savage S. A fistful of bitcoins: characterizing payments among men with no names. Proceedings of the 2013 conference on Internet measurement conference, Barcelona, Spain, 2013. 127-140。

⊖　图片来源于 Meiklejohn S, Pomarole M, Jordan G, Levchenko K, McCoy D, Voelker GM, Savage S. A fistful of bitcoins: characterizing payments among men with no names. Proceedings of the 2013 conference on Internet measurement conference, Barcelona, Spain, 2013. 127-140。

在以太坊中同样存在，甚至在以太坊的智能合约中还有更多的数据以及代码信息可以用来标识用户的真实身份。

在金融或者供应链系统中，依然存在类似问题。例如两家公司在区块链上签订合约，但不希望马上被披露从而引发股价剧烈波动；又或者销售商并不希望披露自己的供应商，否则可能造成竞争加剧，使自己的成本上升。在这些场景中，使用者一方面希望使用区块链低成本共识的特点，一方面又想保护自己的商业隐私。

如何在保障隐私的情况下实现区块链的特性呢？下面将介绍目前 4 种和以太坊有紧密关系的匿名化方案：零钞（Zcash）、Hawk、Quorum（见 3.1.2 节）以及 Coco 框架。我们将在介绍其技术原理的同时阐述它们与以太坊的关系。

10.2 零钞：基于 zkSNARK 的完美混币池

零钞（Zcash）是一种利用零知识证明（zero knowledge proof）来构造一个完美混币池的密码学货币。用户可以只通过和加密货币本身进行交互来隐藏交易信息，零钞是目前匿名性最好的密码学货币[⊖]。由于零钞和以太坊的隐私保护技术高度相关，我们将着重介绍一下零钞的相关背景和原理，并在 10.5 节介绍最近以太坊中的采用 Zcash 技术的具体方案。

10.2.1 零知识证明

首先简要介绍一下什么是零知识证明。它指的是证明者能够在不向验证者提供任何有用信息的情况下，使验证者相信某个论断是正确的。在零钞的设计中就采用了一种叫作 zkSNARK（zero knowledge succinct non-interactive arguments of knowledge）的非交互式的零知识证明[⊖]。

zkSNARK 是一种基于现代密码学的证明方式，需要一个 NP 问题作为基本难题。在 $P \neq NP$ 的假定下，暴力猜出一个输入量很大的 NP 问题的解被视为计算上不可行，而要验证一个解是对应 NP 问题的解则较快。

zkSNARK 需要证明者向验证者证明自己知道某个知识时，构造与需证明内容对应的 NP 问题的解。该 NP 问题仅与此时的问题相关，与证明者掌握的具体知识无关。Zcash 采

⊖ Sasson EB, Chiesa A, Garman C, Green M, Miers I, Tromer E, Virza M. Zerocash: Decentralized anonymous payments from bitcoin. IEEE Symposium on Security and Privacy (SP), San Jose, CA, USA, 2014. 459-474.

⊖ Ben-Sasson, Eli, Alessandro Chiesa, Eran Tromer, and Madars Virza. Succinct Non-Interactive Zero Knowledge for a von Neumann Architecture. In USENIX Security Symposium, 2014. 781-796.

用的 NP 问题是二次算数问题 QAP（Quadratic Arithmetic Problem）[⊖]，验证时只取一个点对函数值进行验证（zkSNARK 中 Succinct 由此而来），因此验证只有 O（1）的时间代价。由于任何高次方程的根数目不高于 deg（f（x）），验证时恰好取到零点的概率接近于零，所以若取到零点则视为得到了一个多项式等式，这使得验证更为高效简洁。在这里并不深入zkSNARK 的细节，只是大致描述一下零钞是如何使用这项技术保证匿名性的。

10.2.2　零钞的运行原理

零钞系统的概览如图 10-3 所示，其底层实现依然基于类似于比特币的结构，而零钞系统利用 zkSNARK 构造了去中心化的混币池，通过铸币（mint）与浇铸（pour）操作可以达成匿名性。所谓铸币过程，就是用户使用一定数额的零钞兑换等值的承诺（commitment），由矿工向一个列表中写入承诺的过程。其中承诺必须由一个一次性的序列号以及用户私钥才能计算得到，并且无法通过承诺的信息逆推出原始信息。

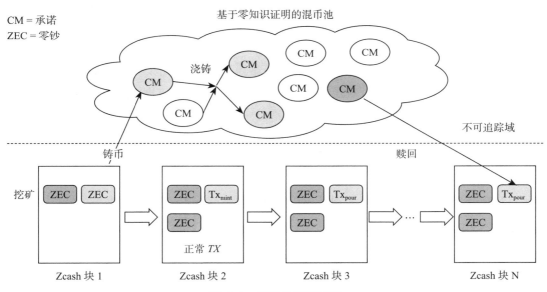

图 10-3　零钞的原理概述

零钞与比特币类似，零钞发行数量的增加基于挖矿所得，而矿工得到的零钞是有记录的，其使用也需要私钥签名。因此若是直接使用零钞，则与比特币类似，可以直接完成各个地址之间的转账，但这时是非匿名的。而经过铸币操作得到的承诺与个人地址表面上无

⊖　Gennaro, Rosario, Craig Gentry, Bryan Parno, and Mariana Raykova. Quadratic span programs and succinct NIZKs without PCPs. In Annual International Conference on the Theory and Applications of Cryptographic Techniques, Springer, Berlin, Heidelberg, 2013. 626-645.

关（但是其生成依赖于私钥和一个一次性随机数）。当用户想要花这个币的时候（即转账），与比特币需要提供签名不同，用户需要做两件事：① 给出序列号；② 利用 zkSNARK 证明自己知道存在于承诺列表中的某个承诺的用户私钥（但是并不透露具体是哪个承诺）。这样，用户就可以在完全不暴露身份的情况下，花掉这个币。

以上的简单情形有三个问题：① 转账数额总限制在已有承诺列表的数额中（即转账金额必须等于之前某次的铸币数额），实际使用中不方便；② 发送方可以通过序列号来判断接收方正在花钱；③ 接收方必须马上花掉得到的币，否则可能被发送方提取。

为了解决这三个问题，零钞中引入了一种浇铸的操作。简单地讲，浇铸操作就是通过一系列零知识证明，将一个币铸造成多个等值的币。每个新币都有自己的密钥、数额、序列号等，且部分信息需要用接收方私钥算出（发送方在浇铸时要用到接收方的公钥）。除了发送方，谁都无从得知接收方是谁，而发送方无法知道新币的序列号，因此无法使用这个币，也无法知道接收方在什么时候花掉了这个新币，从而解决了以上三个问题。

除了发送方和接收方，矿工作为零钞交易系统中确认交易的执行方，会在不知道交易发起方是谁、交易接收方是谁的情况下完成交易确认。矿工只需要验证交易发起方的零知识证明，确认某个交易发起人可以使用承诺列表里的某一个承诺，并把承诺对应的序列号放入列表。在这个过程中，矿工不知道用户具体用了承诺列表中的哪个承诺，而仅仅知道某个承诺被使用了。而序列号的唯一性保证了同一个承诺不能被使用两次（即防止了"双花"）。

用户还可以用赎回操作将混币池中的零钞提取出来，即所谓赎回操作。赎回操作是把一个承诺重新换为零钞，与之前的过程类似，矿工并不知道哪个承诺会被赎回换为零钞。因此，甚至可以说不用向任何人转账，仅仅是把一个零钞放到混币池中再赎回，它的来源都不可追踪。

与此同时，零钞还采用了一系列的优化措施来提高整个系统的性能。

10.3　Hawk：保护合约数据私密性

零钞方案都是针对交易双方身份、金额等信息进行隐私保护，但并不能保护区块链合约内容的隐私性。一个经典的例子就是用智能合约在区块链上进行匿名竞拍，如果采用 Vickrey 拍卖[⊖]，第二出价的密封竞拍，那么合约执行过程中需要保证两个条件：① 参与竞拍的各方是匿名的；② 各方出价是私密的。显然，合约私密性对于以太坊来说也是很需要的。

为了解决这个问题，马里兰大学以及康奈尔大学的 Ahmed Kosba 等人提出了 Hawk 这

⊖ 英文为 Second-price Sealed-bid Auction，第二出价的密封竞拍规则为竞拍者都在不公开自己报价的情况下向拍卖者出价，最后拍卖价由第二高的出价决定。

一方案。在它们的方案中，巧妙地结合了 zkSNARK 和多方计算（multiparty computation）或者可信计算（trusted computation）来解决匿名安全计算的问题。多方计算是密码学中一类经典算法，专门用于解决多实体在互不透露秘密的情况下合作利用秘密来计算的问题，例如著名的姚期智百万富翁问题[一]。而可信计算是一种利用硬件来实现一个可信的黑盒子，用以进行多方计算的技术，例如 Intel SGX[二]。Hawk 项目是基于以太坊的智能合约平台进行的测试，包括合约部分用的也是 Serpent 语言。

一个典型的 Hawk 系统中的合约如图 10-4 中所示，合约分为公有合约（public contract）部分和私有合约（private contract）部分。其中私有合约部分负责处理用户的输入并且会结合多方计算以及零知识证明来隐藏用户身份和输入数据的具体值，这部分是在 manager 节点处进行执行的，这也是合约的主要逻辑所在（例如图 10-4 中就是 Vickrey 拍卖的逻辑）；而公有合约部分表达了一个押金的逻辑，保证任何交易方都不能在中途退出，否则将支付违约金。

```
1   HawkDeclareParties(Seller,/* N parties */);
2   HawkDeclareTimeouts(/* hardcoded timeouts */);

3   // Private portion φpriv
4   private contract auction(Inp &in, Outp &out) {
5     int winner = -1;
6     int bestprice = -1;
7     int secondprice = -1;

8     for (int i = 0; i < N; i++) {
9       if (in.party[i].$val > bestprice) {
10        secondprice = bestprice;
11        bestprice = in.party[i].$val;
12        winner = i;
13      } else if (in.party[i].$val > secondprice) {
14        secondprice = in.party[i].$val;
15      }
16    }

17    // Winner pays secondprice to seller
18    // Everyone else is refunded
19    out.Seller.$val = secondprice;
20    out.party[winner].$val = bestprice-secondprice;
21    out.winner = winner;
22    for (int i = 0; i < N; i++) {
23      if (i != winner)
24        out.party[i].$val = in.party[i].$val;
25    }
26  }

27    // Public portion φpub
28  public contract deposit {
29    // Manager deposited $N earlier
30    def check():  // invoked on contract completion
31      send $N to Manager  // refund manager
32    def managerTimeOut():
33      for (i in range($N)):
34        send $1 to party[i]
35  }
```

图 10-4 Hawk 系统中的 Vickrey 拍卖的合约代码[三]

———————————

[一] Yao, Andrew C. Protocols for secure computations. In Foundations of Computer Science, 1982. SFCS'08. 23rd Annual Symposium on, IEEE, 1982. 160-164.

[二] Costan, Victor, and Srinivas Devadas. Intel SGX Explained. IACR Cryptology ePrint Archive 2016. 86.

[三] 代码来自于 Hawk 论文。

为了给上述合约提供一个隐私保护的执行环境，Hawk 借鉴了 Zcash 中的铸币和浇铸操作，用户可以利用这两个操作隐藏自己的地址；然后只要将浇铸的目标地址设定为智能合约地址，矿工在收到交易以后，会利用多方计算或者可信计算来执行智能合约，算出正确的结果，如图 10-5 所示。相比于多方计算，可信计算的效率更高。但是由于需要使用专门的可信计算硬件，后者的普适性和去中心化不如前者。与以太坊不同的是，Hawk 中还提出了如何将智能合约划分为公开合约部分和私有合约部分。前者用于保证公平性，后者用于保证合约的执行和私密性（见图 10-4）。不过值得注意的是，Hawk 并不能保证合约代码的私密性，只能保证合约代码的输入的私密性，合约代码实际上也是会泄露用户信息的。

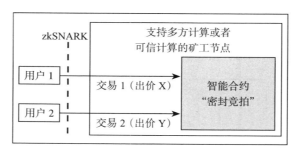

图 10-5　用 Hawk 解决密封竞拍的原理图

10.4　Coco 框架

为了解决 Quorum 通用性不强和 Hawk 无法加密合约代码的弊端，同时又兼顾两者的优势，微软提出了 Coco 框架（Coco 是 Confidential Consortium Blockchain 的简写），理论上可以用来保护任意区块链系统的隐私性。

Coco 框架充分利用了可信执行环境 TEE（Trustable Executive Enviroment）。利用 TEE 的证明（attestation）功能和黑箱性质，如果经过证明的区块链代码被完全放入可信硬件这个黑箱中去运行，那么区块链的运行状态将变得可信且完全不被外界所获知。如图 10-6 所示，与传统的区块链网络相比，Coco 网络中的所有节点都利用 TEE 的环境将区块链的代码和数据进行保护。Coco 框架主要有两个特性。

1）**灵活、强大的隐私性**。用户发送的交易内容可以全部用私钥加密，并保证交易在可信计算黑盒以内才能解密和执行。因此，即使是合约代码，也可以完全加密。Coco 框架还支持用户在智能合约中指定哪些用户可以查看合约内容。

2）**更高的效率**。由于区块链完全在可信硬件中执行，所以可以保证节点的消息都没有被恶意篡改过（例如加上可信硬件的签名）。因此可以将原先低效的共识机制（例如 PoW、PBFT 等）安全地替换为更高效的共识机制，如 Raft 等。经测试，结果显示，相比于原始的以太坊，使用 Coco 框架优化后的以太坊能实现原来 100 倍左右的吞吐量。

Coco 框架是目前在区块链隐私保护方面功能最新最强的技术之一，且代表了和 Zcash 不同的隐私保护技术方向，同时也展示了和以太坊技术的兼容性优势。因此将详细介绍一下 Coco 框架。

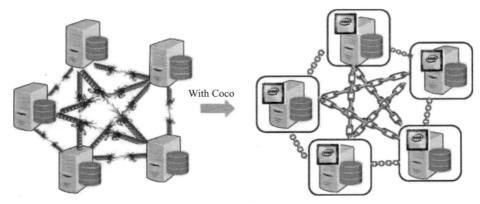

图 10-6   Coco 框架与传统区块链框架的对比

10.4.1   TEE 环境简介

Coco 框架充分利用可信计算环境（Trusted Execution Environment，TEE），如通过 Intel SGX 和 Windows 虚拟安全模式（VSM）创建可信的网络。TEE 环境既可以证明放入代码的正确性，又能保证运行时内部数据对外界不可见以及不被篡改，进而可以保障区块链协议关键代码和数据的机密性、完整性，使得区块链的应用可以在完全受信任的成员节点上高效运行。

TEE 环境从技术上实现了隐私性能的大幅提升：第一，网络中物理节点之间信任的建立无需节点拥有者之间的相互信任；第二，能够在保证区块链状态保密的情况下处理各种用户请求。事实上，已经有不少的区块链项目采用 TEE 来达到隐私或者性能方面的要求，例如 Hawk 中就用 TEE 来完成智能合约对私密信息的处理，而非代码本身以及用户查询请求的隐私性；Hybster⊖ 则用 TEE 实现了高效的 BFT 协议等。与它们不同的是，Coco 框架将区块链和 TEE 高度集成，达到了更高的隐私性以及灵活性。

10.4.2   Coco 框架的运行原理

Coco 框架搭建的网络中的节点，通过证书的验证（如 Intel 背书）而成为可信节点 VN

⊖ Johannes Behl, Tobias Distler and Rüdiger Kapitza. Hybrids on Steroids: SGX-Based High Performance BFT. EuroSys 2017。

（Trusted Validating Node）。每个节点运行 Coco 框架和某个区块链（比如以太坊）的协议，并根据所选取的一致性协议系统选取 lead 来处理应用中的交易事务。

如图 10-7 所示，单个 Coco 节点会响应 Coco 网络中各个节点的请求，例如管理者、DApp 以及其他节点等。然后 VN 节点在接收请求后，会将相关的请求进行解析并送到 TEE 中的对应模块进行处理，然后将加密的结果返回，并将相关的状态更新进行加密后存储到 TEE 外部的设备中。

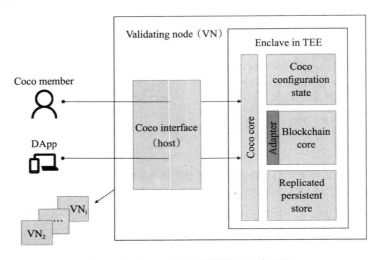

图 10-7　Coco 框架中单节点的运行原理

类比来说，成为 lead 的 VN 就像以太坊里面的矿工，但不同的是 Coco 框架里面的每个 VN 都可以通过 TEE attestation 验证其他节点执行时所用的代码散列值（恶意行为将直接被发现），而不需要像以太坊一样通过重新计算交易来验证。VN 之间通过 TEE 可以互相验证身份和代码，从而建立可信的连接。更为重要的是，Coco 框架包含了一套密钥及权限管理机制，可保证只有在 TEE 中才能处理加密后的交易，并且只有拥有相应权限的用户才能查看相关状态。

正是由于可信网络的建立，才让用 Coco 框架搭建企业级区块链网络的优点十分突出。

● **吞吐量和交易响应时间接近数据库的速度**。通过使用 TEE，Coco 框架可以简化一致性协议，从而提高交易的速度和降低延迟，但不会影响安全性。

● **支持更丰富、更灵活的隐私保护模型**。有了 TEE 的加持，Coco 框架通过使用数据访问控制方案来实现复杂的隐私保护模型。交易的执行、智能合约代码和状态都只能通过应用定义的接口返回给有权限的人。

● **提供可编程的管理模型来支持任意的分布式管理策略**。

● **支持非确定性（Non-deterministic）的交易和运算**。在绝大多数的区块链系统里，交易的运行结果必须是确定的，任何纯随机的运算都会导致无法有效重现和验证（因为区块链中的每个节点都要重复计算来验证其他节点的结果，而每个节点的随机种子都不一样，因此很难重现和验证）。然而在 Coco 框架里因为有了 TEE，节点间的运算结果无须验证，所以可以支持非确定性的计算。更加灵活的是，交易可以根据应用的需要和外界系统进行交互。这极大地丰富了应用的语义和场景。

已有的区块链协议通过 Coco 框架能进行方便地整合，从而直接解决隐私、性能和管理等问题。例如，一个企业正在使用以太坊开发应用，那么与 Coco 框架整合之后，上述问题都能得到解决，且不需要对已经开发的应用做修改。同时需要说明的是，Coco 框架并非必须和云服务绑定，它可以部署到云上（如 Microsoft Azure），也可以部署在企业自己的服务器上。正因如此，Coco 框架在短时间内就迎来了广泛企业和区块链团队的欢迎和拥抱，如 J.P. Morgan（Quorum）、R3（Corda）以及 Intel（Hyperledger Sawtooth）。

10.5　以太坊隐私保护技术路线：Baby ZoE

虽然 Coco 框架有着强大的隐私保护以及性能方面的优势，但是由于其是针对联盟链的优化技术，且需要特殊的硬件，对现有的以太坊等架构的影响有限。以太坊团队对于隐私保护还是采用了传统的基于密码学的方式。

鉴于 zkSNARK 强大的保护隐私特性，以太坊团队和零钞团队合作，在以太坊最新的版本（拜占庭版本）中加入了零钞特性。以太坊本次实现的匿名功能被称作 "初级版" Zcash（Baby ZoE），并且考虑到和已有以太坊的兼容性问题以及集成代价，ZoE 功能只实现在了预编译合约中。相比于 Zcash，ZoE 进行了大量简化，例如只保留了匿名转账中验证相关的椭圆曲线操作以及复用了 Zcash 中的公共初始化参数（在生成零知识证明或者验证证明时需要），并且只在 C++ 版本的以太坊中加入了 libsnark（即 zkSNARK 的代码库）相关的代码来辅助生成合约。其他版本的以太坊（Go、Rust 等）需要调用对应的合约来实现匿名转账。

ZoE 的运行模式和零钞极其类似。假设用户甲想匿名发送给用户乙一笔金额，那么甲需要进行如下步骤。

1）铸币（mint）阶段：甲向标准合约地址发送包含需转账 ETH 的交易，该合约会生成等值承诺，类似于现实中的支票，存储在 Merkle 树中，同时金额进入合约账户中。

2）生成零知识证明（zkproof）阶段：乙结合甲给的信息在本地进行零知识证明的生成运算，证明其知道 Merkle 树中某个承诺的信息，但是并不指明具体是哪个承诺。

3）赎回（redeem）阶段：乙将该证明以及新的承诺信息（有一定金额）附在一个交易中发送给标准合约的验证函数，这类似于现实中兑换支票的过程，区别在于这一过程还会产生新的支票来隐藏兑换金额。

4）生效阶段：合约的验证函数逻辑在全网矿工节点被执行，合约账户中相应金额会进入乙的账户。可以发现，在承诺足够多以及用户合理调用合约的条件下，ZoE 实现了匿名转账。需要说明的是，用户在这个过程中会调用椭圆曲线相关的预编译合约，详细信息可以参考 Go-ethereum 项目中 crypto 目录下的相关代码。下面只大致介绍调用零知识证明合约中的关键函数，如图 10-8 所示。

如图 10-8 所示，以太坊的 Baby-ZoE 方案中直接采用了 Zcash 中的零知识证明初始化参数（verifier 参数，即图中的 proof.A,B,C 等参数），通过直接调用 Verify 函数，可以验证证明（由 proof，tx 中的 data 字段提供）的正确性，从而完成合约余额向提款用户转账的操作。这个合约运行时同时也要依赖上文所述的预编译的椭圆曲线操作的合约。

```
function verify(uint[] input, Proof proof) internal returns (uint) {
    VerifyingKey memory vk = verifyingKey();
    require(input.length + 1 == vk.IC.length);
    // Compute the linear combination vk_x
    Pairing.G1Point memory vk_x = Pairing.G1Point(0, 0);
    for (uint i = 0; i < input.length; i++)
        vk_x = Pairing.add(vk_x, Pairing.mul(vk.IC[i + 1], input[i]));
    vk_x = Pairing.add(vk_x, vk.IC[0]);
    if (!Pairing.pairingProd2(proof.A, vk.A, Pairing.negate(proof.A_p), Pairing.P2())) return 1;
    if (!Pairing.pairingProd2(vk.B, proof.B, Pairing.negate(proof.B_p), Pairing.P2())) return 2;
    if (!Pairing.pairingProd2(proof.C, vk.C, Pairing.negate(proof.C_p), Pairing.P2())) return 3;
    if (!Pairing.pairingProd3(
            proof.K, vk.gamma,
            Pairing.negate(Pairing.add(vk_x, Pairing.add(proof.A, proof.C))), vk.gammaBeta2,
            Pairing.negate(vk.gammaBeta1), proof.B
    )) return 4;
    if (!Pairing.pairingProd3(
            Pairing.add(vk_x, proof.A), proof.B,
            Pairing.negate(proof.H), vk.Z,
            Pairing.negate(proof.C), Pairing.P2()
    )) return 5;
    return 0;
}
event Verified(string);
function verifyTx() returns (bool r) {
    uint[] memory input = new uint[](9);
    Proof memory proof;
    ...
    if (verify(input, proof) == 0) {
        Verified("Transaction successfully verified.");
        return true;
    } else {
        return false;
    }
}
```

图 10-8 Baby-ZoE 合约的关键函数（完整代码参考以太坊测试网络⊖）

虽然 ZoE 已经大幅降低了匿名转账的复杂性，但是与通常的转账相比，其依然会极大地增加转账代价。例如，普通转账消耗的 Gas 一般为 21 000，而 ZoE 对应的消耗量为 2 426 667，即增加了 116 倍左右。而且目前以太坊还不能构建通用的匿名合约，因为需要解决诸如多方安全计算、零知识证明初始化等多方面的密码学难题。

⊖ zksnark contract, https://ropsten.etherscan.io/address/0xa1f11d83a5222692c0eff9eca32254a7452c4f29。

10.6 总结与展望

10.6.1 隐私方案总结

为了便于读者阅读，我们将本章所讲技术总结到表 10-1 中。可以发现每个方案都有自己的适用范围和优缺点。例如联盟链方案中，可以采用更高效的共识机制以及灵活的隐私策略；引入可信计算将极大简化隐私保护在密码学方面的难度，但是同时又会降低区块链的去中心化和普适度。

特别值得一提的是零钞方案。虽然零钞采用了最新的密码学成果 zkSNARK，但是该方案的数学原理十分复杂，且需要一组在使用后就销毁的初始化参数[⊖]。目前初始化参数的生成和销毁都是由几个人来把控的，因此存在一定的风险。不过后续工作表明，初始化参数可以用可信计算或者多方计算的方式来生成[⊖]。近期，还有一个新的叫作 zk-STARK 的工作，可以避免对初始化过程的依赖，且生成证明的速度很快。

表 10-1 以太坊相关的隐私保护技术

名称	适用类型	技术特点	优点	缺点
零钞	公有链	zkSNARK	保护身份数额隐私	参数初始化复杂
Hawk	公有链/联盟链	zkSNARK、多方计算、可信计算	保证合约输入隐私	不保护合约代码
Quorum	联盟链	PrivateFor 设定隐私策略、Raft	灵活的隐私策略	需引入监管节点
Coco 框架	联盟链	可信计算、Raft	保证合约代码隐私	依赖可信硬件
以太坊	公有链	Baby ZoE	与零钞一样	成本昂贵

零钞还有一个很大的限制就是 zkSNARK 的效率问题，虽然对 zkSNARK 的 proof 进行验证的时间很快（微秒级），但是生成 proof 的时间比较长（分钟级），且需要很大的内存（3GB 以上）。这显然不利于 Zcash 在手机等移动端上的普及。不过目前 Zcash 团队新研究的 Jubjub 技术[⊜]，可以极大地改变这一现状，将生成 proof 的时间降低到了几秒，且将内存消耗降低到了 40MB 左右。现在 Zcash 团队正在对这一方案进行测试。

10.6.2 隐私技术展望

对于未来区块链隐私保护技术方向，我们认为要关注以下几点。

首先，我们应该关注的一个趋势是技术适合的场景。例如 Quorum 中假设有监管的存

⊖ Ben-Sasson, Eli, Alessandro Chiesa, Eran Tromer, and Madars Virza. Succinct Non-Interactive Zero Knowledge for a von Neumann Architecture. In USENIX Security Symposium, 2014. 781-796.

⊖ Ben-Sasson, Eli, Alessandro Chiesa, Matthew Green, Eran Tromer, and Madars Virza. Secure sampling of public parameters for succinct zero knowledge proofs. In Security and Privacy (SP), 2015 IEEE Symposium on, IEEE, 2015. 287-304.

⊜ Jubjub technology, https://z.cash/technology/jubjub.html。

在，那么隐私模型就可以做大幅度的简化。

其次，我们认为性能会是隐私保护技术将来考虑的一个重点。对于 zkSNARK 和多方计算来说，目前性能依然不能满足超高吞吐率的需求。而运用可信计算保护数据隐私也需要进行合理的系统设计来规避一些硬件限制。不过这些方面都在飞速变化，很可能在近年有所突破。

最后，隐私保护也不应该成为违法犯罪的庇护技术，应该在区块链中引入适当的监管或者自审机制，来降低犯罪分子利用平台的可能性。这应该是政府及金融机构等下阶段重点考虑的发展方向。

区块链技术中的隐私问题一直以来都是饱受诟病的，一方面普通用户在区块链上的交易隐私应该得到保护，另一方面又应该防止恶意用户将其用作非法交易的平台。目前的匿名化技术还不能完美地保证匿名和去中心化，这也会给用户带来交易与隐私上的风险。除了交易隐私，诸如以太坊等区块链技术中的智能合约隐私也越发受到人们的重视。我们相信，随着新技术的不断涌现，区块链能做到在保证隐私的同时，为数字世界提供一个公开可信的技术支撑。

后　记

　　本书介绍了以太坊的背景、原理、部署、以太坊上 DApp 的开发、技术路线，以及以太坊隐私保护的问题。与此同时，以太坊开发团队也在不断地探索新技术，提高平台的吞吐率、安全性和可用性。作为支持智能合约的新一代公有区块链平台的代表性技术，通过对以太坊的深入学习，我们可以对区块链的通用技术建立全方位的了解和认识。但是，如果想对区块链技术有更深刻的理解，还需要真正动手去开发和部署以太坊上的应用。此外，笔者只能尽力保证本书中所介绍的技术在截稿时都是最新的。由于以太坊技术在不断革新，最新的技术发展还需要不断跟进学习。笔者也会在本书每次再版的时候，适当添加一些最新的技术内容。

　　在大家开发区块链平台的时候，还要注意一点：根据不同场景选择区块链平台解决方案。以太坊的主要目标是公有链，而公有链上的用户多为匿名用户。因此在设计和使用这种公有链平台的时候，数字资产的安全是第一位的，宁可损失性能，也要保证用户账本的安全。对性能的任何优化都必须在系统安全的前提下进行。然而，我们在构建企业联盟链的时候，如果各个合作伙伴可以实名，也允许借助云服务，那么区块链的性能可以有更大的提升空间。因此在实际的项目中，我们以以太坊的框架为基础来开发的时候，要根据具体情况进行设计上的调整，进而达到安全和性能的共赢。

　　我们称"区块链技术"为变革性的技术，就是因为它正在改变很多传统的商业模式。人与人之间，企业与企业之间，设备与设备之间能够以一种透明、可信、共享的方式直接互联。区块链技术的研究和开发人员也不叫"码农"了，常常自称为"铺路者"，铺的是一条价值传递的高速公路。

也有朋友问我："区块链的泡沫有多大，能落地吗？"其实我们可以回到 1996 年，看那个时候的互联网。那个时候，即使再有想象力的人也不会预测到，20 年后互联网竟然能发展到如今的状态。所以，我们有理由相信，在成熟的互联网技术基础上，区块链打造的"价值高速公路"一定会在不久的将来应用于众多关系到国计民生的重要领域当中。

区块链技术和平台发展到今天可以说还在比较初期的阶段，仍有很多技术问题有待解决和优化。希望本书成为更多人进入区块链领域的入门资料。我们相信，随着越来越多的优秀技术人员参与进来，这条"价值高速公路"一定会更宽、更快、更好。